电子技术基础

宋剑辉　付作龙　主编
李　惠　孙　静　赵运婷　副主编

图书在版编目(CIP)数据

电子技术基础/宋剑辉,付作龙主编.—天津:
天津大学出版社,2018.11
ISBN 978-7-5618-6088-5

Ⅰ.①电… Ⅱ.①宋…②付… Ⅲ.①电子技术-中
等专业学校-教材 Ⅳ.①TN

中国版本图书馆 CIP 数据核字(2018)第 032156 号

出版发行 天津大学出版社
地　　址 天津市卫津路 92 号天津大学内(邮编:300072)
电　　话 发行部:022-27403647
网　　址 publish. tju. edu. cn
印　　刷 北京虎彩文化传播有限公司
经　　销 全国各地新华书店
开　　本 185mm×260mm
印　　张 13.5
字　　数 336 千
版　　次 2018 年 11 月第 1 版
印　　次 2018 年 11 月第 1 次
定　　价 37.00 元

前　言

随着电子科学技术的迅速发展和计算机技术的广泛应用,“电子技术基础”已经成为一门重要的技术基础课。

本书在选材和内容安排上注重基础知识和实际应用技术相结合,由浅入深,由理论到应用进行编排。本教材由两部分组成,第1~5单元为模拟电路部分,分别讨论了半导体基础知识、放大电路基础、反馈和集成运算放大器,直流电源可以被看作前几单元内容的综合应用,因此将它编排在反馈和集成运算放大器的后面。书中对半导体器件内部工作原理的讨论,力求概念清楚,避免繁复的数学推导,对各类模拟集成电路,重点是介绍集成元件的外部特性以及它们的实际应用。第6~11单元为数字电路部分,第6单元讨论了数制与编码、逻辑代数基础以及逻辑代数的化简;第7单元讨论了逻辑门电路;第8单元讨论了组合逻辑电路;第9单元讨论了时序逻辑电路的分析与设计,并特别介绍了利用中、大规模集成电路进行逻辑设计的技术和方法;第10、11单元介绍了利用555定时器构成的脉冲信号的产生与整形电路以及数/模转换和模/数转换方面的有关内容。

本书注重精选内容,突出重点,加强学生对基本概念和基本原理的理解,并注重实际应用能力方面的训练,每单元后的习题有助于学生自我检查。

本书适合作为大学本科非电类有关专业“电子技术基础”课程的教材,也可以作为高等教育自学考试、大专、职业专科学校的相应教材。建议前5单元学时数为40学时,后6单元学时数为60学时,实验课20学时。

由于时间仓促,加之编者水平有限,书中一定存在不少缺点和错误,恳请读者和使用本书的教师批评、指正。

编者

2018年4月

目　　录

单元1　常用的半导体元件

学习目标

(1)了解半导体的基础知识。

(2)掌握PN结的特性及二极管的伏安特性曲线。

(3)了解稳压二极管、变容二极管、光电二极管、发光二极管的特性。

(4)掌握三极管的基本结构、电流分配与放大作用、输入输出特性曲线。

(5)能正确使用万用表判别二极管、三极管的极性及质量优劣。

半导体器件是构成各种电子系统的基本元件。学习电子技术,必须首先学习常用半导体器件的基本结构、工作原理和特性参数。本单元主要介绍的半导体器件有二极管、三极管、场效应管等。

1.1　半导体的基础知识

各种半导体器件均是以半导体材料为主构成的,其导电机理和特性参数都与半导体材料的导电特性密切相关,因此在学习半导体器件前应对半导体、PN结的基本性能有一定的了解。

1.1.1　本征半导体

半导体是一种具有晶体结构,导电能力介于导体和绝缘体之间的固体材料。经过高度提纯,几乎不含有任何杂质的半导体称为本征半导体。本征半导体的原子在空间按一定规律整齐排列,又称为晶体,所以半导体管亦称为晶体管。属于半导体的物质很多,用于制作半导体器件的材料主要有硅(Si)、锗(Ge)和砷化镓(GaAs)等,其中硅的应用最广泛。它们的共同特点是导电能力随温度、光照和杂质的变化而显著变化,即具有热敏特性、光敏特性和掺杂特性。

1. 热敏特性

半导体对温度很敏感,其电阻率随温度升高而显著减小。该特性对半导体器件的工作性能有不利影响,但利用这一特性可制成在自动控制中用的热敏元件,如热敏电阻等。

2. 光敏特性

半导体对光照很敏感,受光照时,其电阻率会显著减小。利用这一特性可制成在自动控制中用的光电二极管、光敏电阻等。

3. 掺杂特性

半导体对杂质很敏感,在半导体里掺入微量杂质,其电阻率会显著减小,如在半导体硅中只要掺入亿分之一的硼,电阻率就会下降到原来的几万分之一。因为半导体具有这种特性,于是人们就用控制掺杂的方法,制造出各种不同性能、不同用途的半导体器件。

半导体具有上述独特的导电特性的根本原因在于半导体的特殊结构。

硅和锗都是四价元素,每个原子的最外层具有4个价电子,属于不稳定结构。当硅(或锗)原子结合成晶体时,它们靠互相共用价电子而连接在一起形成稳定结构。共用价电子使两个相邻原子间产生一种束缚力,使之不能分开。相邻原子共用价电子形成的束缚作用称为共价键。每个硅(或锗)原子有 4 个价电子,要分别与 4 个与其相邻原子的价电子组成 4 个共价键。此时,硅(或锗)原子最外层具有 8 个电子,处于较为稳定的状态,其晶体的共价键结构如图 1. 1. 1 所示。

晶体中的共价键具有较强的结合力,若无外界能量的激发,在热力学温度零度(-273 ℃)时,价电子无力挣脱共价键的束缚,晶体中不存在自由电子,其导电能力相当于绝缘体。

在室温或光的照射下,因热或光的激发,少数价电子获得足够的能量而挣脱共价键的束缚成为自由电子,同时在原来的共价键上留下相同数量的空穴,这种现象称为本征激发。在本征半导体中,每激发出 1 个自由电子,就必然在共价键上留下 1 个空穴。可见,自由电子和空穴总是相伴而生、成对出现,称为自由电子 - 空穴对,如图 1. 1. 2 所示。自由电子带负电荷,空穴因原子失去电子而产生,故带正电荷。由于它们都是携带电荷的粒子,故又简称为载流子。在没有外加电场作用时,自由电子和空穴的运动是杂乱无章的,不会形成电流。

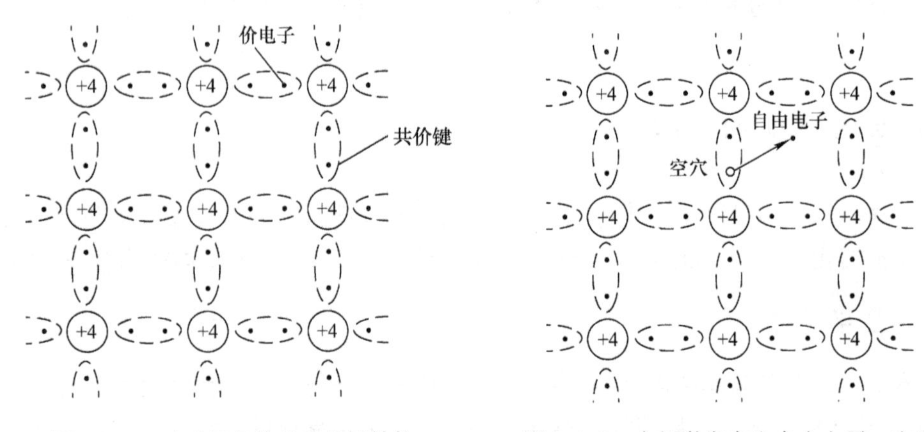

图 1. 1. 1 硅或锗晶体的共价键结构　　图 1. 1. 2 本征激发产生自由电子 - 空穴对

当半导体两端加上外电场时,半导体中的载流子将产生定向运动,称为漂移运动。其内部将出现两部分电流:一部分是自由电子在外电场作用下逆电场方向运动形成的电子电流;另一部分是空穴在外电场作用下顺电场方向运动形成的空穴电流。由于自由电子和空穴所带的电荷极性相反,它们的运动方向也相反,因而形成的电流方向是一致的,即流过外电路的电流等于两者之和。温度越高,本征激发产生的自由电子 - 空穴对越多,即载流子数目越多,产生的电流越大。

在半导体中,同时存在电子导电和空穴导电,这是半导体导电方式的最大特点。

1. 1. 2 杂质半导体

在本征半导体中,由于载流子数量极少,导电能力很弱,故其实用价值不大。如果在其中掺入某些微量杂质元素,就可以大大提高其导电能力,这种掺入了杂质元素的半导体称为杂质半导体。按掺入的杂质不同,杂质半导体可分为两类:N 型半导体和 P 型半导体。

在本征半导体硅(或锗)中掺入微量五价元素(如磷、砷、锑等),就形成了 N 型半导体,其结构如图 1. 1. 3(a)所示。杂质原子有 5 个价电子,其中 4 个分别与相邻硅(或锗)原子的价电子组成共价键,多余的 1 个价电子受杂质原子核束缚力较弱,很容易挣脱杂质原子而成为自由电子,杂质原子则成为带正电荷的离子,由于这个多余的价电子不在共价键中,因此在成为自由电子时不会产生空穴。在室温下,杂质原子都处于这种电离状态,每个杂质原子产生 1 个自由电子,致使 N 型半导体中自由电子的数目显著增加。例如:在本征硅中掺入百万分之一的磷原子,在硅晶体中会产生 $5\times10^{22}\times10^{-6}\ \mathrm{cm}^{-3}=5\times10^{16}\ \mathrm{cm}^{-3}$个自由电子(硅的原子密度为 $5\times10^{22}\ \mathrm{cm}^{-3}$),而同时由本征激发产生的载流子浓度仅为 $1.5\times10^{10}\ \mathrm{cm}^{-3}$。于是,半导体中的自由电子数目多于空穴数目,自由电子成为多数载流子,简称多子;空穴成为少数载流子,简称少子。这种主要靠自由电子导电的半导体称为电子型半导体或 N 型半导体。

在本征半导体硅(或锗)中掺入微量三价元素(如硼、铝、铟等),就形成了 P 型半导体,其结构如图 1.1.3(b)所示。当组成共价键时,每个杂质原子产生 1 个空穴。在室温下,空穴能吸引邻近的价电子来填补,杂质原子获得电子变成了带负电荷的离子。由于每个杂质原子都可向晶体提供 1 个空穴,同时不会产生自由电子,因而半导体中的空穴数目多于自由电子数目,空穴成为多数载流子,自由电子为少数载流子。这种主要靠空穴导电的半导体称为空穴型半导体或 P 型半导体。

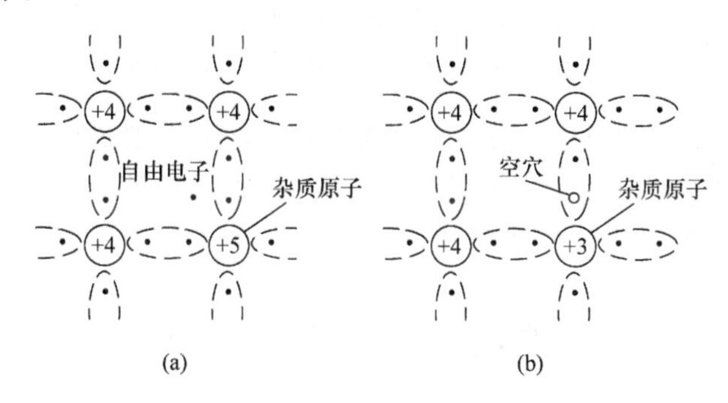

图 1.1.3　杂质半导体结构示意图

(a)N 型半导体　(b)P 型半导体

应该指出,在杂质半导体中,本征激发所产生的载流子浓度远小于掺杂所带来的载流子浓度。但是,掺杂并没有破坏半导体内正、负电荷的平衡状态,半导体既没有失去电子,也没有获得电子,仍呈电中性,对外是不带电的。

1.1.3　PN 结

在已形成的 N 型或 P 型半导体基片上,掺入性质相反的杂质原子,且浓度超过原基片杂质原子的浓度,原 N 型或 P 型半导体就会转变为 P 型或 N 型半导体。这种转换杂质半导体类型的方法称为杂质补偿。采用这种方法,将 N 型(或 P 型)半导体基片上的一部分转变为 P 型(或 N 型),这两部分半导体分别称为 P 区和 N 区,它们的交界面将形成一个特殊的带电薄层,称为 PN 结。PN 结是构成半导体二极管、三极管、集成电路等多种半导体器件的基础。

1. PN 结的形成过程

为了便于分析,将 P 区和 N 区表示如图 1.1.4(a)所示,交界面两侧两种载流子的浓度有很大的差异,N 区中电子很多而空穴很少,P 区则相反,空穴很多而电子很少。这样,电子和空穴都要从浓度高的地方向浓度低的地方扩散。因此,一些电子要从 N 区向 P 区扩散;也有一些空穴要从 P 区向 N 区扩散。P 区中的空穴扩散到 N 区后,便会与该区的自由电子复合,并在交界面附近的P区留下一些带负电的杂质离子。同样,N区中的自由电子扩散到P区后,便会与该区的空穴复合,而在交界面附近的N区留下一些带正电的杂质离子。结果是在交界面两侧形成一个带异性电荷的薄层,称为空间电荷区。这个空间电荷区中的正、负离子形成一个空间电场,称为内电场,如图1.1.4(b)所示。

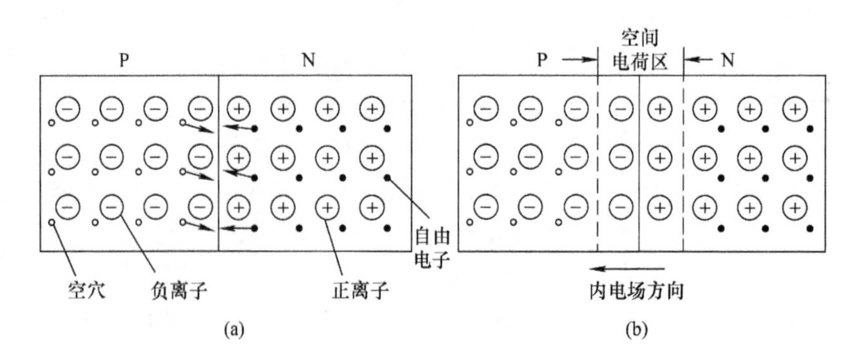

图1.1.4　PN结的形成

(a)载流子的扩散运动　(b)交界面处的空间电荷区

内电场形成后,一方面会阻碍多数载流子的扩散运动,把从P区向N区扩散的空穴推回P区,把从N区向P区扩散的自由电子推回N区;另一方面,将推动P区少数载流子自由电子向N区漂移,推动N区少数载流子空穴向P区漂移,漂移运动的方向正好与扩散运动的方向相反。

由上面的分析可知,内电场有两个作用:阻碍多数载流子的扩散运动;助推少数载流子的漂移运动。

扩散运动和漂移运动是互相联系又互相矛盾的。在开始形成空间电荷区时,多数载流子的扩散运动占优势,随着扩散运动的进行,空间电荷区逐渐加宽,内电场逐步加强,多数载流子的扩散运动逐渐减弱,少数载流子的漂移运动则逐渐增强;而漂移运动使空间电荷区变窄,电场减弱,又使扩散运动变得容易。当漂移运动和扩散运动处于动态平衡状态时,空间电荷区宽度、内电场强度不再变化,PN结形成。

2. PN结的特性

在PN结两端外加电压,称为给PN结以偏置,如果使P区接电源正极,N区接电源负极,则称为加正向电压,或称为正向偏置,简称正偏,如图1.1.5(a)所示。这时,外加电压对PN结产生的电场称为外电场,其方向与内电场方向相反,从而使空间电荷区变窄,内电场减弱,破坏了扩散运动与漂移运动的动态平衡,扩散运动占了优势,电路中产生了由多数载流子扩散运动形成的较大电流,称为扩散电流或正向电流I_F,这时PN结的电阻很小,呈导通状态。

如果使P区接电源负极,N区接电源正极,则称为加反向电压,或称为反向偏置,简称反偏,如图1.1.5(b)所示。这时,外加电压对PN结产生的外电场与内电场方向相同,从而使空间电荷区变宽,内电场加强,破坏了扩散运动与漂移运动的动态平衡,漂移运动占了优势,电路中产生了由少数载流子漂移运动形成的极小电流,称为漂移电流或反向电流I_R,这时PN结的电阻很大,呈截止状态。

PN结加正向电压时导通,产生较大的正向电流;加反向电压时截止,产生极小的反向电流(可忽略不计)。这就是PN结的单向导电性。

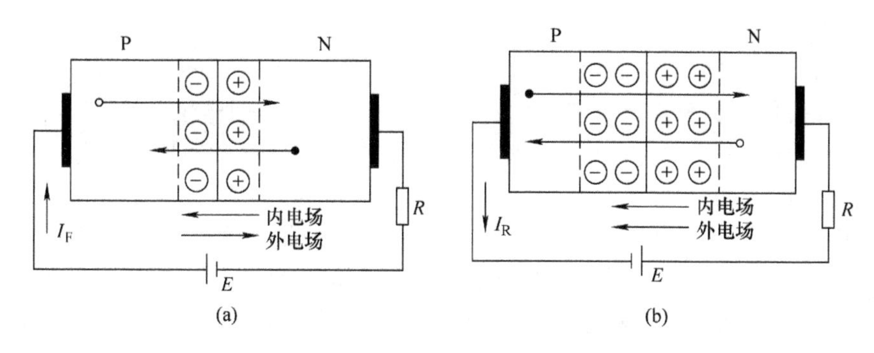

图 1.1.5 外加电压时的 PN 结特性
(a)PN 结加正向电压 (b)PN 结加反向电压

1.2 半导体二极管

1.2.1 二极管的符号、特性与参数

半导体二极管也称为晶体二极管,简称二极管。其内部就是一个 PN 结,其中 P 型半导体引出的电极为阳极,N 型半导体引出的电极为阴极。其电路符号如图 1.2.1 所示,箭头方向表示单向导电时,正向电流流动的方向。

图 1.2.1 二极管的电路符号

1. 二极管的伏安特性

二极管既然是一个 PN 结,它当然具有单向导电性,其导电性能常用伏安特性来表征。

加在二极管两极间的电压 U 和流过二极管的电流 I 之间的关系称为二极管的伏安特性,用于定量描述这两者关系的曲线称为伏安特性曲线。二极管的典型伏安特性曲线如图 1.2.2 所示,现分析如下。

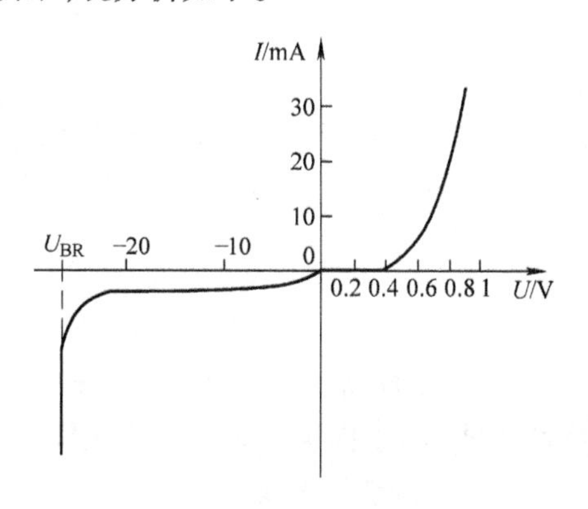

图 1.2.2 二极管的伏安特性曲线

1)正向特性

正向特性是二极管加上正向电压时电流与电压之间的关系。当外加正向电压很低时,外电场不足以克服内电场对多数载流子扩散运动的阻力,产生的正向电流极小,这个电压区域称为死区,硅二极管死区电压约为 0.5 V,锗二极管死区电压约为 0.1 V。在实际使用中,当二极管正偏电压小于死区电压时,可视为正向电流为零的截止状态;当正向电压大于死区电压时,随着外加正向电压的增大,内电场被大大削弱,使正向电流迅速增大,二极管处于正向导通状态。在正常使用条件下,二极管正向电流在相当大的范围内变化时,二极管两端电压的变化却不大,硅管为 0.6 ~0.7 V,锗管为 0.2 ~0.3 V。此经验数据常作为小功率二极管正向工作时两端直流电压降的估算值。

2)反向特性

反向特性是二极管加上反向电压时电流与电压之间的关系。外加反向电压加强了内电场,有利于少数载流子的漂移运动,形成很小的反向电流。由于少数载流子数量的限制,这种反向电流在外加反向电压增大时并无明显增大,通常硅管为几微安到几十微安,锗管为几十微安到几百微安,故又称反向饱和电流,对应的区域称为反向截止区。

当反向电压增大到一定值时,反向电流急剧增大,特性曲线接近陡峭的直线,这种现象称为二极管的反向击穿。之所以产生反向击穿,是因为过高的反向电压产生很强的外电场,可以把价电子直接从共价键中拉出来,使其成为载流子。处于外加强电场中的载流子获得足够的动能,又去撞击其他原子,把更多的价电子从共价键中撞出来,如此形成连锁反应,使载流子的数目急剧上升,反向电流越来越大,最后使二极管被反向击穿。发生反向击穿时,二极管被两端加的反向电压称为反向击穿电压,用 U_{BR}表示。二极管被反向击穿后,如果反向电流和反向电压的乘积超过容许的耗散功率,则导致二极管被热击穿而损坏。

从二极管的伏安特性曲线可以看出,二极管的电压与电流变化不呈线性关系,其内阻不是常数,所以二极管属于非线性器件。

2. 二极管的主要参数

二极管的参数,是定量描述二极管性能优劣的质量指标,是设计电路时选择器件的依据。二极管的参数较多,均可从手册中查得。现列举以下几个主要参数。

1)最大整流电流 I_F

I_F是二极管长时间工作时,允许通过的最大正向平均电流。使用二极管时,应注意流过二极管的电流不能超过这个数值,否则可能导致二极管损坏。

2)最高反向工作电压 U_{RM}

U_{RM}是二极管正常使用时允许加的最高反向电压。其数值通常为二极管反向击穿电压 U_{BR}值的一半。在使用中不要超过此值,否则二极管有被击穿的危险。

3)反向电流 I_R

I_R 是在室温下二极管未被击穿时的反向电流。其是温度的函数,其值越小,二极管的单向导电性越好。

1.2.2 二极管的电路模型

当二极管两端所加电压变化很大时,称为大信号工作状态。这时可将二极管的伏安特性近似地以两条折线表示(图 1.2.3(a)),折线在导通电压 $U_{D(on)}$处转折,直线斜率的倒数 R_D称为二极管的导通电阻,显然,

$$R_D = \frac{\Delta U}{\Delta I}$$

R_D表示在大信号工作状态下,二极管呈现的电阻值,二极管正向特性曲线很陡,其导通电阻极小。若把图 1.2.3(b)的曲线定义为理想二极管特性曲线,即正向偏置时二极管压降为0,反向偏置时二极管电流为0,便可将二极管用图 1.2.3(c)所示的电路等效。

通常,可将阻值很小的导通电阻 R_D忽略,二极管等效电路如图 1.2.3(d)所示。

1.2.3 二极管应用举例

二极管应用范围很广,利用其单向导电性可以构成整流、检波、限幅和钳位等电路。

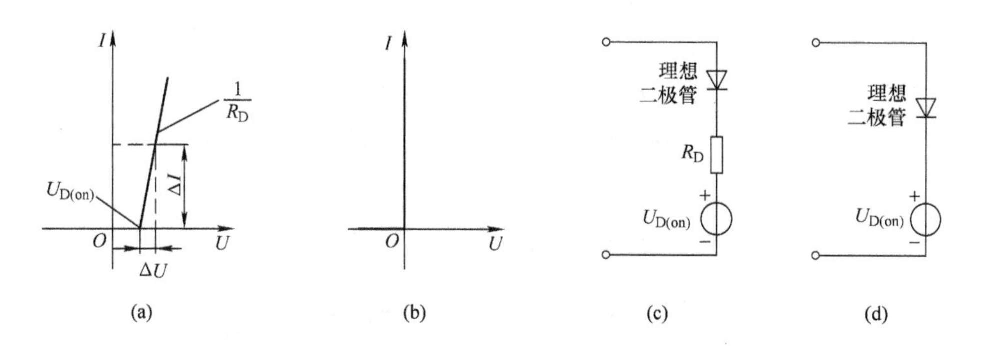

图 1.2.3　二极管大信号工作

(a)伏安特性折线表示　(b)理想特性曲线　(c)大信号等效电路　(d)忽略 R_D 的等效电路

例 1.2.1　电路如图 1.2.4(a)所示,VD 为理想硅二极管,已知输入电压 u_i 为正弦波电压,试画出输出电压 u_o 的波形。

解　由于二极管具有单向导电性,所以 u_i 处于正半周时,VD 导通,相当于短路,$u_o = u_i$;u_i 处于负半周时,VD 截止,相当于开路,$u_o = 0$。由此画出输出电压 u_o 的波形如图 1.2.3(b)所示,此电路称为半波整流电路。

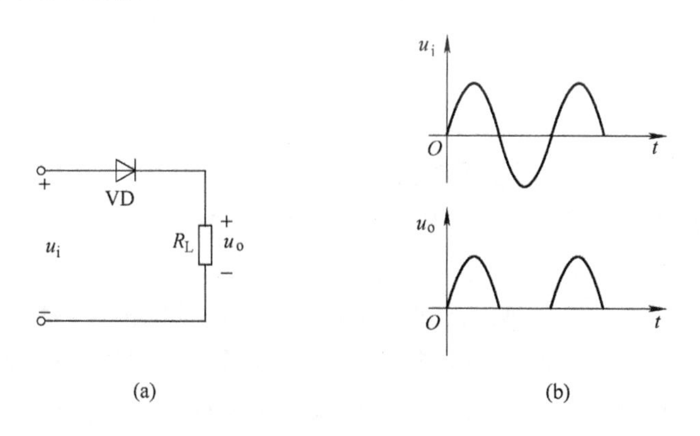

图 1.2.4　例 1.2.1 电路

(a)二极管电路　(b)输入、输出波形

例 1.2.2　电路如图 1.2.5(a)所示,VD_1、VD_2 的导通电压为 0.7 V,试求在图示输入信号 u_i 作用下,输出电压 u_o 的波形。

解　在图示大信号输入作用下,将二极管以其相应的等效电路代替,如图 1.2.5(b)所示。由图可知,u_i 正半周电压小于二极管导通电压 0.7 V 时,VD_1、VD_2 均截止,相当于开路,$u_o = u_i$;u_i 正半周电压超过导通电压 0.7 V 时,VD_1 导通短路、VD_2 截止开路,$u_o = 0.7$ V;u_i 负半周电压小于导通电压 0.7 V 时,VD_1、VD_2 均截止,相当于开路,$u_o = u_i$;u_i 负半周电压超过 0.7 V 时,VD_1 截止开路、VD_2 导通短路,$u_o = -0.7$ V。由此可得出输出电压 u_o 的波形,如图 1.2.5(c)所示。此电路称为双向限幅电路。

例 1.2.3　电路如图 1.2.6 所示,VD_A、VD_B 的导通电压为 0.7 V,当 $u_A = 3$ V、$u_B = 0$ V 时,求输出端的电压 u_F。

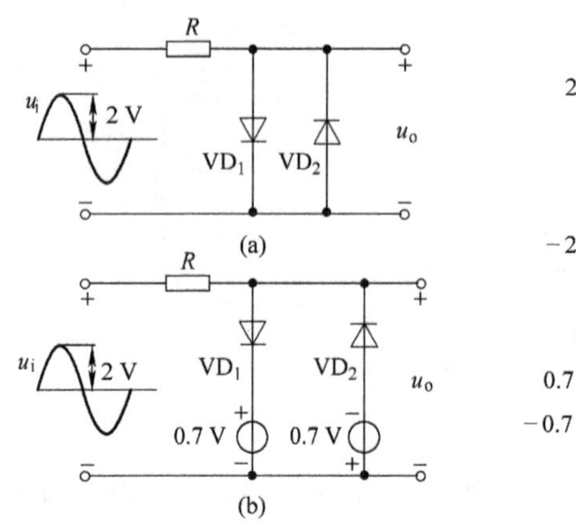

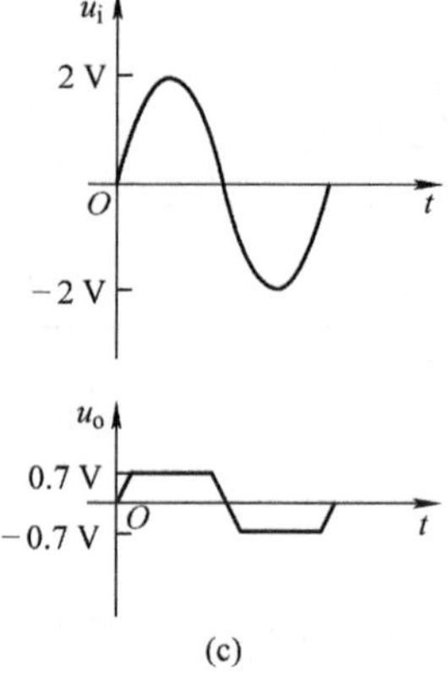

图 1.2.5 例 1.2.2 电路

(a)二极管电路 (b)大信号等效电路 (c)输入、输出波形

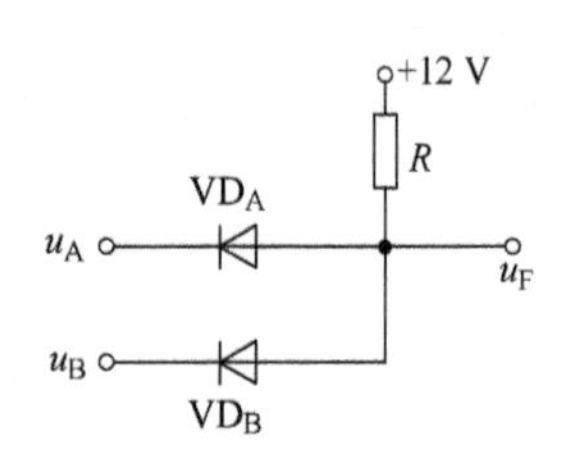

图 1.2.6 例 1.2.3 电路

解 当两个二极管阳极连在一起时，阴极电位低的二极管优先导通。$u_A > u_B$，所以 VD_B 抢先导通，$u_F = 0.7$ V；VD_B 导通后，VD_A 反偏而截止。在这里 VD_B 起钳位作用，把输出端的电位钳制在 0.7 V。

1.2.4 特殊二极管

二极管的基本特性是单向导电性，除此之外，还具有击穿特性、变容特性等，利用这些特性工作的二极管统称为特殊二极管。

1. 稳压二极管

稳压二极管是一种特殊的晶体二极管，是利用 PN 结的反向击穿特性来实现稳压作用的。在不同的工艺下，可使 PN 结具有不同的击穿电压，以制成不同规格的稳压二极管。稳压二极管的电路符号和伏安特性如图 1.2.7 所示，与普通二极管的伏安特性曲线非常类似，只是反向特性曲线非常陡直。正常工作时，稳压二极管应工作在反向击穿状态，在规定的反向电流范围内可以重复击穿。反向电压超过击穿电压时，稳压二极管反向击穿。此后，反向电流在 $I_{Zmin} \sim I_{Zmax}$ 变化，但稳压二极管两端的电压 u_Z 几乎不变。

利用这种特性，稳压二极管在电路中就能达到稳压的目的。

稳压二极管的主要参数有：

(1)稳定电压 u_Z，流过规定的电流时，稳压二极管两端的电压即为 PN 结的击穿电压；

(2)稳定电流 I_Z，稳压二极管的工作电流，通常 $I_Z = (1/4 \sim 1/2) I_{Zmax}$。

2. 变容二极管

二极管正常工作时，可等效为可变结电阻和可变结电容并联。由伏安特性可知，正偏时结电阻随外加电压变化而变化，所以等效为可变结电阻。结电容的大小除了与本身结构和工艺有关外，也与外加电压有关，它随反向电压增大而减小。这种效应显著的二极管称为变容二极管，其电路符号和变容特性如图 1.2.8 所示。变容二极管在高频技术中应用较多。

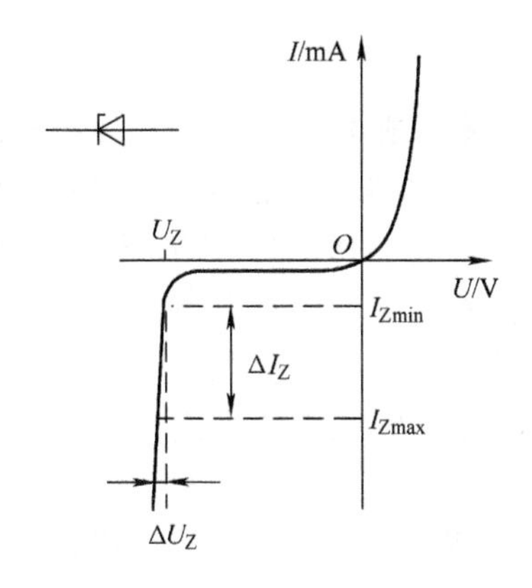

图 1.2.7 稳压二极管的电路符号及伏安特性

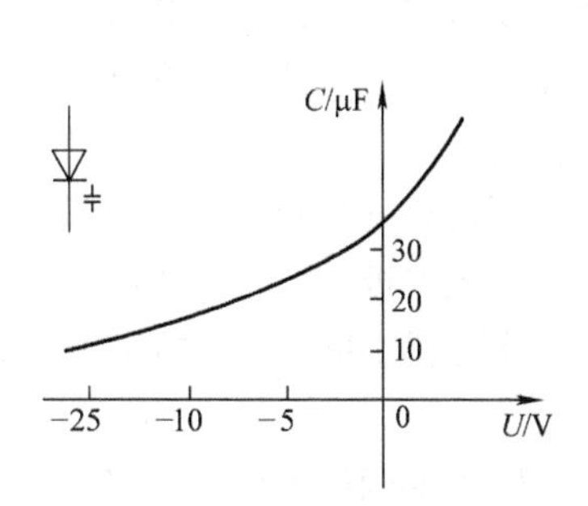

图 1.2.8 变容二极管的电路符号及变容特性

3. 光电二极管

在光电二极管的管壳上备有一个玻璃窗口以接收光照，其反向电流随光照强度增大而上升。图 1.2.9 给出了光电二极管的电路符号，其主要特点是反向电流与照度成正比。

光电二极管可作为光的测量元件，当制成大面积的光电二极管时，可当作一种能源，称为光电池。

4. 发光二极管

发光二极管通常用元素周期表中Ⅲ、Ⅴ族元素的化合物如砷化镓、磷化镓等制成。当给这种二极管通以电流时，它将发出光来，这是电子和空穴直接复合而放出能量的结果。它的光谱范围比较窄，其波长由所使用的基本材料而定。图 1.2.10 给出了发光二极管的电路符号，它常作为显示器件，除单独使用外，也常做成七段式或矩阵式，工作电流一般在几毫安至十几毫安。

图 1.2.9 光电二极管的电路符号

图 1.2.10 发光二极管的电路符号

发光二极管是半导体二极管的一种，可以把电能转化成光能。发光二极管与普通二极管一样由一个 PN 结组成，也具有单向导电性。当给发光二极管加上正向电压后，从 P 区注入 N 区的空穴和由 N 区注入 P 区的电子，在 PN 结附近数微米内分别与 N 区的电子和 P 区的空穴复合，产生自发辐射的荧光。不同的半导体材料中电子和空穴所处的能量状态不同。电子和空穴复合时释放出的能量多少不同，释放出的能量越多，发出的光的波长越短。常用的是发红光、绿光或黄光的二极管。发光二极管的反向击穿电压大于 5 V。它的正向伏安特性曲线很陡，使用时必须串联限流电阻以控制通过二极管的电流。限流电阻 R 可用下式计算：

$$R=(E-U_F)/I_F$$

式中　E——电源电压；

U_F——发光二极管的正向压降；

I_F——发光二极管的正常工作电流。

发光二极管的核心部分是由 P 型半导体和 N 型半导体组成的晶片，在 P 型半导体和 N 型半导体之间有一个过渡层，称为 PN 结。在某些半导体材料的 PN 结中，注入的少数载流子与多数载流子复合时会把多余的能量以光的形式释放出来，从而把电能直接转化为光能。PN 结加反向电压，少数载流子难以注入，故不发光。这种利用注入式电致发光原理制作的二极管叫作发光二极管，通称 LED。当它处于正向工作状态时（即两端加上正向电压），电流从 LED 阳极流向阴极，半导体晶体就发出从紫外到红外不同能量的光线，光的强弱与电流有关。

发光二极管的两根引线中较长的一根为正极，应接电源正极。有的发光二极管的两根引线一样长，但管壳上有一个凸起的小舌，靠近小舌的引线是正极。

1）发光二极管的单向导电性

发光二极管只能往一个方向导通（通电），叫作正向偏置（正向偏压）。当电流流过时，电子与空穴在其内复合而发出单色光，产生电致发光效应，光线的波长、颜色跟其所采用的半导体材料与掺入的杂质元素有关。发光二极管具有效率高、寿命长、不易破损、开关速度快、可靠性高等传统光源不及的优点。

2）发光二极管的特性

与白炽灯和氖灯相比，发光二极管的特点是：工作电压很低（有的仅一点几伏）；工作电流很小（有的仅零点几毫安即可发光）；抗冲击和抗震性能好，可靠性高，寿命长；通过调制所通过电流的强弱可以方便地调制发光的强弱。由于有这些特点，发光二极管在一些光电控制设备中用作光源，在许多电子设备中用作信号显示器。把它的管芯做成条状，用 7 个条状的发光管组成 7 段式半导体数码管，每个数码管可显示 0 ~9 等 10 个阿拉伯数字以及 A，B，C，D，E，F 等部分字母（必须区分大小写）。

3）发光二极管的参数

LED 的光学参数中重要的几个是发光效率、光通量、发光强度、光强分布、波长。

Ⅰ. 发光效率和光通量

发光效率是光通量与电功率之比，单位一般为 lm/W。发光效率代表了光源的节能特性，是衡量现代光源性能的一个重要指标。

Ⅱ. 发光强度和光强分布

LED 的发光强度表征它在某个方向上的发光强弱，由于 LED 在不同的空间角度光强相差很多，随之研究了 LED 的光强分布特性。这个参数实际意义很大，直接影响到 LED 显示装置的最小观察角度。如体育场馆的 LED 大型彩色显示屏，如果选用的 LED 单管分布范围很窄，那么面对显示屏处于较大角度的观众将看到失真的图像。交通标志灯也要求在较大范围内的人能识别。

Ⅲ. 波长

对于 LED 的光谱特性，主要看它的单色性是否优良，而且要注意红、黄、蓝、绿、白色 LED 等主要的颜色是否纯正。在许多场合下，如交通信号灯对颜色就要求比较严格，不过据观察我国的一些 LED 交通信号灯绿色发蓝，红色偏深红，从这个现象来看我们对 LED 的光谱特性进行专门研究是非常必要而且很有意义的。

4）发光二极管的优点

Ⅰ. 体积小

LED 基本上是一块很小的晶片被封装在环氧树脂里面，所以它非常小、非常轻。

Ⅱ. 电压低

LED 的耗电量相当低，一般来说 LED 的工作电压是 2 ~ 3.6 V，只需要极微弱的电流即可正常发光。

Ⅲ. 使用寿命长

在恰当的电流和电压下，LED 的使用寿命可达 10 万 h。

Ⅳ. 亮度高、热量低

LED 使用冷发光技术，发热量比同等功率的普通照明灯具低很多。

Ⅴ. 环保

LED 由无毒的材料构成，不像荧光灯含水银会造成污染，同时 LED 可以回收再利用。

5）发光二极管的应用

随着发光二极管高亮度化和多色化的进展，其应用领域不断扩展。从较低光通量的指示灯到显示屏，再从室外显示屏到中等光通量功率信号灯和特殊照明的白光光源，最后发展到高光通量通用照明光源。2000 年是其时间分界线。在 2000 年已解决所有颜色的信号显示问题和灯饰问题，并已开始低、中光通量的特殊照明应用，而作为通用照明的高光通量白光照明的应用似乎还有待时日，需将光通量进一步大幅度提高方能实现。当然，这也需要一个过程，它会随亮度提高和价格下降而逐步实现。

Ⅰ. LED 显示屏

20 世纪 80 年代中期，就有单色和多色显示屏问世，起初是文字屏或动画屏，90 年代初电子计算机技术和集成电路技术的发展，使得 LED 显示屏的视频技术得以实现，电视图像直接上屏，特别是 90 年代中期蓝色和绿色超高亮度 LED 研制成功并迅速投产，使室外屏的应用大大扩展，面积在 100 ~ 300 m^2 不等。目前，LED 显示屏在体育场馆、广场、会场甚至街道、商场都已广泛应用，美国时代广场上的纳斯达克全彩屏最为闻名，该屏面积为 120 ft ×90 ft，由 1 900 万只超高亮蓝、绿、红色 LED 制成。此外，在证券行情屏，银行汇率屏、利率屏等方面，其应用也占较大比例，近期在高速公路、高架道路的信息屏方面也有较大的发展。发光二极管在这一领域的应用已成规模，且可期望有较稳定的增长。

Ⅱ. 交通信号灯

交通领域应用的 LED 产品主要有红、绿、黄信号指示，数位计时显示、箭头指示等。产品在白天高亮度环境中要亮，晚上亮度要降低一些，避免刺眼。

信号灯的工作环境比较恶劣，严寒酷暑、日晒雨淋，因而对灯具的可靠性要求较高。一般信号灯用白炽灯泡的平均寿命是 1 000 h，低压卤钨灯泡的平均寿命是 2 000 h，由此而产生的维护费用很高。在实际使用中，已经有许多 LED 交通信号灯使用时间超过 5 年，并未有损坏，且 LED 响应速度快，从而减少了交通事故的发生。

目前 LED 在交通信号灯方面的应用发展非常迅速，在交通领域应用市场的前景非常好，已基本替代传统光源。虽然市面上交通信号产品已接近饱和，但是由于 LED 本身所具有的环保、节能、寿命长等优点，使其在交通领域的应用依然有非常大的空间。

Ⅲ. 汽车用灯

超高亮 LED 可以做成汽车的刹车灯、尾灯和方向灯，也可用于仪表照明和车内照明，它在耐振动、省电及长寿命方面比白炽灯有明显的优势。用作刹车灯，它的响应时间为 60 ns，比白炽灯的 140 ms 短许多，在典型的高速公路上行驶，会增加 4 ~ 6 m 的安全距离。

Ⅳ. 液晶屏背光源

采用 LED 为液晶电视的背光源，最主要的目的是提升画质，特别是在色彩饱和度上，采用 LED 背光技术的显示屏可以取得足够宽的色域，弥补液晶显示设备显示色彩数量不足的缺陷。

目前随着欧美市场上环保认证的推行，越来越多的背光源要舍弃含铅汞成分的 CCFL 光源。加上近两年 LED 亮度突破性的提高和生产成本的降低，加大力度研发以 LED 为光源的背光系统替代 CCFL 背光源，是将来各大背光源厂商的重要方向。

Ⅴ. 灯饰

由于发光二极管亮度的提高和价格的下降，再加上寿命长、节电，驱动和控制较霓虹灯简易，不仅能闪烁还能变色，所以用超高亮度 LED 做成的单色、多色乃至变色的发光柱配以其他形状的各色发光单元，装饰高大建筑物、桥梁、街道及广场等景观工程效果很好，呈现出一派色彩缤纷、星光闪烁及流光溢彩的景象。

Ⅵ. 照明光源

作为照明光源的 LED 光源应是白光，由于 LED 光源无红外辐射，便于隐蔽，再加上它具有耐振动、适合于蓄电池供电、结构固体化及携带方便等优点，在特殊照明光源方面有较大发展。其作为民间使用的草坪灯、埋地灯已成规模生产，也用作显微镜视场照明、手电、外科医生的头灯、博物馆或画展的照明以及阅读台灯。

6）发光二极管的检测

Ⅰ. 普通发光二极管的检测

（1）用万用表检测。利用具有 ×10 kΩ 挡的指针式万用表可以大致判断发光二极管的好坏。正常时，二极管正向电阻阻值为几十至 200 kΩ，反向电阻阻值为∞。如果正向电阻阻值为 0 或为∞，反向电阻阻值很小或为 0，则易损坏。这种检测方法不能实质地看到发光二极管的发光情况，因为 ×10 kΩ 挡不能向 LED 提供较大的正向电流。

如果有两块指针式万用表（最好同型号），可以较好地检查发光二极管的发光情况。用一根导线将其中一块万用表的“+”接线柱与另一块万用表的“-”接线柱连接，余下的“-”表笔接被测发光管的正极（P 区），余下的“+”表笔接被测发光管的负极（N 区）。两块万用表均置 ×10 kΩ 挡。正常情况下，接通后就能正常发光。若亮度很低甚至不发光，可将两块万用表均拨至 ×1 mΩ 挡，若仍很暗甚至不发光，则说明该发光二极管性能不良或损坏。应注意，不能一开始测量就将两块万用表置 ×1 mΩ 挡，以免电流过大，损坏发光二极管。

（2）外接电源检测。用 3 V 稳压源或两节串联的干电池及万用表（指针式或数字式皆可）可以较准确地测量发光二极管的光电特性。如果测得 U_F 在 1.4 ~ 3 V，且发光亮度正常，可以说明发光正常。如果测得 $U_F=0$ 或 $U_F\approx3$ V，且不发光，说明发光二极管已坏。

Ⅱ. 红外发光二极管的检测

红外发光二极管发射 1 ~ 3 μm 的红外光，肉眼无法看到。通常单只红外发光二极管发射功率只有数 mW，不同型号的红外 LED 发光强度角分布不相同。红外 LED 的正向压降一般为 1.3 ~ 2.5 V。由于其发射的红外光人眼看不见，所以利用上述可见光 LED 的检测法只能判定其 PN 结正、反向电学特性是否正常，而无法判定其发光情况正常与否。因此，最好准备一只光敏器件（如 2CR、2DR 型硅光电池）作接收器，用万用表测光电池两端电压的变化情况，来判断红外 LED 加上适当的正向电流后是否发射红外光。

7）电烙铁的基本使用方法

电烙铁是电子焊接中最常用的工具，其作用是将电能转化成热能对焊接点部位进行加热焊接。

一般来说，电烙铁的功率越大，热量越大，烙铁头的温度就越高。一般的晶体管、集成电路电子元器件焊接选用 20 W 的内热式电烙铁即可，功率过大容易烧坏元器件。值得注意的是，线路焊接时，时间不能太长也不能太短，时间过长容易损坏，而时间太短焊锡不能充分熔化，会造成焊点不光滑、不牢固，还可能产生虚焊，一般来说最恰当的时间为 1.5 ~4 s。

焊锡是一种易熔金属，其作用是使元器件引脚与印刷电路板的连接点连接在一起，焊锡的选择对焊接质量有很大的影响。现在最常用的是含松香焊锡丝，但细分起来也颇有讲究，其中真正不掺水分的含银焊锡丝是上等品。

焊接前，应对元器件引脚和电路板的焊接部位进行焊前处理。清除焊接部位的氧化层，可用断锯条制成小刀，刮去金属引线表面的氧化层，使引脚露出金属光泽。印刷电路板可用细砂纸将铜箔打光后，涂上一层松香酒精溶液。

元器件镀锡，在刮净的引线上镀锡。将引线蘸一下松香酒精溶液后，将带锡的热烙铁头压在引线上，并转动引线，即可使引线均匀地镀上一层很薄的锡。导线焊接前，应将绝缘外皮剥去，再经过上面两项处理，才能正式焊接。若是多股金属丝的导线，打光后应先拧在一起，再镀锡。

做好焊前处理之后，就可正式进行焊接。

（1）右手持电烙铁，左手用尖嘴钳或镊子夹持元器件或导线。焊接前，电烙铁要充分预热。烙铁头刃面要吃锡，即带上一定量的焊锡。

（2）将烙铁头刃面紧贴在焊点处，电烙铁与水平面大约成 60°角，以便于熔化的锡从烙铁头上流到焊点上。烙铁头在焊点处停留的时间控制在 2 ~3 s。

8）指针式 MF47 型万用表的使用方法

Ⅰ. MF47 型万用表的基本功能

MF47 型万用表是设计新颖的磁电系整流便携式多量程万用表，可测量直流电流、交直流电压、直流电阻等，具有 26 个基本量程和电平、电容、电感、晶体管直流参数等。

Ⅱ. 刻度盘与挡位盘

刻度盘与挡位盘印制成红、绿、黑三色。表盘颜色分别按交流红色、晶体管绿色、其余黑色对应制成，使用时读数便捷。刻度盘共有 6 条刻度：第一条专供测电阻用，第二条供测交直流电压、直流电流用，第三条供测晶体管放大倍数用，第四条供测电容用，第五条供测电感用，第六条供测音频电平用。刻度盘上装有反光镜，以消除视差。

除交直流 2 500 V 和直流 5 A 有单独的插孔之外，其余各挡只需转动选择开关，使用方便。

Ⅲ. 使用方法

在使用前应检查指针是否指在机械零位上，如不指在零位上，可旋转表盖的调零器使指针指在零位上。将表笔的红、黑插头分别插入“+”“-”插孔中，如测量交直流 2 500 V

或直流 5 A，红表笔应分别插到标有“2 500 V”或“5 A”的插孔中。

（1）直流电流测量：测量 0.05 ~500 mA 时，转动开关至所需电流挡；测量 5 A 时，转动开关可放在 500 mA 直流电流挡上，而后将表笔串接于被测电路中。

（2）交直流电压测量：测量交流 10 ~1 000 V 或直流 0.25 ~1 000 V 时，转动开关至所需电压挡；测量交直流 2 500 V 时，开关应分别旋转至交流 1 000 V 或直流 1 000 V 位置上，而后将表笔跨接于被测电路两端。

（3）直流电阻测量：装上电池（R14 型 2 号 1.5 V 及 6F22 型 9 V 各一只），转动开关至所需测量的电阻挡，将测试棒两端短接，调整零欧姆调整旋钮，使指针对准欧姆零位（若不能指示欧姆零位，则说明电池电压不足，应更换电池），然后将表笔跨接于被测电路的两端进行测量。准确测量电阻时，应选择合适的电阻挡位，使指针尽量指向刻度盘中间三分之一区域。测量电路中的电阻时，应先切断电路电源，如电路中有电容应先行放电。检查电解电容的漏电电阻时，可转动开关到“R ×1K”挡，红表笔必须接电容负极，黑表笔接电容正极。

（4）电容测量：转动开关至交流 10 V 位置，被测量电容串接任一表笔，而后跨接于10V交流电压电路中进行测量。

（5）电感测量：与电容测量方法相同。

（6）三极管直流参数的测量：直流放大倍数 h_{FE} 的测量，先转动开关至晶体管调节 ADJ 位置上，将红、黑表笔短接，调节欧姆电位器，使指针对准 300 h_{FE} 刻度线，然后转动开关到 h_{FE} 位置，将要测的三极管引脚分别插入三极管测试座的 e、b、c 管孔内，指针偏转所示数值约为三极管的直流放大倍数值。N 型三极管应插入 N 型管孔内，P 型三极管应插入 P 型管孔内。

（7）三极管引脚极性的辨别（将万用表置于“R ×1K”挡）。

① 判定基极 b。由于 b 至 c、b 至 e 分别是两个 PN 结，它的反向电阻很大，而正向电阻很小，测试时可任意取晶体管一脚假定为基极。将红表笔接“基极”，黑表笔分别去接触另两个引脚，如此时测得的都是低阻值，则红表笔所接触的引脚为基极 b，并且是 P 型管，（如用上法测得的均为高阻值，则为 N 型管）。如测量时两个引脚的阻值差异很大，可另选一个引脚为假定基极，直至满足上述条件为止。

② 判定集电极 c。对于 PNP 型三极管，当集电极接负电压，发射极接正电压时，电流放大倍数才比较大，NPN 型三极管则相反。测试时假定红表笔接集电极 c，黑表笔接发射极 e，记下其阻值，而后红、黑表笔交换测试，将测得的阻值与第一次的阻值相比，阻值小的红表笔接的是集电极 c，黑表笔接的是发射极 e，而且可判定是 P 型管（N 型管相反）。

（8）二极管极性的判别：测试时选“R ×10K”挡，黑表笔一端测得阻值小的一极为正极。万用表在欧姆电路中，红表笔为电池负极，黑表笔为电池正极。注意：以上介绍的测试方法，一般都用“R ×100”“R ×1K”挡，如果用“R ×10K”挡，因该挡用 15 V 的较高电压供电，可能将被测三极管的 PN 结击穿，若用“R ×1”挡测量，因电流过大（约90 mA），也可能损坏被测三极管。

Ⅳ. 注意事项

（1）万用表虽有双重保护装置，但使用时仍应遵守下列规程，避免意外损失。

① 测量高电压或大电流时，为避免烧坏开关，应在切断电源的情况下变换量程。

② 测未知的电压或电流时，应先选择最高挡位，待第一次读取数值后，方可逐渐转至适当的位置以取得较准的读数，并避免烧坏电路。

③ 偶然因过载而烧断保险丝时，可打开表盒换上相同型号的保险丝（0.5 A/250 V）。

（2）测量高压时，要站在干燥的绝缘板上，并一手操作，防止发生意外事故。

（3）电阻各挡用干电池应定期检查、更换，以保证测量精度。平时不用万用表应将挡位盘打到交流“250 V”挡；如长期不用应取出电池，以防止电池内的液体溢出腐蚀而损坏其他零件。

9）“洞洞板”（万用电路板）的选择和焊接技巧

万用电路板是一种按照标准 IC 间距（2.54 mm）布满焊盘、可按自己的意愿插装元器件及连线的印刷电路板，俗称“洞洞板”。与专业的 PCB 制版相比，洞洞板具有以下优势：使用门槛低，成本低廉，使用方便，扩展灵活。比如在大学生电子设计竞赛中，作品通常需要在几天的时间内争分夺秒地完成，所以大多使用洞洞板。

Ⅰ. 洞洞板的选择

目前市场上出售的洞洞板主要有两种：一种焊盘各自独立（图 1.2.11，以下简称单孔板），另一种多个焊盘连在一起（图 1.2.12，以下简称连孔板），单孔板又分为单面板和双面板两种。根据笔者的经验，单孔板较适合数字电路和单片机电路，连孔板更适合模拟电路和分立电路。因为数字电路和单片机电路以芯片为主，电路较规则；而模拟电路和分立电路往往较不规则，分立元件的引脚常常需要连接多根线，多个焊盘连在一起要方便一些。

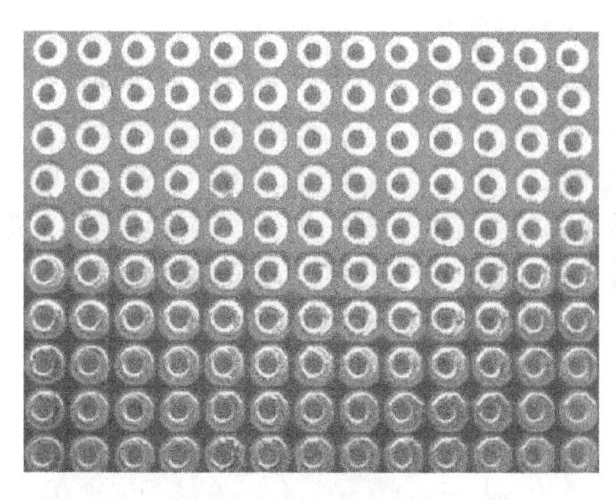
图 1.2.11 单孔板

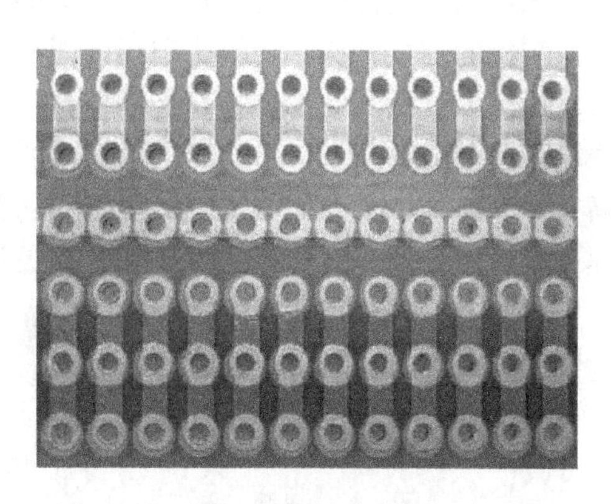
图 1.2.12 连孔板

需要区分两种不同材质的洞洞板：铜板和锡板。铜板的焊盘是裸露的铜，呈现金黄色，平时应该用纸包好保存，以防焊盘氧化，万一焊盘氧化了（焊盘失去光泽、不好上锡），可以用棉棒蘸酒精清洗或用橡皮擦拭。焊盘表面镀了一层锡的是锡板，焊盘呈现银白色，锡板的基板材质要比铜板坚硬，不易变形。

Ⅱ. 焊接前的准备

在焊接洞洞板之前需要准备足够的细导线（图 1.2.13）用于走线。细导线分为多股的和单股的（图 1.2.14）：多股细导线质地柔软，焊接后显得较为杂乱；单股细导线可弯折成固定形状，剥皮之后还可以当作跳线使用。

图 1.2.13 细导线

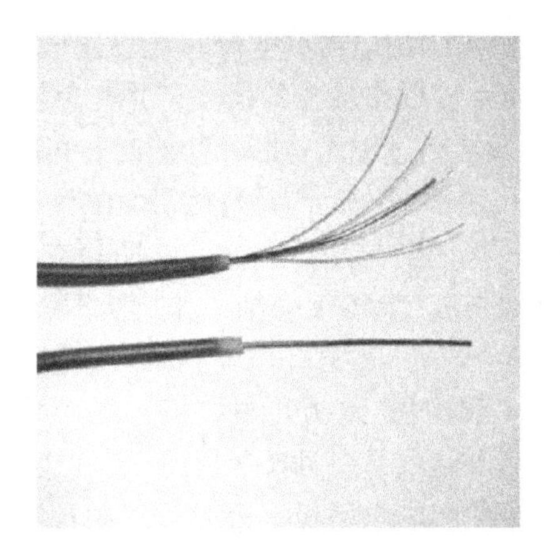

图 1.2.14 多股和单股细导线

洞洞板具有焊盘紧密等特点，这就要求电烙铁头有较高的精度，建议使用功率在 30 W 左右的尖头电烙铁。此外，焊锡丝不能太粗，建议选择线径为 0.5 ~0.6 mm 的。

Ⅲ. 洞洞板的焊接方法

对于元器件在洞洞板上的布局，大多数人习惯“顺藤摸瓜”，就是以芯片等关键元器件为中心，其他元器件见缝插针。这种方法是边焊接边规划，无序中体现着有序，效率较高。但初学者缺乏经验，所以不太适合用这种方法，初学者可以先在纸上做好初步的布局，然后用铅笔画在洞洞板正面（元器件面)，也可以将走线规划出来，方便走线。

洞洞板的焊接方法，一般是利用前面提到的细导线进行飞线连接，飞线连接没有太多的技巧，但应尽量做到水平和竖直走线，整洁清晰（图 1.2.15)。现在流行一种方法叫锡接走线法，如图 1.2.16 所示，其工艺不错，性能也稳定，但比较浪费锡。纯粹的锡接走线难度较高，受到锡丝、个人焊接工艺等各方面的影响。如果先拉一根细铜丝，再随着细铜丝进行拖焊，则简单许多。洞洞板的焊接方法很灵活，可寻找适合自己的方法。

图 1.2.15 常用的飞线连接法

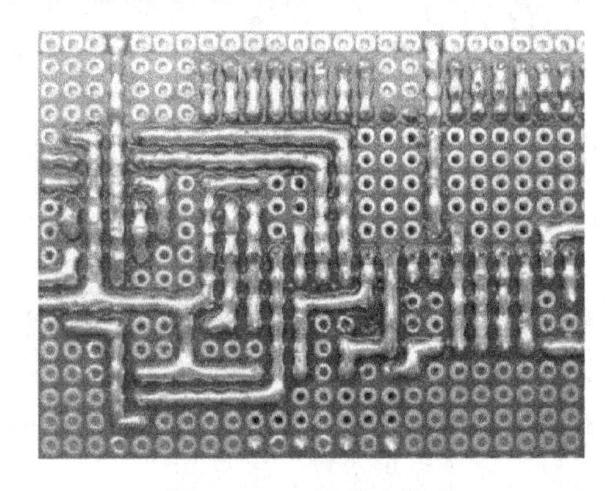

图 1.2.16 锡接走线法

Ⅳ. 洞洞板的焊接技巧

很多初学者焊的板子很不稳定，容易短路或断路。除了布局不够合理和焊工不良等因素外，缺乏技巧是造成这些问题的重要原因之一。掌握一些技巧可以使电路反映到实物硬件的复杂程度大大降低，减少飞线的数量，让电路更加稳定。

Ⅰ. 初步确定电源、地线的布局

电源贯穿电路始终，合理的电源布局对简化电路起着十分关键的作用。某些洞洞板布置有贯穿整块板子的铜箔，应将其用作电源线和地线；如果无此类铜箔，也需要对电源线、地线的布局有个初步的规划。

Ⅱ. 善于利用元器件的引脚

洞洞板的焊接需要大量的跨接、跳线等，不要急于剪断元器件多余的引脚，有时候直接跨接到周围待连接的元器件引脚上会事半功倍。另外，本着节约材料的目的，可以把剪断的元器件引脚收集起来，作为跳线用材料。

Ⅲ. 善于设置跳线

特别要强调这点，多设置跳线不仅可以简化连线，而且更加美观。(图 1. 2. 17)

图 1. 2. 17　多使用跳线

Ⅳ. 充分利用双面板

双面板比较昂贵，既然选择它就应该充分利用它。双面板的每一个焊盘都可以当作过孔，灵活实现正反面电气连接。

洞洞板给我们带来了很大的方便，已成为电子实验中不可缺少的一部分。多动手实践，将体会到更好、更适合自己的使用方法和技巧。

10）LED 驱动电路

发光二极管作为一种显示器件，必须在驱动电路中加上适当的工作电压，才能正常工作。

下面将 8 只 LED 并联制作简易小台灯电路（图 1. 2. 18），驱动电路如图 1. 2. 19 所示。

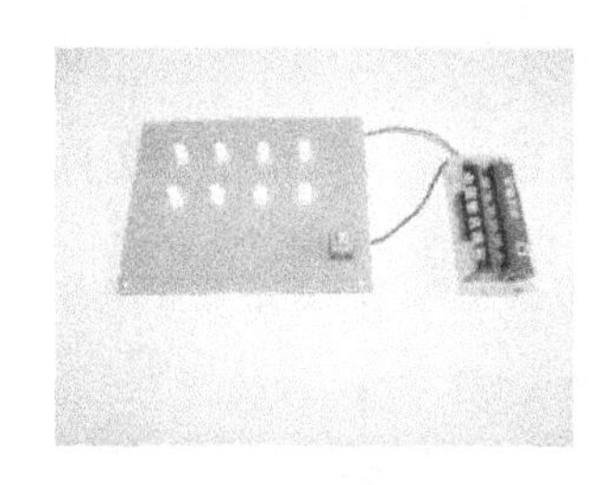

图 1. 2. 18　LED 简易小台灯实物

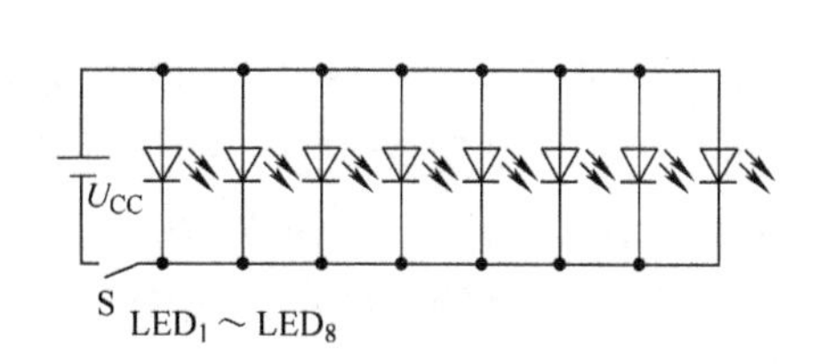

图 1. 2. 19　8 只 LED 并联制作简易小台灯驱动电路图

制作简易小台灯电路所需的工具和元器件：电烙铁、万用表、电路板、LED、开关、电池盒、电池、导线、焊锡丝及电工常用工具。

1. 3　半导体三极管

半导体三极管又称晶体三极管，简称三极管或晶体管。由于参与三极管导电的有空穴和自由电子两种载流子，故又称其为双极型晶体管。它是由两个相距很近的 PN 结做成的，由于 PN 结之间相互影响，三极管表现出不同于单个 PN 结的特性而具有电流放大功能，从而使 PN 结的应用产生了质的飞跃。本节将围绕三极管为什么具有电流放大作用这个核心问题，讨论三极管的基本结构、放大原理、特性曲线及参数。

1.3.1 三极管的基本结构

三极管是在硅（或锗）基片上制作两个靠得很近的 PN 结，构成一个三层半导体器件，若是两层 N 型半导体夹一层 P 型半导体，就构成了 NPN 型三极管；若是两层 P 型半导体夹一层 N 型半导体，则构成了 PNP 型三极管。三极管若在硅基片上制成，则称为硅管；若在锗基片上制成，则称为锗管。NPN 型管多为硅管，PNP 型管多为锗管。

无论三极管是哪种结构形式，都具有 2 个 PN 结，分别称为发射结和集电结，都形成 3 个区域，分别称为发射区、基区和集电区，由这 3 个区域引出 3 个电极，分别称为发射极（e）、基极（b）、集电极（c）。NPN 型和 PNP 型三极管的结构示意图及电路符号如图 1.3.1 所示。

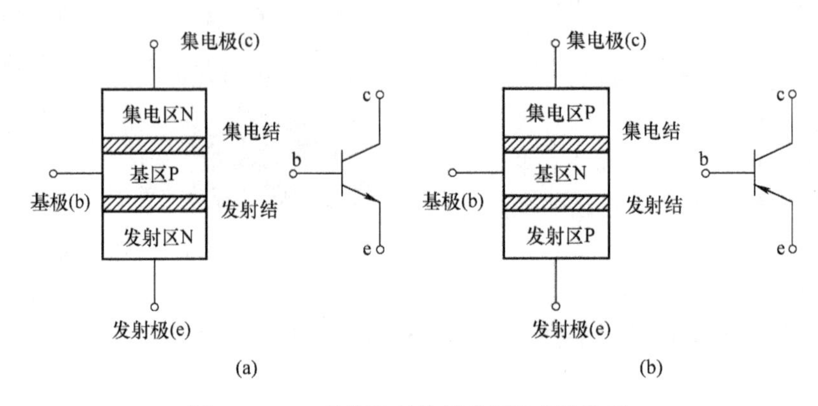

图 1.3.1 三极管的结构示意图及电路符号
（a）NPN 型管 （b）PNP 型管

在三极管的电路符号中，发射极的箭头方向表示发射结正向偏置时的电流方向。为了保证三极管具有放大特性，其结构具有如下特点：

（1）发射区杂质浓度大于集电区杂质浓度，以有足够的载流子供“发射”；

（2）集电结的面积比发射结的面积大，以利于集电区收集载流子；

（3）基区很薄，杂质浓度很低，以减少载流子在基区复合的机会。

由上述内容可以看出，三极管结构是不对称的，使用三极管时集电极和发射极不能对调。由于硅三极管的温度特性较好、应用较多，所以下面以 NPN 型硅三极管为主进行原理分析。PNP 型管的工作原理与 NPN 型管相似，不同之处仅在于使用时工作电源的极性相反。

1.3.2 三极管的电流分配与放大作用

要使三极管能够正常地传送和控制载流子，实现放大作用，必须给三极管加上合适的极间电压，即偏置电压。由于发射区要向基区注入载流子——自由电子，因此发射结必须正向偏置，其大小通常为零点几伏。到达基区的自由电子要传送到集电极，集电极的电位必须高于基极电位，即集电结反向偏置，其大小通常为几伏至几十伏。不论采用何种管型和何种线路形式的三极管放大电路，三极管只有满足“发射结正向偏置，集电结反向偏置”这个基本工作条件，才能正常工作。

一个放大器必须有2个端子接输入信号，另外2个端子作为输出端，提供输出信号，而三极管只有3个电极，因此用三极管组成放大器时必须有1个端子作为输入和输出信号的公共端。不同的公共端有3种不同的组态，即共发射极电路、共基极电路和共集电极电路，如图1.3.2所示。在放大电路中，共发射极电路应用最多。

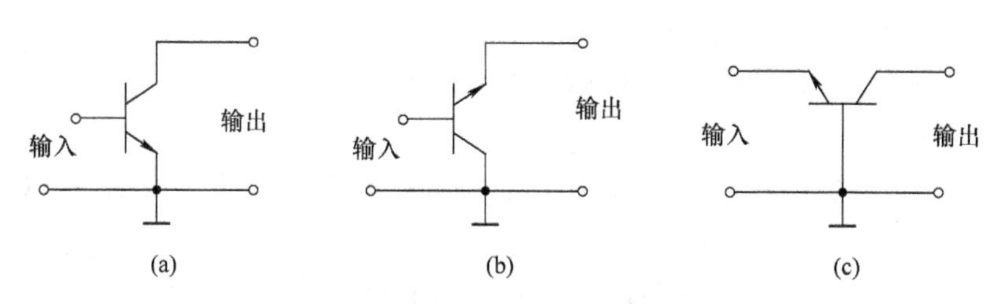

图1.3.2　三极管的3种连接组态
（a）共发射极　（b）共集电极　（c）共基极

图1.3.3所示为NPN管共发射极实验电路。共发射极的含义是：以发射极作为输入和输出回路的公共端（地），图中基极回路为输入回路，集电极回路为输出回路。基极电源U_{BB}使发射结正向偏置，而集电极电源U_{CC}使集电结反向偏置，电路中有3条支路的电流通过三极管，即集电极电流I_C、基极电流I_B及发射极电流I_E，电流方向如图1.3.3中的箭头所示。调节电位器R_p的阻值，可以改变发射结的偏置电压，从而控制基极电流I_B的大小。I_B的变化又将引起I_C和I_E的变化。每取得一个I_B的确定值，必然可得一组I_C和I_E的确定值与之对应，实验取得的数据见表1.3.1。

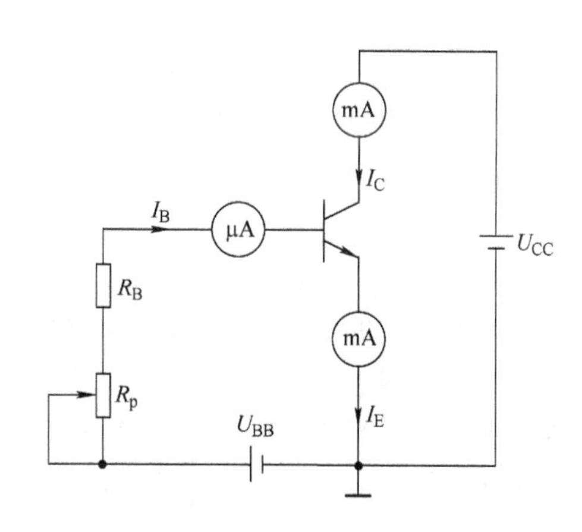

图1.3.3　三极管电流分配实验电路

表1.3.1　实验数据

I_B/mA	0	0.01	0.02	0.03	0.04	0.05
I_C/mA	0.01	0.56	1.14	1.74	2.33	2.91
I_E/mA	0.01	0.57	1.16	1.77	2.37	2.96

由表1.3.1可看出如下几点。

（1）流过三极管的电流无论怎样变化，始终满足下述关系：$I_E = I_C + I_B$且$I_C \geqslant I_B$，$I_E \approx I_C$，表明了三极管的电流分配规律。

（2）基极电流有微小变化，集电极电流便会有较大变化。例如，当基极电流由0.01 mA变化到0.03 mA时，对应的集电极电流由0.56 mA变化到1.74 mA，I_B的变化量$\Delta I_B = 0.02$ mA，而I_C的变化量$\Delta I_C = 1.18$ mA，两个变化量之比$\frac{\Delta I_C}{\Delta I_B} = 59$倍，这个比值通常用符号$\beta$

表示，称为三极管交流电流放大系数，记为$\beta=\dfrac{\Delta I_C}{\Delta I_B}$。由此可见，基极电流的微小变化可使集电极电流发生较大的变化。这种I_B对I_C的控制作用，称为三极管的电流放大作用。

1.3.3 三极管的特性曲线

描绘三极管各电极电压与电流之间关系的曲线称为三极管的特性曲线，亦称为伏安特性曲线。它是三极管内载流子运动规律的外部表现，是分析三极管放大器和选择三极管参数的重要依据。常用的三极管特性曲线有输入特性曲线和输出特性曲线。

1. 输入特性曲线

当三极管集电极与发射极之间所加电压u_{CE}一定时，加在基极与发射极之间的电压u_{BE}与产生的基极电流i_B之间的关系曲线$i_B=f(u_{BE})\mid_{u_{CE}=常数}$，称为三极管输入特性曲线。输入特性曲线可采用查《半导体器件手册》或用晶体管特性图示仪测量等方法获得。由于器件参数的分散性，不同三极管的输入特性曲线是不完全相同的，但大体形状是相似的。当u_{CE}为不同值时，输入特性曲线为一族曲线，在$u_{CE}\geqslant 1$ V后，曲线族重合，如图1.3.4所示。

u_{BE}加在三极管基极和发射极之间的PN结（发射结）上，该PN结相当于一个二极管，所以三极管的输入特性曲线与二极管的伏安特性曲线很相似。u_{BE}与i_B呈非线性关系，同样存在死区电压，或称为导通电压，用$U_{BE(on)}$表示。当$u_{BE}>U_{BE(on)}$时，三极管才出现基极电流i_B，否则三极管不导通。当三极管正常工作时，NPN型（硅）管的发射结电压$U_{BE(on)}=0.7$ V，PNP型（锗）管的$U_{BE(on)}=-0.3$ V，这是检查放大器中三极管是否正常工作的重要依据。若检测结果与上述数值相差较大，可直接判断三极管存在故障。

2. 输出特性曲线

在基极电流i_B为确定值时，u_{CE}与i_C之间的关系曲线$i_C=f(u_{CE})\mid_{i_B=常数}$，称为三极管输出特性曲线。输出特性曲线同样可采用查《半导体器件手册》或用晶体管特性图示仪测量等方法获得。图1.3.5所示即为i_B取不同值时，NPN型（硅）管的输出特性曲线。由图1.3.5中的任意一条曲线可以看出，在坐标原点附近随着u_{CE}增大，i_C逐渐增大；在$u_{CE}>1$ V以后，无论u_{CE}怎样变化，i_C几乎不变，曲线与横轴接近平行，这说明三极管具有恒流特性。

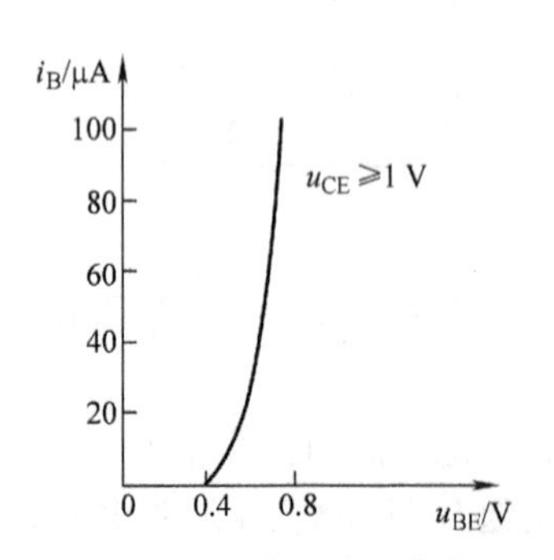

图1.3.4 输入特性曲线

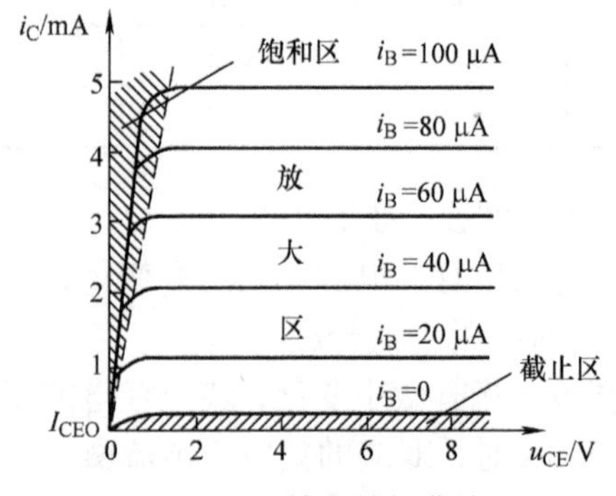

图1.3.5 输出特性曲线

通常把三极管输出特性曲线族分为3个区域，这3个区域对应着三极管的3种工作状态。

1）放大区

输出特性曲线平坦部分的区域是放大区。工作在放大区的三极管发射结处于正向偏置（大于导通电压），集电结处于反向偏置，i_C与i_B成比例增长，即i_B有一个微小变化，i_C将按比例发生较大变化，体现了三极管的电流放大作用。垂直于横轴方向作一直线，从该直线上找出i_C的变化量Δi_C和与之对应的i_B的变化量Δi_B，即可求出该三极管的电流放大系数$\beta = \Delta i_C / \Delta i_B$。这些曲线越平坦，间距越均匀，三极管线性越好。在相同的Δi_B下，曲线间距越大，β值就越大。

2）饱和区

输出特性曲线族起始部分的区域是饱和区。三极管工作在这个区域时，u_{CE}很低，$u_{CE} < u_{BE}$时集电结处于正向偏置，发射结也处于正向偏置。在这个区域，i_C不受i_B控制，三极管失去电流放大作用，其集电极与发射极之间的电压称为三极管饱和压降，记为U_{CES}。对于NPN型（硅）管$U_{CES}=0.3$ V，对于PNP型（锗）管$|U_{CES}|=0.1$ V。

3）截止区

$i_B=0$的输出特性曲线以下的区域为截止区。要使$i_B=0$，发射结电压u_{BE}一定要小于死区电压，为了保证可靠截止，常使发射结处于反向偏置，集电结也处于反向偏置。由图1.3.5可见，$i_B=0$时，$i_C \neq 0$，还有很小的集电极电流，称为穿透电流，记为I_{CEO}。硅管I_{CEO}很小，在几微安以下；锗管稍大，为几十微安至几百微安。

1.3.4　三极管的主要参数

三极管的参数是用来表征三极管性能优劣及其应用范围的指标，是选用三极管及对电路进行设计、调试的重要依据。

1. 电流放大系数

电流放大系数是表征三极管电流放大能力的参数，包括以下参数。

1）直流电流放大系数$\bar{\beta}$

无交流信号输入时，三极管集电极直流电流I_C与基极直流电流I_B的比值，记为$\bar{\beta}=\dfrac{I_C}{I_B}$。

2）交流电流放大系数β

有交流信号输入时，三极管集电极电流变化量Δi_C与基极电流变化量Δi_B的比值，记为$\beta=\dfrac{\Delta i_C}{\Delta i_B}$。

常用三极管的β值在20～200，若β太小，则三极管放大能力差；若β太大，则三极管工作时稳定性差。直流电流放大系数$\bar{\beta}$与交流电流放大系数β的含义不同，但数值相差很小，应用时通常不加以区别。

2. 极间反向电流

极间反向电流是决定三极管工作稳定性的重要参数，也是鉴别三极管质量优劣的重要指标，其值越小越好。

1）集电极－基极反向饱和电流 I_{CBO}

三极管发射极开路时，集电结加反向电压时产生的电流，称为集电极－基极反向饱和电流，记为 I_{CBO}，如图1.3.6所示。性能好的三极管 I_{CBO} 很小，一般小功率硅管的 I_{CBO} 为1 μA左右，锗管为10 μA左右。I_{CBO} 受温度的影响大，随温度升高而增大，是三极管工作不稳定的重要因素。

2）穿透电流 I_{CEO}

三极管基极开路，集电极与发射极之间加一定的电压，流过集电极与发射极之间的电流，称为穿透电流，记为 I_{CEO}，如图1.3.7所示。

两种极间反向电流 I_{CBO} 与 I_{CEO} 的关系是：$I_{CEO}=(1+\beta)I_{CBO}$。与 I_{CBO} 一样，I_{CEO} 受温度的影响很大，温度越高 I_{CEO} 越大，三极管工作越不稳定。

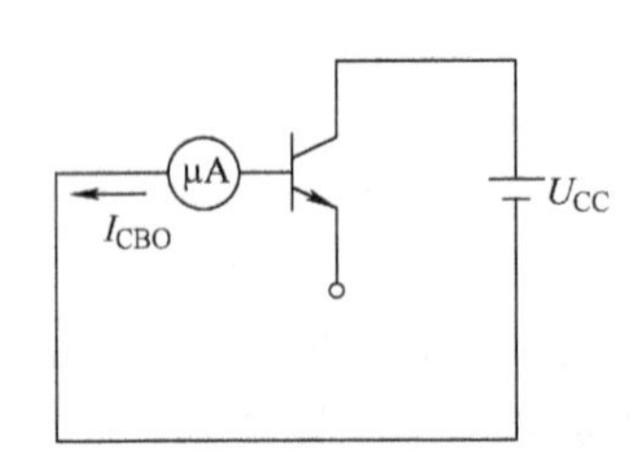

图1.3.6　集电极－基极反向饱和电流 I_{CBO}

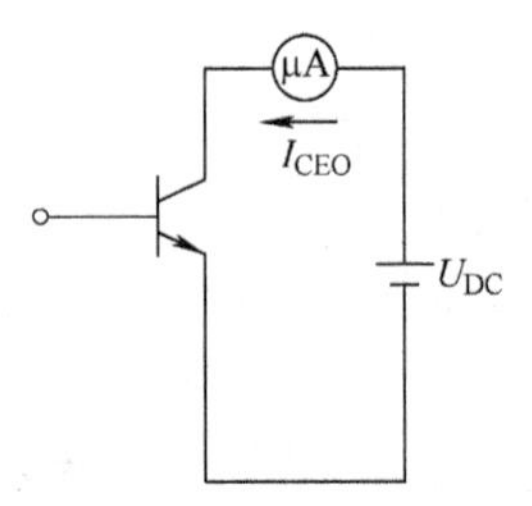

图1.3.7　穿透电流 I_{CEO}

3. 极限参数

极限参数指三极管正常工作时，所允许的电流、电压和功率等的极限值。如果超过这些数值，就难以保证三极管正常工作，甚至会损坏三极管。常用的极限参数有以下3个。

1）集电极最大允许电流 I_{CM}

在集电极电流增大到一定数值后，三极管的 β 值将明显下降。在技术上规定，三极管 β 值下降到正常值三分之二时的集电极电流称为集电极最大允许电流，用 I_{CM} 表示。

在使用三极管时，如果 I_C 超出 I_{CM} 不多，三极管不一定损坏，但其 β 值已显著下降；如果超出太多，将烧毁三极管。

2）集电极－发射极间反向击穿电压 $U_{(BR)CEO}$

基极开路时，加在集电极与发射极之间的最大允许电压，称为集电极－发射极间反向击穿电压，用 $U_{(BR)CEO}$ 表示。在使用三极管时，集电极与发射极间所加电压绝不能超过此值，否则将损坏三极管。

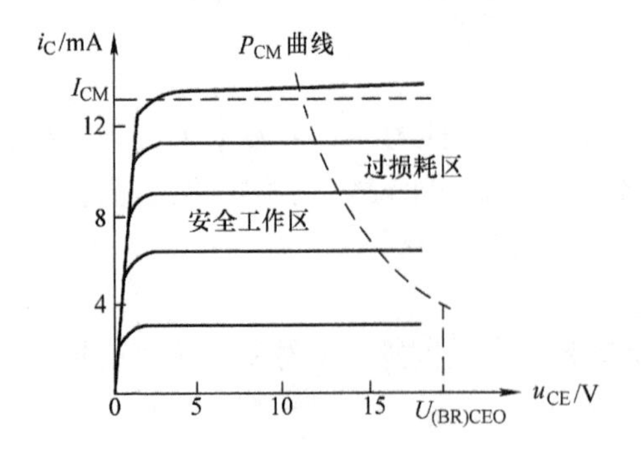

图1.3.8　三极管的 P_{CM} 功耗线

3）集电极最大允许耗散功率 P_{CM}

三极管因温度升高而引起的参数变化不超过允许值时，集电极消耗的最大功率称为集电极最大允许耗散功率，用 P_{CM} 表示。依据 $P_{CM}=U_{CE}I_C$ 的关系，可在输出特性曲线族上作出 P_{CM} 允许功率损耗线，如图1.3.8确定了三极管的安全工作区。

1.4　场效应管

场效应管也是一种三端半导体器件，其外形与普通三极管相似，但与三极管相比，具有输入电阻大、噪声小、功耗低和热稳定性好的特点，因而在集成电路尤其是计算机电路的设计中应用广泛。

1.4.1　场效应管的工作原理

场效应管根据结构的不同可以分为结型场效应管（Junction Field Effect Transistor，JFET）和绝缘栅场效应管（Insulated Gate Field Effect Transistor，IGFET）两种类型，其中IGFET制造工艺简单、便于集成、应用更广泛，本书仅介绍IGFET。

绝缘栅场效应管又称为金属氧化物场效应管（Metal-Oxide-Semiconductor Field Effect Transistor，MOSFET）。MOSFET按制造工艺和性能可分为增强型与耗尽型两类，每类又有N沟道和P沟道之分，简称为NMOS管和PMOS管。只要了解、掌握其中一种，其他三种就容易理解了。

图1.4.1（a）所示是增强型NMOS管的结构示意图，它是在一块P型半导体基片（又称为衬底）上面覆盖一层二氧化硅绝缘层，在绝缘层上开两个小窗用扩散的方法制成两个高掺杂浓度的N^+区，分别引出电极，称为源极s和漏极d；在s、d两极之间的二氧化硅绝缘层上面再喷一层金属铝，引出电极，称为栅极g；在基片（衬底）下方引出电极b，使用时通常和源极s相连（有些管子出厂时已在内部连接好）。由于此种管子栅极（g）与源极（s）、漏极（d）之间都是绝缘的，故又称为绝缘栅场效应管，图1.4.1（b）是它的电路符号。

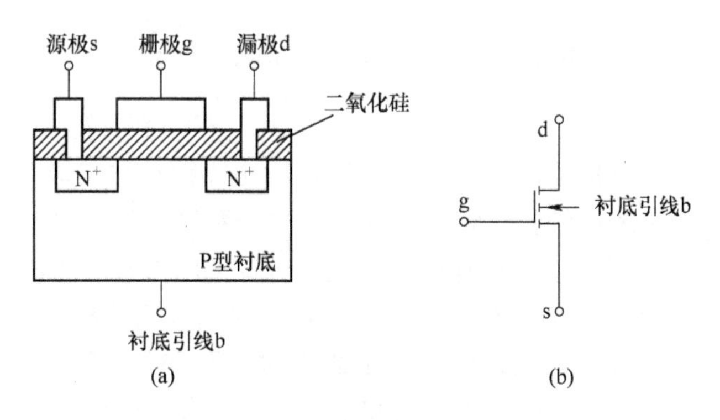

图1.4.1　增强型NMOS管

（a）结构示意图　（b）电路符号

当源极s和衬底b接地，并在栅、源极间加正电压U_{GS}时，会在栅极与衬底之间建立起一个垂直电场，其方向由栅极指向衬底，如图1.4.2所示。在此电场作用下，P型衬底中的少数载流子自由电子被吸引到栅极下面的衬底表层，形成一层以自由电子为多数载流子的N型薄层，这是一种能导电的薄层，它与P型衬底的类型相反，故称为反型层。反型层把源区和漏区连成一个整体，形成N型导电沟道。导电沟道形成后，再在漏极（d）和源极（s）

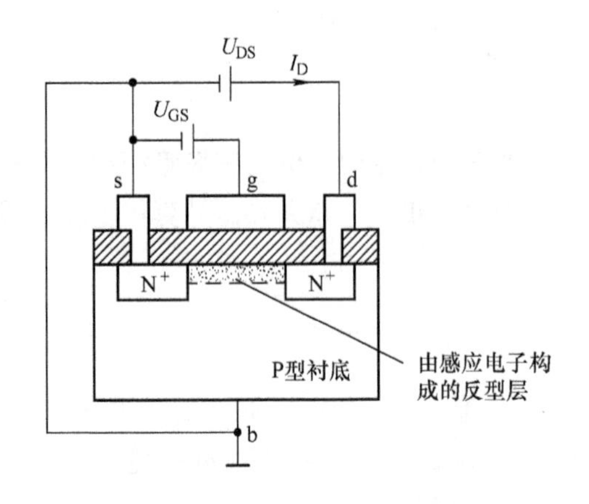

图 1.4.2 增强型 NMOS 管的导电沟道

之间加上正电压 U_{DS}，就会产生漏极电流 I_D。U_{GS}值越大，形成的导电沟道越宽，I_D就越大。将 g、s 极之间的栅源电压 U_{GS}称为开启电压，用 U_T表示。

由上述内容可知，MOS 管的截止和导通是通过改变栅源电压 U_{GS}实现的，因此 MOS 管是一种电压控制型导电器件。它在工作过程中只有一种极性的载流子参与导电，因此也称为单极型器件。

1.4.2 场效应管的特性与参数

增强型 NMOS 管的转移特性曲线如图 1.4.3（a）所示，它表示输入栅源电压 u_{GS}对输出漏极电流 i_D的控制特性。该曲线在水平坐标轴上的起点 U_T即为开启电压，只有栅源电压 $u_{GS} > U_T$，导电沟道才能形成，管子才能导通，如图 1.4.3（b）所示。

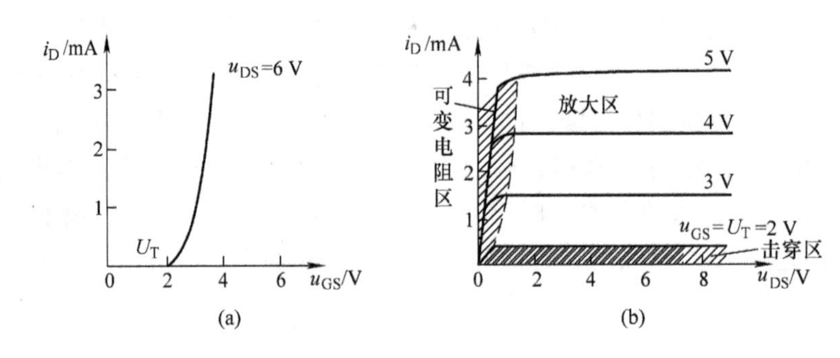

图 1.4.3 增强型 NMOS 管的特性曲线
（a）转移特性曲线 （b）输出特性曲线

增强型 NMOS 管的输出特性曲线又称为漏极特性曲线，它与三极管的输出特性曲线十分相似，也分为三个工作区：可变电阻区、放大区和击穿区。放大区的特点是 i_D几乎不随 u_{DS}增大而增大，呈现恒流特性。场效应管用于放大时就工作在这个区域。

当用 P 型半导体基片（衬底）制造 MOS 场效应管时，采用扩散或其他方法在漏区和源区之间预先制成一个导电的 N 沟道，就成为耗尽型 NMOS 场效应管。这种场效应管在加上漏源电压 u_{DS}后，即使栅源电压 u_{GS}为零，仍将有一个相当大的漏极电流 i_D。$u_{GS}=0$ 时的 i_D称为漏极饱和电流，记为 I_{DSS}。

当 u_{GS}为正，导电沟道变宽时，i_D增大；当 u_{GS}为负，导电沟道变窄时，i_D减小。当 u_{GS}负到一定程度时，导电沟道被夹断，$i_D=0$，此时的栅源电压 u_{GS}称为夹断电压，用 U_P表示。耗尽型 NMOS 管的转移特性曲线和输出特性曲线如图 1.4.4 所示。

把上述两种场效应管的基片（衬底）换成 N 型半导体，源区、漏区和导电沟道改成 P 型，就分别得到增强型 PMOS 场效应管和耗尽型 PMOS 场效应管。为了便于比较和使用，现将四种类型 MOS 管的符号及特性曲线归纳列于表 1.4.1 中。

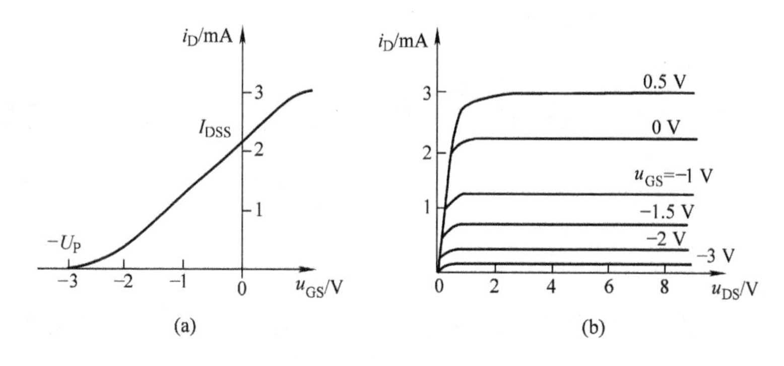

图 1.4.4　耗尽型 NMOS 管的特性曲线

（a）转移特性曲线　（b）输出特性曲线

表 1.4.1　四种类型 MOS 管的电路符号及特性曲线

管型	增强型 NMOS 管	耗尽型 NMOS 管	增强型 PMOS 管	耗尽型 PMOS 管
电路符号	d g b s	d g b s	d g b s	d g b s
转移特性曲线	i_D/mA O U_T u_{GS}/V	i_D/mA I_{DSS} $-U_P$ O u_{GS}/V	i_D/mA $-U_T$ O u_{GS}/V	i_D/mA U_P O u_{GS}/V $-I_{DSS}$
输出特性曲线	i_D/mA 10 V 8 V 6 V 4 V 2 V O u_{DS}/V	i_D/mA 1 V 0 V −1 V −2 V −3 V O u_{DS}/V	i_D/mA −1 V O −3 V u_{DS}/V −5 V −7 V −9 V	i_D/mA O u_{DS}/V 2 V 1 V 0 V −1 V

（1）为了表明是 NMOS 管还是 PMOS 管，在管子符号中以衬底引线 b 的箭头方向来区分。箭头指向管内为 NMOS 管，指向管外为 PMOS 管。

（2）为了表明是增强型管还是耗尽型管，在管子符号中以漏、源极之间的连线来区分。断续线表明 $U_{GS}=0$ 时，管子的 d、s 极间无导电沟道，为增强型；连续线表明 $U_{GS}=0$ 时，管子有导电沟道，为耗尽型。

（3）由输出特性曲线和转移特性曲线可以看出，NMOS 管和 PMOS 管外加电源电压的极性是相反的，例如增强型 NMOS 管的栅源电压 U_{GS}应加正电压，而增强型 PMOS 管的栅源电压 U_{GS}应加负电压。

场效应管的主要参数如下。

1. 跨导 g_m

跨导是 U_{DS}为某一固定值时，栅源电压对漏极电流的控制能力，定义为

$$g_m = \left.\frac{\Delta I_D}{\Delta U_{GS}}\right|_{U_{DS}=\text{常数}}$$

从转移特性曲线上看，跨导就是工作点处切线的斜率。

2. 直流输入电阻 R_{GS}

直流输入电阻是当 d、s 极之间短路时，栅源电压与栅极电流的比值，其值一般大于 10^9 Ω。

3. 漏极饱和电流 I_{DSS}

漏极饱和电流是当 $U_{GS}=0$ 时，在规定的 U_{DS} 下产生的漏极电流。此参数只对耗尽型管子有意义。

4. 开启电压 U_T

开启电压是增强型 FET 的参数，是当 u_{DS} 一定时，使管子导通的最小栅源电压。

5. 夹断电压 U_P

夹断电压是耗尽型 FET 的参数，是当 u_{DS} 一定时，使管子截止的最小栅源电压。

由于 MOS 场效应管的栅极与其他电极之间处于绝缘状态，所以它的输入电阻很大，可达 10^9 Ω 以上。因此，周围电磁场的变化很容易在栅极与其他电极之间感应产生较高的电压，将其绝缘击穿。为了防止损坏，保存 MOS 场效应管时应把各电极短接，焊接时应把烧热的电烙铁断电或外壳接地，近年来已生产出内附保护二极管的 MOS 场效应管，使用时就方便多了。

单元小结

（1）PN 结的单向导电性：PN 结加正向电压时导通，产生较大的正向电流；加反向电压时截止，产生极小的反向电流（可忽略不计）。

（2）二极管的伏安特性曲线：加在二极管两极间的电压 U 和流过二极管的电流 I 之间的关系称为二极管的伏安特性，用于定量描述这两者关系的曲线称为伏安特性曲线。

（3）三极管的基本结构：三极管是在硅（或锗）基片上制作两个靠得很近的 PN 结，构成一个三层半导体器件，若是两层 N 型半导体夹一层 P 型半导体，就构成了 NPN 型三极管；若是两层 P 型半导体夹一层 N 型半导体，则构成了 PNP 型三极管。

三极管有 2 个 PN 结，分别称为发射结和集电结；形成 3 个区域，分别称为发射区、基区和集电区；由这 3 个区域引出 3 个电极，分别称为发射极（e）、基极（b）、集电极（c）。

（4）三极管的电流分配与放大作用。

① 流过三极管的电流无论怎样变化，始终满足如下关系：$I_E=I_C+I_B$ 且 $I_C \geqslant I_B$，$I_E \approx I_C$，表明了三极管的电流分配规律。

② 基极电流有微小变化，集电极电流便会有较大变化。

（5）三极管的输入特性曲线：当三极管集电极与发射极之间所加电压 u_{CE} 一定时，加在基极与发射极之间的电压 u_{BE} 与产生的基极电流 i_B 之间的关系曲线。

习 题 1

1.1 用大于号（>）、小于号（<）或等号（=）填空。

（1）在本征半导体中，自由电子浓度________空穴浓度。

(2)在P型半导体中,自由电子浓度________空穴浓度。

(3)在N型半导体中,自由电子浓度________空穴浓度。

(4)当PN结外加正向电压时,扩散电流________漂移电流。

(5)当PN结外加反向电压时,扩散电流________漂移电流。

1.2　判断下列说法是否正确(在括号中画"√"或"×")。

(1)P型半导体可通过在纯净半导体中掺入五价磷元素而获得。　(　　)

(2)P型半导体带正电,N型半导体带负电。　(　　)

(3)在杂质半导体中,多数载流子的浓度主要取决于杂质的浓度,而少数载流子的浓度则与温度有很大关系。　(　　)

(4)漂移电流是少数载流子在内电场作用下形成的。　(　　)

(5)由于PN结交界面两边存在电位差,所以把PN结两端短路时就有电流流过。　(　　)

1.3　定性画出二极管的伏安特性曲线,并标出死区、正向导通区、反向截止区和反向击穿区。

1.4　填空。

(1)二极管的最主要特性是________,它的两个主要参数是反映正向特性的________和反映反向特性的________。

(2)在常温下,硅二极管的死区电压约为________ V,导通后在较大电流下的正向压降约为________ V;锗二极管的死区电压约为________ V,导通后在较大电流下的正向压降约为________ V。

1.5　在下图所示的各电路中,输入电压 $u_i = 10\sin \omega t$ V,$E = 5$ V。试画出各电路输出电压 u_o的波形,并标出其幅值,设管子正向电压为0.7 V,反向电流可以忽略。

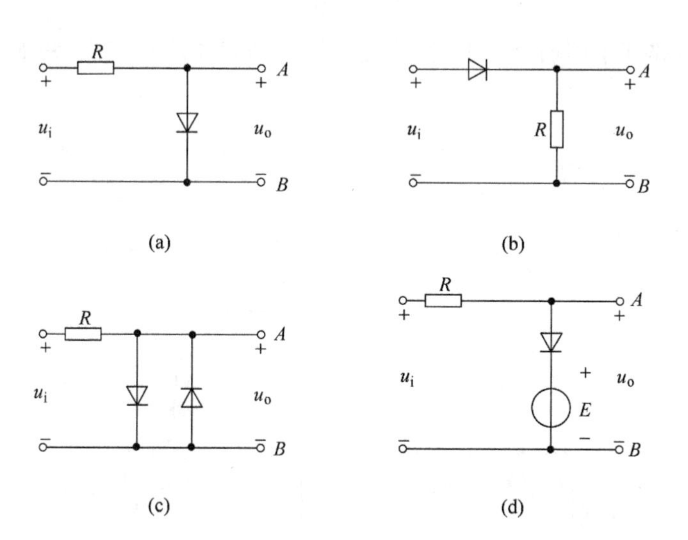

题1.5图

1.6　画出下图所示各电路 u_o的波形(可忽略VD的正向压降)。

1.7　分析下图所示的电路中各二极管的工作状态(导通或截止),确定出 U_o,将结果填入

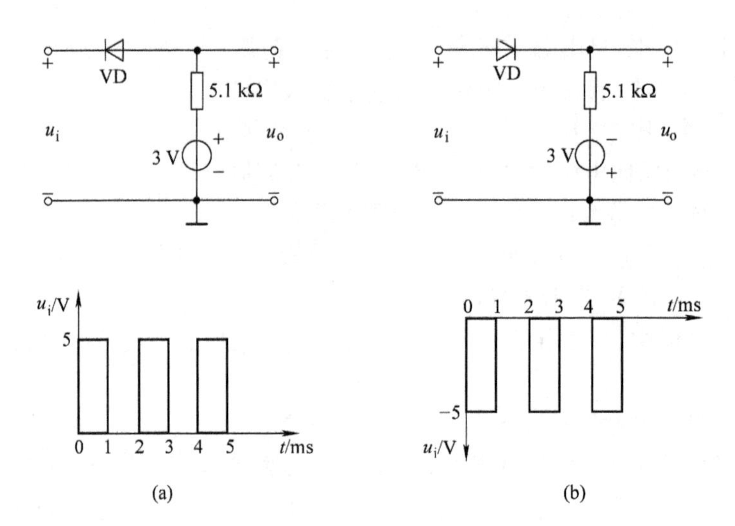

题 1.6 图

表中。(二极管为理想二极管)

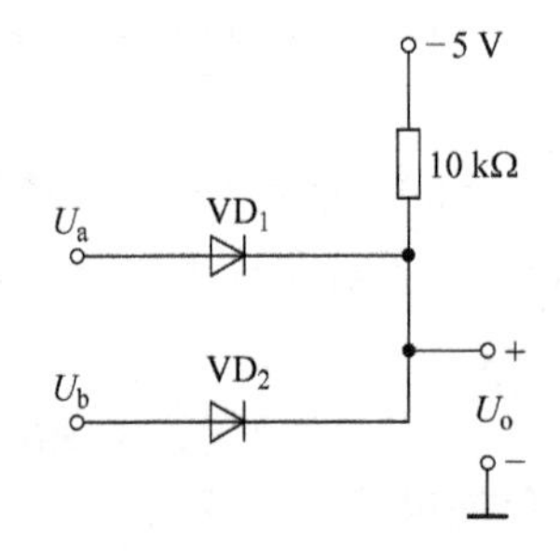

U_a/V	U_b/V	VD_1	VD_2	U_o/V
0	0			
0	5			
5	0			
5	5			

题 1.7 图

1.8　二极管电路如下图所示,判断图中的二极管是导通还是截止,并求出 A、B 两端的电压 U_{AB}。

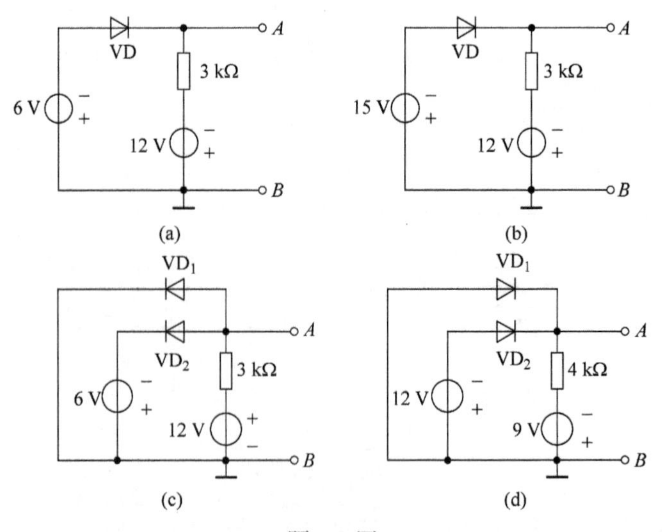

题 1.8 图

1.9　测得工作在放大电路中的两个三极管的两个电极电流如下图所示:(1)求另一个电

极电流，并在图中标出实际方向；(2)判断是 NPN 管还是 PNP 管，并标出 e、c、b 极。

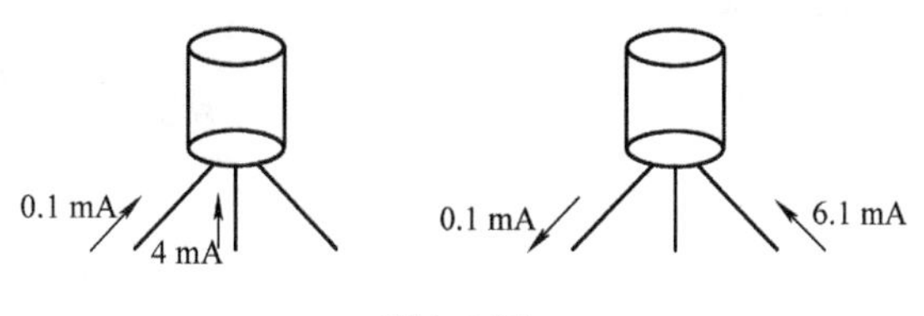

题 1.9 图

1.10 有一个 NPN 型三极管，测得集电极和发射极电流分别为 2.26 mA 和 2.29 mA，试求基极电流 I_B 和三极管的静态电流放大系数。

1.11 填空。

(1)三极管从结构上看可以分成________和________两种类型，它们工作时有________和________两种载流子参与导电，它们的导电过程仅仅取决于________载流子的流动。

(2)三极管用来放大时，应使发射结处于________偏置，集电结处于________偏置。在选用管子时，一般希望 I_{CEO} 尽量________。

1.12 三极管分别工作于放大区、饱和区、截止区的外部条件是什么？

1.13 要使三极管交流放大电路正常工作，组成电路时必须遵循哪几个原则？

1.14 一个三极管的 $I_B = 10\ \mu A$ 时，$I_C = 1$ mA，是否能由这两个数据判断它的电流放大能力？在什么情况下可以这样判断，在什么情况下不能这样判断？

1.15 有两只三极管，一只 $\beta = 200$，$I_{CEO} = 100\ \mu A$；另一只 $\beta = 60$，$I_{CEO} = 15\ \mu A$。如果其他参数一样，选用哪只管子较好？为什么？

本单元实验

实验 1 使用万用表测量二极管

1. 技能目标

(1)能正确使用万用表判断二极管的极性。

(2)能正确使用万用表判别二极管的优劣。

2. 相关知识

1)使用万用表判断二极管的极性

有的二极管可以从外壳的形状上区分极性；有的二极管将二极管符号印在外壳上，箭头指向的一端为负极；还有的二极管用色环或色点来标识极性(靠近色环的一端是负极，有色点的一端是正极)。若标识脱落，可用万用表测其正反向电阻值来确定二极管的极性。测量时把万用表置于“R×100”挡或“R×1K”挡，不可用“R×1”挡或“R×10K”挡，前者电流太大，后者电压太高，有可能对二极管造成不利的影响。

将万用表的黑表笔和红表笔分别与二极管的两极相连。若测得电阻较小，与黑表笔相连的极为二极管的正极，与红表笔相连的极为二极管的负极；若测得电阻较大，与红表笔相连的极为二极管的正极，与黑表笔相连的极为二极管的负极。具体测量方法如实验图 1.1 所示。

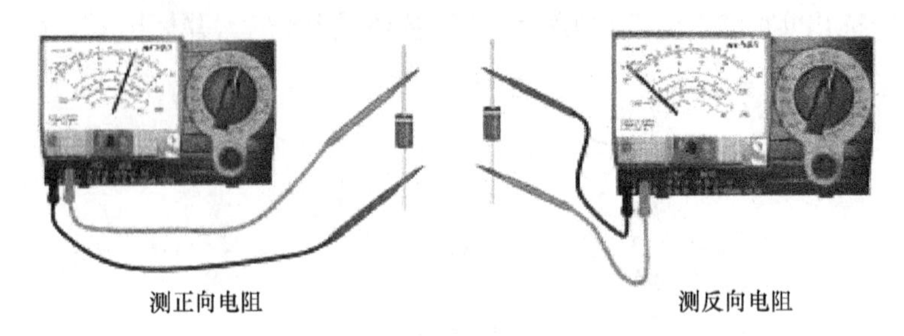

实验图 1.1 使用万用表判断二极管的极性

2)判别二极管的优劣

二极管正、反向电阻的测量值相差越大越好，一般二极管的正向电阻测量值为几百欧，反向电阻为几十千欧到几百千欧。如果测得正、反向电阻均为无穷大，说明内部断路；若测量值均为零，说明内部短路；若测得正、反向电阻几乎一样大，这样的二极管已经失去单向导电性，没有使用价值。

一般来说，硅二极管的正向电阻为几百到几千欧，锗二极管小于 1 kΩ，因此如果正向电阻较小，基本上可以认为是锗管。若要更准确地知道二极管的材料，可将管子接入正偏电路中测其导通电压，若压降为 0.6 ~0.7 V，则是硅管；若压降为 0.2 ~0.3 V，则是锗管。

当然，利用数字万用表的二极管挡，也可以很方便地知道二极管的材料。

3. 实验步骤

(1)按二极管的编号顺序逐个由外表标识判断二极管的正负极，将结果填入实验表 1.1 中。

(2)用万用表逐个检测二极管的极性，并将检测结果填入实验表 1.1 中。

实验表 1.1 二极管检测记录表

编号	外观标识	类型		由外观判断二极管引脚		用万用表检测		质量判别
		材料	特征	有标识的一端	无标识的一端	正向电阻	反向电阻	
1								
2								
3								
4								
5								
6								
7								
8								
9								
10								

4. 实验项目考核评价

完成实验项目，填写实验表 1.2。

实验表 1.2　考核评价表

<table>
<tr><td rowspan="2">评价指标</td><td colspan="5" rowspan="2">评价要点</td><td colspan="7">评价结果</td></tr>
<tr><td>优</td><td colspan="2">良</td><td colspan="2">中</td><td>合格</td><td>差</td></tr>
<tr><td>理论知识</td><td colspan="5">二极管知识掌握情况</td><td></td><td colspan="2"></td><td colspan="2"></td><td></td><td></td></tr>
<tr><td rowspan="3">技能水平</td><td colspan="5">1. 二极管外观识别</td><td rowspan="3"></td><td colspan="2" rowspan="3"></td><td colspan="2" rowspan="3"></td><td rowspan="3"></td><td rowspan="3"></td></tr>
<tr><td colspan="5">2. 万用表使用情况，测量二极管的正、反向电阻</td></tr>
<tr><td colspan="5">3. 正确鉴定二极管质量好坏</td></tr>
<tr><td>安全操作</td><td colspan="5">万用表是否损坏，丢失或损坏二极管</td><td></td><td colspan="2"></td><td colspan="2"></td><td></td><td></td></tr>
<tr><td rowspan="2">总 评</td><td rowspan="2">评别</td><td>优</td><td>良</td><td>中</td><td colspan="3">合格</td><td colspan="2">差</td><td colspan="2" rowspan="2">总评得分</td><td rowspan="2"></td></tr>
<tr><td>88～100</td><td>75～87</td><td>65～74</td><td colspan="3">55～64</td><td colspan="2">≤54</td></tr>
</table>

实验 2　常用二极管的性能测试及应用

1. 技能目标

(1)会使用指针式万用表测定并判断二极管引脚与管子的好坏。

(2)学会测定常用二极管(整流二极管、稳压二极管和发光二极管)的工作特性。

2. 实验电路和工作原理

1)二极管好坏的判断

指针式万用表的“－”端(黑表笔)为电流流出端，在测量电阻时黑表笔极性为正，红表笔极性为负(实验图 2.1)。

用万用表测二极管时，通常将电阻挡拨到“R×100”或“R×1K”挡。一般二极管的正向电阻(实验图 2.1(a))为几百欧，反向电阻为几百千欧。若二极管正、反向电阻都很小，表明二极管内部已短路；若正、反向电阻都很大，则表明二极管内部已断路。

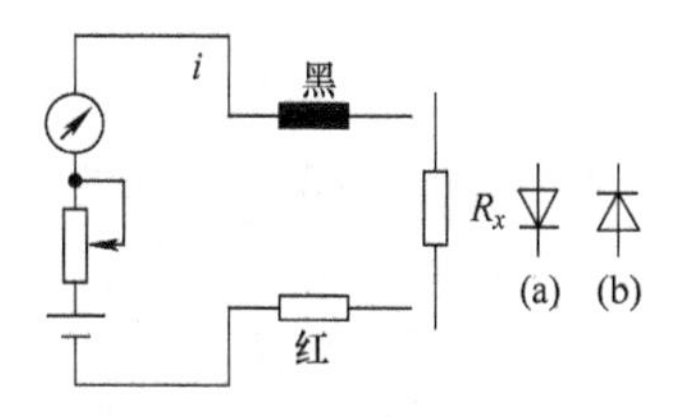

实验图 2.1　使用万用表判断二极管的好坏

2)二极管性能的测定

实验图 2.2 为二极管性能测试电路。图中 R 为限流电阻，$R = 200\ \Omega$。

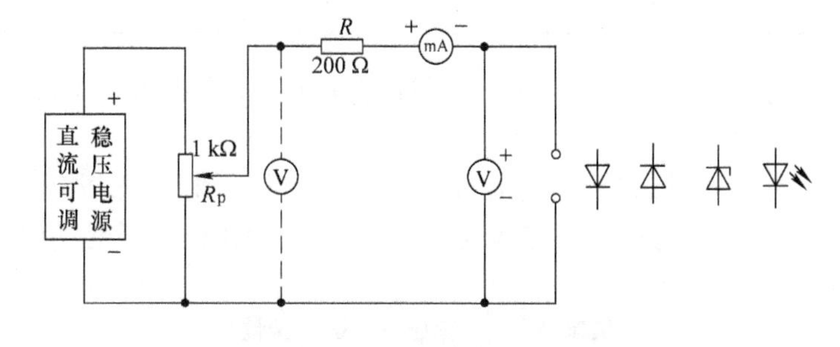

实验图 2.2　二极管性能测试电路

(1)二极管的伏安特性曲线如实验图 2.3 所示。这里主要测定它的正向伏安特性 $i_D = f(u_D)$。对反向伏安特性，通常反向转折电压(U_{BR})很高(如 IN4007 为 1 000 V)，因而此处仅测量反向漏电流 I_R(又称反向饱和电流)。

（2）对稳压二极管（单向击穿二极管），主要测定它的转折特性，理解它的工作区域。稳压二极管的伏安特性曲线如实验图 2.4 所示。图中 I_Z 为工作电流，U_Z 为稳压值，ΔU_Z 为工作区域。

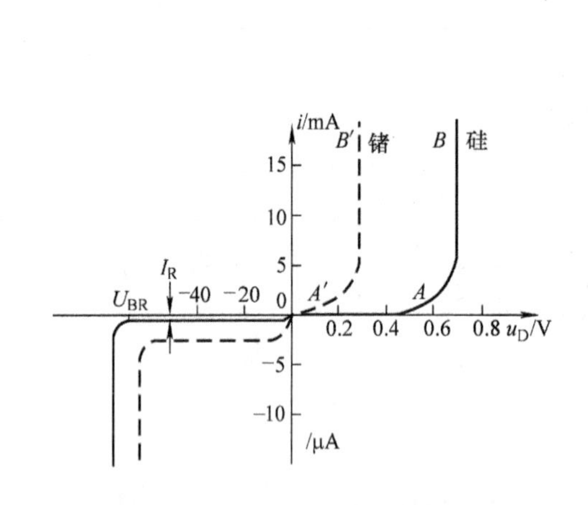

实验图 2.3　二极管的伏安特性曲线

验图 2.4　稳压二极管的伏安特性曲线

（3）对发光二极管，主要是限流电阻的选择。

3. 实验设备

（1）直流可调稳压电源、电压表、毫安表、微安表（或万用表的 μA 挡）。

（2）单元 R01、VD1、VS1（IN4733A）、BX07、RP3、RP5。

4. 实验内容与实验步骤

（1）由单元 VD1 选整流二极管 IN4007，按实验图 2.2 测定二极管的正、反向电阻值，记下 $R_{d正}$ = ________ Ω，$R_{d反}$ = ________ kΩ，并由此判断此二极管是否正常。

（2）按实验图 2.2 接线，测定二极管的正向特性。将电源电压调至 2 V 左右，然后用电位器 R_p 调节输出电压 u_d，记入实验表 2.1。

实验表 2.1　二极管的正向特性

u_d/V	0	0.05	0.10	0.15	0.20	0.30	0.40	0.50	0.60	0.70
i_d/A										

（3）将二极管反接，以微安表取代毫安表，将电源电压 u_d 调至 10 V，测定二极管的反向饱和电流 I_R = ________ μA。

（4）以稳压管取代二极管，测定其稳压特性（伏安特性）。在单元 VS1 中选稳压值 U_Z = 5 V的稳压管，将电源电压调至 6 V，调节电位器 R_p，逐步加大电压，测定并记录稳压管的工作电流 I_Z，记入实验表 2.2。

实验表 2.2　稳压管的伏安特性

U_Z/V	1.0	2.0	3.0	4.0	4.5	4.8	5.0
I_Z/mA							

（5）用 BX07 中的发光二极管（LED）取代二极管，将电位器 R_p（4.7 kΩ）与限流电阻 R（200 Ω）串联，用电压表测量电源电压（如实验图 2.2 中虚线所示）。由于发光二极管的工作

电流通常为3～5 mA,发光二极管与二极管一样,也有电压死区(0.5 V左右),所以施加的电压过低,发光二极管不会亮,过高又会烧坏发光二极管。因此施加的电压通常在3.0 V以上,并串接一个适当的电阻,使发光二极管的电流为3～5 mA(正常工作)。下面根据不同的电源电压,选择适当的限流电阻R'(R'为200 Ω与电位器的阻值之和),R'应选规范值,记入实验表2.3。

实验表2.3 发光二极管限流电阻的选取(I_{LED}=5 mA)

电源电压U/V	1.0	3.0	6.0	12.0
电位器的阻值R_p/Ω				
限流电阻的阻值R'/Ω(规范值)				

5. 实验注意事项

(1)二极管及发光二极管正向电阻较小,要注意加限流电阻,以免电流过大而烧坏管子。

(2)电源电压在开始时要调至最低,以免出现过高的电压。

6. 实验报告要求

(1)说明判断二极管完好的依据。

(2)根据实验表2.1中的数据,画出二极管的正向特性曲线。

(3)根据实验表2.2中的数据,画出稳压二极管的伏安特性曲线,指出其工作区域。

(4)根据实验表2.3中的数据,说明在不同电压下,发光二极管限流电阻的选取值。

实验3 三极管的判别与检测

1. 技能目标

(1)掌握万用表电阻挡的使用方法。

(2)掌握三极管极性的判断方法。

(3)能用万用表判别晶体三极管的质量优劣。

2. 技能训练

1)找出基极,并判定管型(NPN或PNP)

对于PNP型三极管,c和e极分别为其内部两个PN结的正极,b极为它们共同的负极;而对于NPN型三极管,则正好相反,即c和e极分别为两个PN结的负极,b极为它们共同的正极。根据PN结正向电阻小、反向电阻大的特性,就可以很方便地判断基极和管子的类型。具体方法如下:如实验图3.1所示,将万用表拨至“R×100”或“R×1K”挡,用红表笔接触某一引脚,用黑表笔分别接触另外两个引脚,就可得到三组(每组两次)读数,当其中一组两次测量都是几百欧的低阻值时,若公共引脚是红表笔,所接触的是基极,则三极管的管型为PNP型;若公共引脚是黑表笔,所接触的也是基极,则三极管的管型为NPN型。

2)判别发射极和集电极

由于三极管在制作时,两个P区或两个N区的掺杂浓度不同,如果发射极、集电极使用正确,三极管具有很强的放大能力;反之,如果发射极、集电极互换使用,则放大能力非常弱,由此即可把管子的发射极、集电极区别开来。

判断集电极和发射极的基本原理是把三极管接成单管放大电路,利用所测量管子的电流放大系数β值的大小来判定集电极和发射极。

如实验图 3.1 所示，将万用表拨至“R×1K”挡。用手（以人体电阻代替 100 kΩ 的电阻）将基极与另一引脚捏在一起（注意不要让电极直接相碰），为使测量现象明显，可将手指润湿，将红表笔接在与基极捏在一起的引脚上，黑表笔接另一引脚，注意观察万用表的指针向右摆动的幅度。然后将两个引脚对调，重复上述测量步骤。比较两次测量中表针向右摆动的幅度，找出摆动幅度大的一次。对 PNP 型三极管，则将黑表笔接在与基极捏在一起的引脚上，重复上述实验，找出表针摆动幅度大的一次。对 NPN 型三极管，黑表笔接的是集电极，红表笔接的是发射极。对 PNP 型三极管，红表笔接的是集电极，黑表笔接的是发射极。

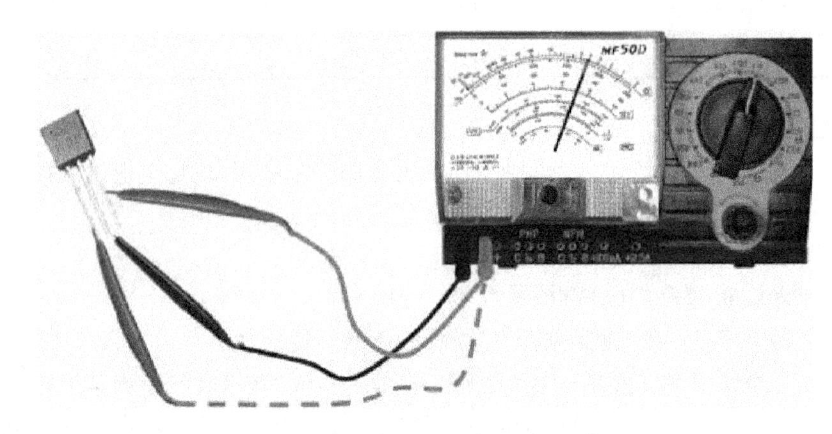

实验图 3.1 使用万用表判别三极管

这种判别电极的方法的原理是：利用万用表内部的电池给三极管的集电极、发射极加上电压，使其具有放大能力。用手捏住其基极、集电极，就等于通过手的电阻给三极管加了一个正向偏流，使其导通，此时表针向右摆动的幅度就反映出其放大能力的大小，因此可正确判别出发射极、集电极。

3. 测量三极管

（1）对各个三极管的外观标识进行识读，并将识读结果填入实验表 3.1 中。

（2）用万用表对各个三极管进行检测，判断其引脚和性能好坏，将测量结果填入实验表 3.1 中。

实验表 3.1 三极管识别与检测记录表

编号	标识内容	封装类型	判断结果		根据万用表测量结果画三极管引脚排列示意图	性能好坏
			类型	材料		
1						
2						
3						
4						
5						

4. 实验项目考核评价

完成实验项目，填写实验表 3.2。

实验表 3.2　考核评价表

<table>
<tr><td rowspan="2">评价指标</td><td rowspan="2" colspan="4">评价要点</td><td colspan="5">评价结果</td></tr>
<tr><td>优</td><td>良</td><td>中</td><td>合格</td><td>差</td></tr>
<tr><td>理论知识</td><td colspan="4">三极管知识掌握情况</td><td></td><td></td><td></td><td></td><td></td></tr>
<tr><td rowspan="3">技能水平</td><td colspan="4">1. 三极管外观识别</td><td></td><td></td><td></td><td></td><td></td></tr>
<tr><td colspan="4">2. 万用表使用情况，三极管极性判别情况</td><td></td><td></td><td></td><td></td><td></td></tr>
<tr><td colspan="4">3. 正确鉴定三极管质量好坏</td><td></td><td></td><td></td><td></td><td></td></tr>
<tr><td>安全操作</td><td colspan="4">万用表是否损坏，丢失或损坏三极管</td><td></td><td></td><td></td><td></td><td></td></tr>
<tr><td rowspan="2">总评</td><td rowspan="2">评别</td><td>优</td><td>良</td><td>中</td><td>合格</td><td>差</td><td rowspan="2"></td><td rowspan="2">总评得分</td><td rowspan="2"></td></tr>
<tr><td>88 ~ 100</td><td>75 ~ 87</td><td>65 ~ 74</td><td>55 ~ 64</td><td>≤54</td></tr>
</table>

单元 2　基本放大电路

学习目标

(1)了解放大电路的基本组成、放大电路静态工作点的设置。

(2)掌握放大电路的基本分析方法、静态工作点的估算。

(3)掌握放大电路静态工作点的稳定措施。

(4)了解射极输出器的特点及应用。

(5)掌握多级放大电路的级间耦合方式。

在电子设备中,经常要把微弱的电信号放大,以推动执行元件工作。由三极管组成的基本放大电路是电子设备中应用最为广泛的基本单元电路,也是分析其他复杂的电子线路的基础。下面以应用最广泛的共发射极放大电路为例说明它的组成及静态工作点的设置。

2.1　基本放大电路的基础知识

2.1.1　放大电路的基本组成

图 2.1.1 所示是共发射极接法的基本放大电路,输入端接交流信号源,输入电压为 u_i,输出端接负载电阻 R_L,输出电压为 u_o。

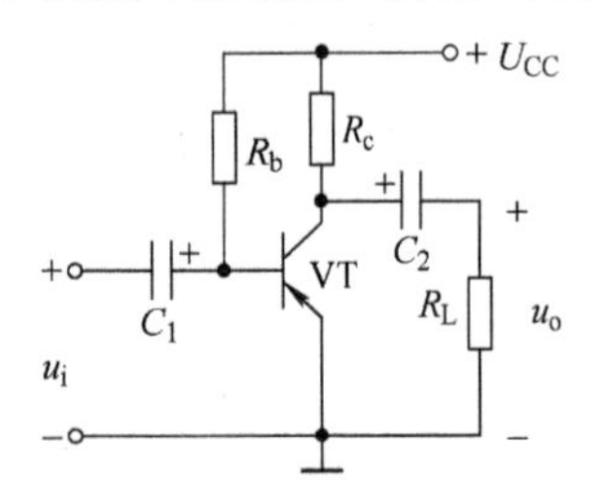

图 2.1.1　共发射极放大电路

1. 电路中各元件的作用

1)三极管 VT

三极管 VT 是放大电路中的核心元件,起电流放大作用。

2)直流电源 U_{CC}

直流电源 U_{CC}一方面与 R_b、R_c 相配合,保证三极管的发射结正偏、集电结反偏,即保证三极管工作在放大状态,另一方面为输出信号提供能量。U_{CC}的数值一般为几至几十伏。

3)基极偏置电阻 R_b

基极偏置电阻 R_b与 U_{CC}配合,决定放大电路的基极电流 I_{BQ}的大小。R_b的阻值一般为几十至几百千欧。

4)集电极负载电阻 R_c

集电极负载电阻 R_c的主要作用是将三极管集电极电流的变化量转换为电压的变化量,反映到输出端,从而实现电压放大。R_c的阻值一般为几至几十千欧。

5)耦合电容 C_1和 C_2

耦合电容 C_1和 C_2起“隔直通交”作用:一方面隔离放大电路与信号源及负载之间的直流通路;另一方面使交流信号能在信号源、放大电路、负载之间顺利传送。C_1、C_2一般为几至几十微法的电解电容。

三极管有三个电极,由它构成的放大电路形成两个回路,即信号源、基极、发射极形成输入回路；负载、集电极、发射极形成输出回路。发射极是输入、输出回路的公共端，所以该电路被称为共发射极放大电路。

在电路图中，符号“⊥”表示电路的参考零电位，又称为公共参考端，它是电路中各点的公共端点。电路中各点的电位实际上就是该点与公共端点之间的电压。符号“⊥”俗称“接地”，但实际上并不一定需要真正接大地。

2. 放大电路中电流、电压符号的使用规定

任何放大电路都是由两大部分组成的：一部分是直流偏置电路，另一部分是交流信号通路，因此放大电路中的电流和电压有交、直流之分。为了清楚地表示这些变量，对其符号进行如下规定。

(1) 直流量：字母大写，下标大写，如 I_B、I_C、U_{BE}、U_{CE}。

(2) 交流量：字母小写，下标小写，如 i_b、i_c、u_{bc}、u_{ce}。

(3) 交、直流叠加量：字母小写，下标大写。如 i_B、i_C、u_{BE}、u_{CE}。

(4) 交流量的有效值：字母大写，下标小写。如 I_b、I_c、U_{bc}、U_{ce}。

2.1.2　放大电路静态工作点的设置

放大电路输入端未加交流信号（即 $u_i=0$）时，电路的工作状态称为直流状态，简称静态。

当电路中的 U_{CC}、R_c、R_b 确定后，I_B、I_C、U_{BE}、U_{CE} 也就确定下来了。对应这四个数值，可在三极管的输入和输出特性曲线上各确定一个点，称为放大电路的静态工作点，用 Q 表示。习惯上把静态时的各电流和电压表示为 I_{BQ}、I_{CQ}、U_{BEQ}、U_{CEQ}。

Q 点过高或过低都将产生非线性失真，所以必须设置合适的 Q 点。对三极管来说，有信号时的电压、电流是以 Q 点的直流数值为基础，在上面叠加一个交流信号得到的。Q 点的数值取得是否合适，对放大器有很大的影响。

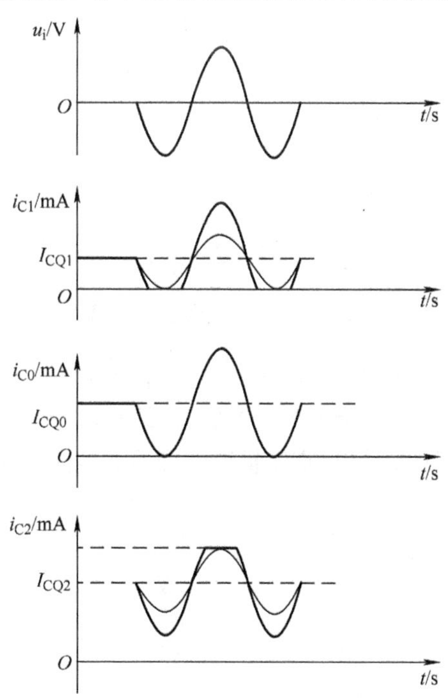

图 2.1.2　静态工作点 Q 的选择

图 2.1.2 所示波形表现出了 Q 点过高或过低对输出波形的影响。这里只画出了 i_C 的波形，其他波形可以对应画出。工作点 Q 过低，集电极电流 i_C 可以增大，但没有减小的空间，信号较小（细线图）时不失真，信号稍大，下半部就产生失真，这种失真称为截止失真。工作点 Q 过高，集电极电流 i_C 可以减小，但没有增大的空间，信号较小（细线图）时不失真，信号稍大，上半部就产生失真，这种失真称为饱和失真。工作点 Q 选得合适，将使输出波形上、下半周同时达到最大值，若信号过大，则上、下部分同时失真，即双向失真，所以 Q_0 是放大器的最佳工作点。不失真的

最大输出称为放大器的动态范围。调节基极偏置电阻 R_b 可以找到最佳工作点。

由此可见，构成一个放大电路，必须遵循以下原则。

(1)晶体管应工作在放大状态，即发射结正向偏置，集电结反向偏置。

(2)信号电路应畅通。输入信号能从放大电路的输入端加到晶体管的输入端，信号放大后能顺利地从输出端输出。

(3)放大电路静态工作点应选择得合适且稳定，输出信号的失真程度(即放大后输出信号的波形与输入信号的波形不一致的程度)不能超过允许的范围。

2.2 放大电路的基本分析方法

2.2.1 直流通路与交流通路

在图 2.2.1 所示的共发射极放大电路中，因为有直流电源 U_{CC} 和交流输入信号 u_i，所以电路中既有直流量又有交流量。

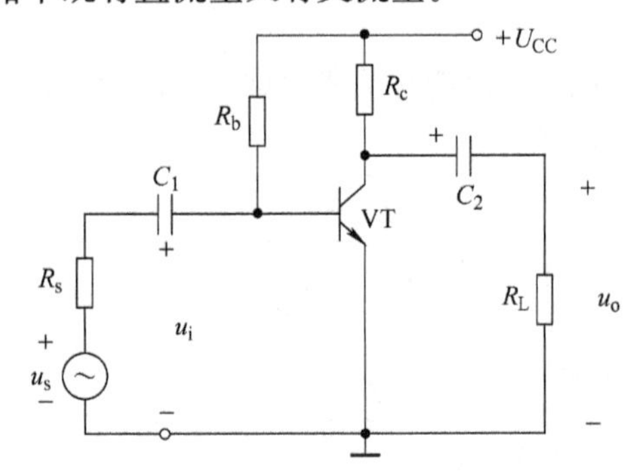

图 2.2.1 共发射极放大电路

由于耦合电容的存在，直流量所流经的通路和交流量所流经的通路是不相同的。在研究电路的性能时，通常将直流电源对电路的作用和交流输入信号对电路的作用分别讨论。

直流通路是当输入信号为零时在直流电源作用下直流量流通的路径，亦称为静态电流流通通路，由此通路可以确定电路的静态工作点。

交流通路是在输入信号作用下交流信号流通的路径，由此通路可以分析电路的动态参数和性能。

画放大电路的直流通路时，原则是：将信号源视为短路，内阻保留，将电容视为开路。对于图 2.2.1 所示的放大电路，将耦合电容 C_1、C_2 开路后的直流通路如图 2.2.2(a)所示。从直流通路可以看出，直流量与信号源的内阻 R_s 和输出负载 R_L 均无关。

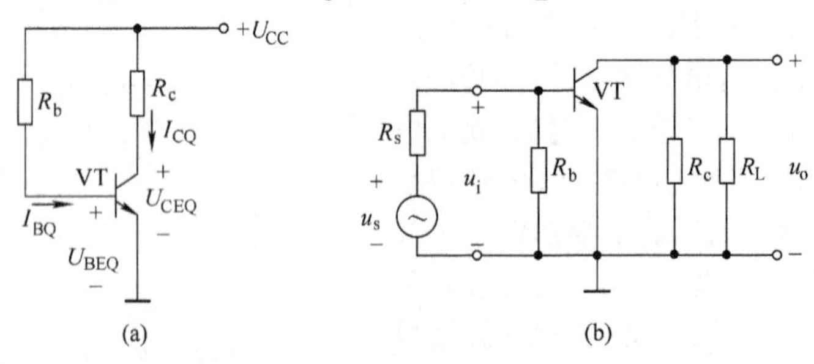

图 2.2.2 基本放大电路的直流通路和交流通路

(a)直流通路 (b)交流通路

画放大电路的交流通路时，原则是：将耦合电容和旁路电容视为短路；将内阻近似为零的直流电源也视为短路(电源上不产生交流压降)。在图 2.2.1 所示的放大电路中，将耦合电容

C_1、C_2和直流电源U_{CC}短路后，交流通路如图2.2.2(b)所示。由于U_{CC}对地短路，所以电阻R_b和R_c对应的一端变成接地点。这时输入信号电压u_i加在基极和公共接地端，输出信号电压u_o取自集电极和公共接地端。

2.2.2　静态工作点的估算

静态值既然是直流，就可以从电路的直流通路中求得。首先，估算基极电流I_{BQ}，再估算集电极电流I_{CQ}和集－射电压U_{CEQ}。由图2.2.1(a)所示可知

$$I_{BQ}=\frac{U_{CC}-U_{BEQ}}{R_b} \tag{2.2.1}$$

$$I_{CQ}=\beta I_{BQ} \tag{2.2.2}$$

$$U_{CEQ}=U_{CC}-I_{CQ}R_c \tag{2.2.3}$$

当$U_{CC}\gg U_{BEQ}$时，式(2.2.1)通常可采用近似估算法计算，即$I_{BQ}\approx\frac{U_{CC}}{R_b}$。

上述式中各量的下标Q表示它们是静态值。U_{BEQ}的估算值，对硅管取0.7 V，对锗管取0.3 V。当电路参数U_{CC}和R_b确定后，基极电流I_{BQ}为固定值，所以图2.2.1所示电路又称为固定偏置共射放大电路。

例2.2.1　设图2.2.2(a)所示电路中$U_{CC}=12\ \text{V}$，$R_c=4\ \text{k}\Omega$，$R_b=200\ \text{k}\Omega$，锗材料三极管的电流放大系数$\beta=30$，试求电路的静态工作点。

解　由上述分析可得

$$I_{BQ}=\frac{U_{CC}-U_{BEQ}}{R_b}\approx\frac{U_{CC}}{R_b}=\frac{12\ \text{V}}{200\ \text{k}\Omega}=60\ \mu\text{A}$$

$$I_{CQ}=\beta I_{BQ}=(30\times60)\ \mu\text{A}=1.8\ \text{mA}$$

$$U_{CEQ}=U_{CC}-I_{CQ}R_c=(12-1.8\times4)\ \text{V}=4.8\ \text{V}$$

2.2.3　微变等效电路法

当放大电路工作在小信号范围内时，可利用微变等效电路来分析放大电路的动态指标，即输入电阻r_i、输出电阻r_o和电压放大倍数A_U。

1. 三极管的微变等效电路

三极管是非线性元件，在一定的条件(输入信号幅度小，即微变)下可以把三极管看成一个线性元件，用一个等效的线性电路来代替它，从而把放大电路转换成等效的线性电路，使电路的动态分析、计算大大简化。

首先，从三极管的输入与输出特性曲线入手来分析其线性电路。由图2.2.3(a)所示可以看出，当输入信号很小时，在静态工作点Q附近的曲线可以认为是直线。这表明在微小的动态范围内，基极电流变化量Δi_B与发射结电压变化量Δu_{BE}成正比，为线性关系。因而可将三极管输入端(即基极与发射极之间)等效为一个电阻r_{be}，常用下式估算：

$$r_{be}=300\ \Omega+(1+\beta)\frac{26\ \text{mV}}{I_{EQ}} \tag{2.2.4}$$

其中，I_{EQ}是发射极电流的静态值(mA)，r_{be}一般为几百欧到几千欧。

图2.2.3(b)所示是三极管的输出特性曲线，在线性工作区是一组近似等距离的平行直

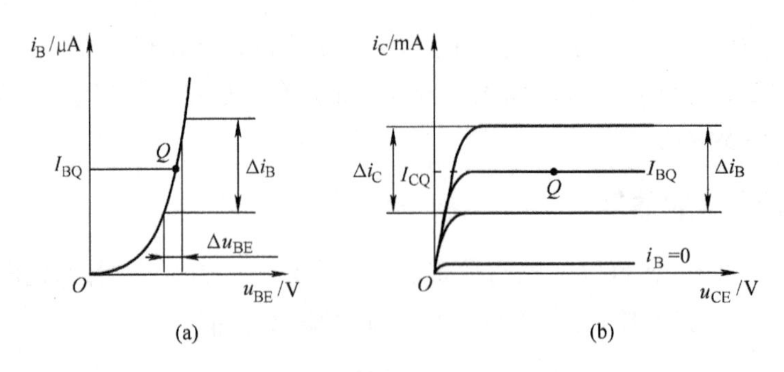

图 2.2.3 从三极管的特性曲线求 r_{be}、β

(a)r_{be}的求法 (b)β 的求法

线。这表明集电极电流 i_C的大小与集电极电压 u_{CE}的变化无关,这就是三极管的恒流特性;i_C的大小仅取决于 i_B的大小,这就是三极管的电流放大特性。由这两个特性,可以将 i_C等效为一个受 i_B控制的恒流源,其内阻 $r_{ce}=\infty$,$i_C=\beta i_B$。

所以,三极管的集电极与发射极之间可用一个受控恒流源代替。因此,三极管电路可等效为一个由输入电阻和受控恒流源组成的线性简化电路,如图 2.2.4 所示。但应当指出,在这个等效电路中,忽略了 u_{CE}对 i_C及输入特性的影响,所以又称为三极管简化的微变等效电路。

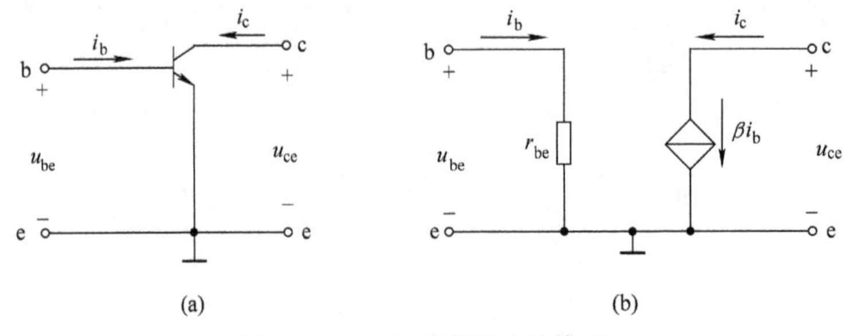

图 2.2.4 三极管等效电路模型

(a)交流通路 (b)微变等效电路

2. 微变等效电路法的应用

利用微变等效电路,可以比较方便地运用电路基础知识来分析放大电路的性能指标。下面仍以图 2.2.1 所示单管共射放大电路为例来说明电路分析过程。首先,根据图 2.2.1 画出该电路的交流通路,然后把交流通路中的三极管用其等效电路来代替,即可得到如图 2.2.5 所示的微变等效电路。

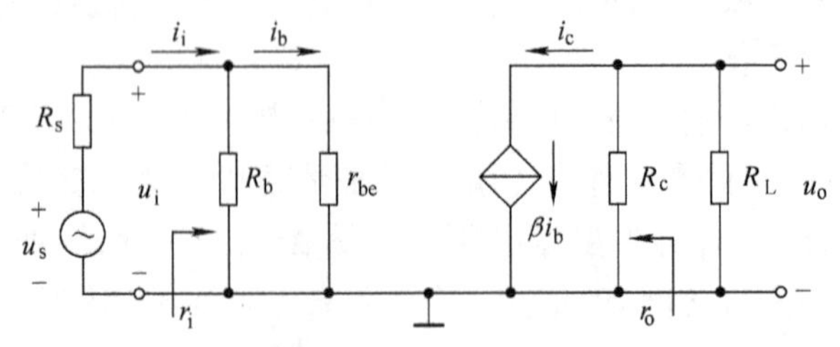

图 2.2.5 单管共射放大电路的微变等效电路

1)电压放大倍数 A_U

A_U定义为放大器输出电压 u_o与输入电压 u_i之比,是衡量放大电路电压放大能力的指

标，即

$$A_U=\frac{u_o}{u_i} \tag{2.2.5}$$

如图2.2.5所示，有

$$A_U=\frac{u_o}{u_i}=-\frac{i_c(R_c /\!/ R_L)}{i_b r_{be}}=-\frac{\beta(R_c /\!/ R_L)}{r_{be}}=-\frac{\beta R'_L}{r_{be}} \tag{2.2.6}$$

式(2.2.6)中，$R'_L=R_c /\!/ R_L$，负号表示输出电压与输入电压的相位相反。当不接负载R_L时，电压放大倍数为

$$A_U=-\frac{\beta R_c}{r_{be}} \tag{2.2.7}$$

由式(2.2.6)可知，接上负载R_L后，电压放大倍数A_U将有所下降。

2）输入电阻r_i

显而易见，放大电路是信号源的一个负载，这个负载电阻就是从放大器输入端看进去的等效电阻。从图2.2.5所示电路可知

$$r_i=\frac{u_i}{i_i}=R_b /\!/ r_{be} \tag{2.2.8}$$

一般$R_b \gg r_{be}$，所以$r_i \approx r_{be}$。

r_i反映放大电路对所接信号源（或前一级放大电路）的影响程度。一般来说，希望r_i尽可能大一些，以使放大电路向信号源索取的电流尽可能小。由于三极管的输入电阻r_{be}约为1 kΩ，所以共射放大电路的输入电阻较低。

3）输出电阻r_o

对负载电阻R_L来说，放大器相当于一个信号源。放大电路的输出电阻就是从放大电路的输出端看进去的交流等效电阻，从图2.2.5所示电路可知

$$r_o=\frac{u_o}{i_o}=R_c \tag{2.2.9}$$

输出电阻是衡量放大电路带负载能力的一个性能指标。放大电路接上负载后，要向负载（后级）提供能量，所以可将放大电路看做一个具有一定内阻的信号源，这个信号源的内阻就是放大电路的输出电阻。

例2.2.2 在图2.2.1所示电路中，若已知$R_b=200\ \text{k}\Omega$，$R_c=4\ \text{k}\Omega$，$U_{CC}=12\ \text{V}$，$\beta=30$，$R_L=4\ \text{k}\Omega$，求A_U、r_i、r_o。

解 由例2.2.1已知该电路的$I_{CQ}=1.8\ \text{mA}$。因为$I_{EQ}\approx I_{CQ}=1.8\ \text{mA}$，则由式(2.2.4)可求出

$$\begin{aligned} r_{be} &= 300\ \Omega+(1+\beta)\frac{26\ \text{mV}}{I_{EQ}} \\ &= 300\ \Omega+(1+30)\times 26\ \text{mV}/1.8\ \text{mA} \\ &\approx 748\ \Omega \end{aligned}$$

而

$$R'_L=R_c /\!/ R_L=(4\times 4)/(4+4)\ \text{k}\Omega=2\ \text{k}\Omega$$

则

$$A_U=\frac{u_o}{u_i}=-\frac{\beta R'_L}{r_{be}}=-\frac{30\times 2}{0.748}\approx -80$$

$$r_i = r_{be} // R_b \approx r_{be} = 748\ \Omega$$
$$r_o = R_c = 4\ k\Omega$$

根据以上分析，可以归纳出使用微变等效电路法分析电路的步骤如下：

(1)对电路进行静态分析，求出 I_{BQ}、I_{CQ}；

(2)求出三极管的输入电阻 r_{be}；

(3)画出放大电路的微变等效电路；

(4)根据微变等效电路求出 A_U、r_i、r_o。

2.3 放大电路静态工作点的稳定

前面介绍的固定偏置式共射极放大电路的结构比较简单，电压和电流放大作用都比较大，但其突出的缺点是静态工作点不稳定，电路本身没有自动稳定静态工作点的能力。

2.3.1 温度变化对静态工作点的影响

造成静态工作点不稳定的原因很多，如电源电压波动、电路参数变化、三极管老化等，但主要原因是三极管特性参数(U_{BE}、β、I_{CEQ})随温度的变化而变化，从而造成静态工作点偏离原来的数值。

三极管的 I_{CEQ} 和 β 均随环境温度的升高而增大，U_{BE} 则随温度的升高而减小，这些都会使放大电路中的集电极电流 I_C 随温度升高而增加。例如，当温度升高时，对于同样的 I_{BQ}(40 μA)，输出特性曲线将上移。严重时，将使三极管进入饱和区而失去放大能力，这是设计电路时所不希望的。为了克服上述问题，可以从电路结构上采取措施。

2.3.2 稳定静态工作点的措施

稳定静态工作点的典型电路是如图 2.3.1(a)所示的分压式偏置放大电路，该电路有以下两个特点。

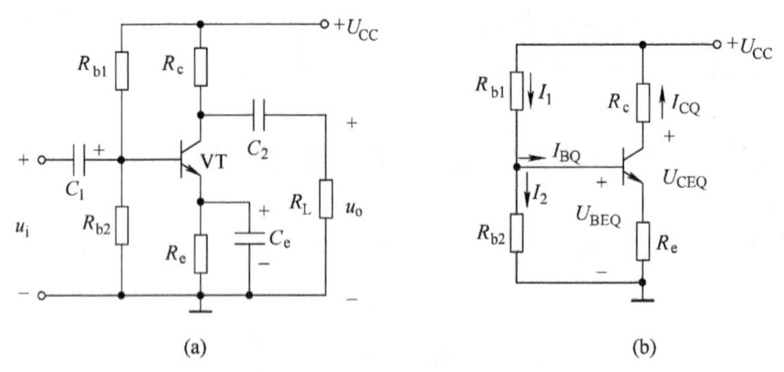

图 2.3.1 分压式偏置放大电路

(a)电路图 (b)直流通路

1. 利用电阻 R_{b1} 和 R_{b2} 分压来稳定基极电位

由图 2.3.1(b)所示放大电路的直流通路，可得

$$I_1 = I_2 + I_{BQ} \tag{2.3.1}$$

若使 $I_1 >> I_{BQ}$，则 $I_1 \approx I_2$，这样基极电位 U_{BQ} 为

$$U_{BQ} \approx \frac{R_{b2}}{R_{b1}+R_{b2}} U_{CC} \tag{2.3.2}$$

所以，基极电位 U_{BQ} 由电源电压 U_{CC} 经电阻 R_{b1} 和 R_{b2} 分压所决定，基本不随温度而变化，且与晶体管参数无关。

2. 由发射极电阻 R_e 实现静态工作点的稳定

温度上升使 I_{CQ} 增大时，I_{EQ} 随之增大，U_{EQ} 也增大，因为基极电位 $U_{BQ}=U_{BEQ}+U_{EQ}$ 恒定，故 U_{EQ} 增大使 U_{BEQ} 减小，引起 I_{BQ} 减小，使 I_{CQ} 相应减小，从而抑制了温度升高引起的 I_{CQ} 的增大，即稳定了静态工作点。其稳定过程如下：

$$T(°C)\uparrow \rightarrow I_{CQ}\uparrow \rightarrow I_{EQ}\uparrow \rightarrow U_{EQ}\uparrow \xrightarrow{U_{EQ}\text{固定}} U_{BEQ}\downarrow \rightarrow I_{BQ}\downarrow \rightarrow I_{CQ}\downarrow$$

通常 $U_{BQ} >> U_{BEQ}$，所以集电极电流

$$I_{CQ} \approx I_{EQ} = \frac{U_{BQ}-U_{BEQ}}{R_e} \approx \frac{U_{BQ}}{R_e} \tag{2.3.3}$$

根据 $I_1 >> I_{BQ}$ 和 $U_{BQ} >> U_{BEQ}$ 两个条件得到的式(2.3.2)和式(2.3.3)，说明 U_{BQ} 和 I_{CQ} 是稳定的，基本上不随温度而变化，也与管子的参数 β 值无关。

例 2.3.1　电路如图 2.3.2 所示，已知晶体管 $\beta=40$，$U_{CC}=12$ V，$R_{b1}=20$ kΩ，$R_{b2}=10$ kΩ，$R_L=4$ kΩ，$R_c=2$ kΩ，$R_e=2$ kΩ，C_e 足够大，试求：

(1)静态值 I_{CQ} 和 U_{CEQ}；

(2)电压放大倍数 A_U；

(3)输入电阻 r_i 和输出电阻 r_o。

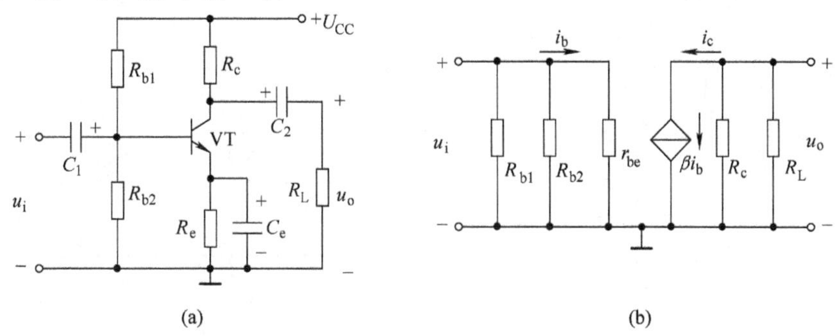

图 2.3.2　例 2.3.1 电路图

(a)放大电路　(b)微变等效电路

解　(1)估算静态值 I_{CQ}、U_{CEQ}。

$$U_{BQ} \approx \frac{R_{b2}}{R_{b1}+R_{b2}} U_{CC} = \frac{10\ \text{k}\Omega}{10\ \text{k}\Omega + 20\ \text{k}\Omega} \times 12\ \text{V} = 4\ \text{V}$$

$$I_{CQ} \approx I_{EQ} = \frac{U_{BQ}-U_{BEQ}}{R_e} \approx \frac{U_{BQ}}{R_e} = \frac{4}{2\ \text{k}\Omega} = 2\ \text{mA}$$

$$U_{CEQ} \approx U_{CC} - I_{CQ}(R_c+R_e) = 12\ \text{V} - 2\ \text{mA} \times (2+2)\ \text{k}\Omega = 4\ \text{V}$$

(2)估算电压放大倍数 A_U。

由图 2.3.2(a)可画出其微变等效电路如图 2.3.2(b)所示。由于

$$r_{be}=300\ \Omega+(1+\beta)\frac{26\ \text{mV}}{I_{EQ}}=300\ \Omega+(1+40)\times\frac{26\ \text{mV}}{2\ \text{mA}}=833\ \Omega=0.83\ \text{k}\Omega$$

$$R_L'=R_c/\!/R_L=\frac{2\times4}{2+4}\ \text{k}\Omega=1.33\ \text{k}\Omega$$

故

$$A_U=\frac{u_o}{u_i}=-\frac{\beta R_L'}{r_{be}}=-40\times\frac{1.33}{0.83}\approx-64$$

(3)估算输入电阻 r_i和输出电阻 r_o。

$$r_i=R_{b1}/\!/R_{b2}/\!/r_{be}\approx r_{be}=0.83\ \text{k}\Omega$$

$$r_o=R_c=2\ \text{k}\Omega$$

在图 2.3.2(a)中,电容 C_e称为射极旁路电容(一般取 10 ~ 100 μF),它对直流相当于开路,静态时使直流信号通过 R_e实现静态工作点的稳定;对交流相当于短路,动态时交流信号被 C_e旁路掉,使输出信号不会减小,即 A_U的计算与式(2.2.6)完全相同。这样既稳定了静态工作点,又没有降低电压放大倍数。

2.4 共集电极放大电路

2.4.1 电路组成

共集电极放大电路如图 2.4.1(a)所示,它是由基极输入信号、发射极输出信号组成的,所以称为射极输出器。由图 2.4.1(b)所示的交流通路可知,集电极是输入回路与输出回路的公共端,所以又称为共集放大电路。

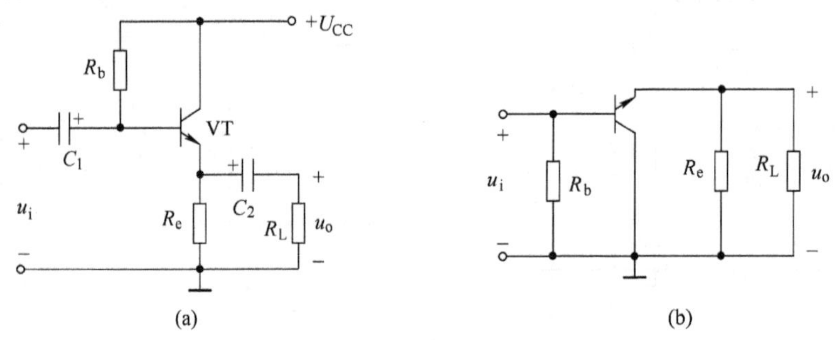

图 2.4.1 共集电极放大电路

(a)放大电路 (b)交流通路

2.4.2 射极输出器的特点

1. 静态工作点稳定

由图 2.4.2(a)所示的共集放大电路的直流通路可知

$$U_{CC}=I_{BQ}R_b+U_{BEQ}+I_{EQ}R_e \tag{2.4.1}$$

而

$$I_{BQ}=\frac{I_{EQ}}{1+\beta} \tag{2.4.2}$$

于是得

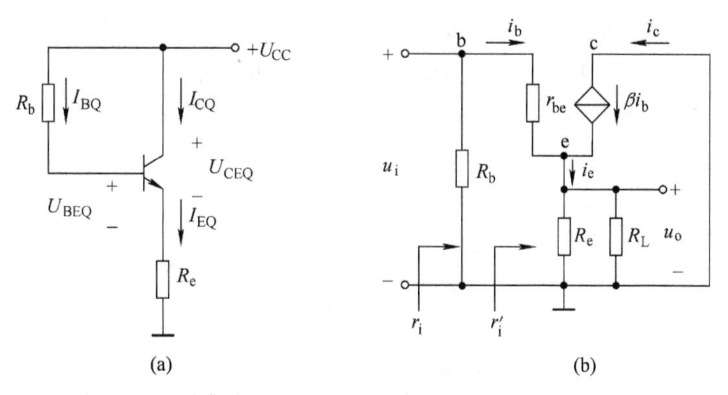

图 2.4.2　共集电极放大电路的直流通路和微变等效电路

(a)直流电路　(b)微变等效电路

$$I_{CQ} \approx I_{EQ} = \frac{U_{CC} - U_{BEQ}}{R_e + \frac{R_b}{1+\beta}} \tag{2.4.3}$$

故

$$U_{CEQ} = U_{CC} - I_{CQ}R_e \tag{2.4.4}$$

射极电阻 R_e 具有稳定静态工作点的作用。

2. 电压放大倍数近似等于1

射极输出器的微变等效电路如图 2.4.2(b)所示,由图可知

$$A_U = \frac{u_o}{u_i} = \frac{i_e R_L'}{i_b r_{be} + i_e R_L'} = \frac{(1+\beta) i_b R_L'}{i_b r_{be} + i_b (1+\beta) R_L'} = \frac{(1+\beta) R_L'}{r_{be} + (1+\beta) R_L'} \tag{2.4.5}$$

式中,$R_L' = R_e // R_L$。

通常$(1+\beta)R_L' >> r_{be}$,于是得

$$A_U \approx 1 \tag{2.4.6}$$

电压放大倍数约为1并为正值,可见输出电压 u_o 随着输入电压 u_i 的变化而变化,大小近似相等,且相位相同,因此射极输出器又称为射极跟随器。

应该指出,虽然射极输出器的电压放大倍数约等于1,但它仍具有电流放大和功率放大的作用。

3. 输入电阻高

由图 2.4.2(b)可知

$$r_i = R_b // r_i' = R_b // [r_{be} + (1+\beta) R_L'] \tag{2.4.7}$$

由于 R_b 和$(1+\beta)R_L'$ 值都较大,因此射极输出器的输入电阻 r_i 很高,可达几十到几百千欧。

4. 输出电阻低

由于射极输出器 $u_o \approx u_i$,当 u_i 保持不变时,u_o 就保持不变。可见,输出电阻对输出电压的影响很小,说明射极输出器带负载能力很强。输出电阻的估算公式为

$$r_o \approx \frac{r_{be}}{1+\beta} \tag{2.4.8}$$

通常,r_o 很低,一般只有几十欧。

例 2.4.1 共集电极放大电路如图 2.4.1(a)所示,图中三极管为硅管,$\beta=100$,$r_{be}=1.2\ k\Omega$,$R_b=200\ k\Omega$,$R_e=2\ k\Omega$,$R_L=2\ k\Omega$,$U_{CC}=12\ V$,试求:

(1)静态工作点 I_{CQ} 和 U_{CEQ};

(2)计算输入电阻 r_i 和输出电阻 r_o。

解 (1)计算静态工作点。

$$I_{CQ}=\frac{U_{CC}-U_{BEQ}}{R_e+\dfrac{R_b}{1+\beta}}=\frac{(12-0.7)\ V}{\left(2+\dfrac{200}{101}\right)\ k\Omega}=2.8\ mA$$

$$U_{CEQ}\approx U_{CC}-I_{CQ}R_e=(12-2.8\times 2)\ V=6.4\ V$$

(2)计算输入电阻 r_i 和输出电阻 r_o。

$$r_i=R_b /\!/ [r_{be}+(1+\beta)R_L']=200\ k\Omega /\!/ (1.2\ k\Omega+101\times 1\ k\Omega)=66.7\ k\Omega$$

$$r_o\approx\frac{r_{be}}{\beta}=\frac{1.2\ k\Omega}{100}=12\ \Omega$$

2.4.3 射极输出器的应用

1. 用作输入级

在要求输入电阻较高的放大电路中,常用射极输出器作输入级,利用其输入电阻很高的特点,可减少对信号源的衰减,有利于信号的传输。

2. 用作输出级

由于射极输出器的输出电阻很低,常用作输出级,可使输出级在接入负载或负载变化时,对放大电路的影响小,使输出电压更加稳定。

3. 用作中间隔离级

将射极输出器接在两级共射电路之间,利用其输入电阻高的特点,可提高前级的电压放大倍数;利用其输出电阻低的特点,可减小后级信号源内阻,提高后级的电压放大倍数。由于其隔离了前后两级之间的相互影响,因而也称为缓冲级。

2.5 互补功率放大电路

功率放大电路是一种向负载提供功率的放大器。功率放大电路的种类比较多,按在一个周期内二极管导通时间的不同,可分为甲类、乙类、甲乙类功率放大电路。

甲类放大电路静态工作点设置在放大区,管子在整个输入信号周期内都导通,此时三极管的静态电流比较大,所以甲类放大电路管耗大、效率低,一般用在小功率放大电路中。乙类放大电路的静态工作点设置在截止区,在静态时没有静态电流,故管耗很低,但只能对半个周期的信号放大,并且容易产生严重的失真。甲乙类放大电路的静态工作点设置在放大区但接近截止区,所以管耗小、效率高,在功率放大电路中应用较广,但它的波形失真也很严重,所以一般采用两管轮流导通的推挽电路来减小失真。甲类、乙类、甲乙类功率放大电路的工作状态如图 2.5.1 所示。目前采用的主要是乙类或甲乙类互补对称功率放大电路,所以这里只对乙类和甲乙类功率放大器进行分析。

另外,功率放大电路要具备足够大的输出功率。最大输出功率 P_{om} 是指在正弦输入情况下,输出波形不超过规定的非线性失真指标时,放大电路最大输出电压和最大输出电流有效值

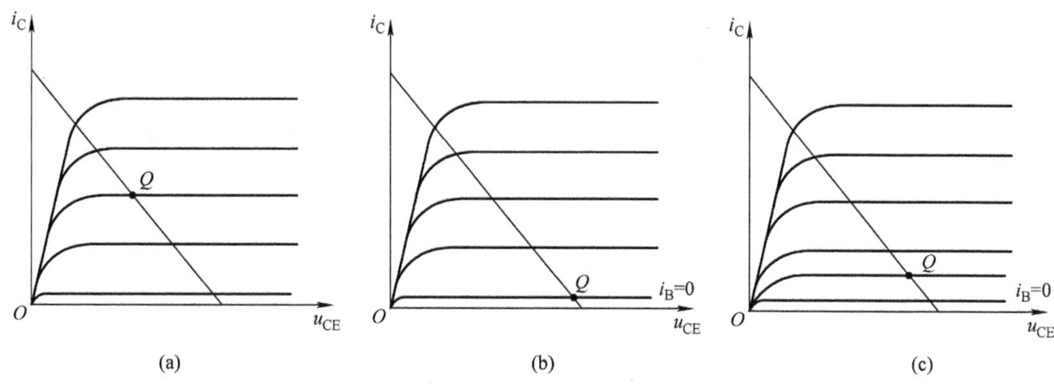

图 2.5.1 功率放大电路的工作状态
(a)甲类 (b)乙类 (c)甲乙类

的乘积。功率放大电路还应当满足输出效率要高、非线性失真尽量小的要求。

2.5.1 乙类互补对称功率放大电路

1. 电路组成及工作原理

图 2.5.2(a)是双电源乙类互补对称功率放大电路。这类电路又称无输出电容的功率放大电路,简称 OCL 电路。VT_1为 NPN 型管,VT_2为 PNP 型管,两管参数对称,特性相同。电路中两管的基极和发射极分别连在一起,信号从基极输入,从发射极输出,R_L为负载电阻,采用双电源 U_{CC}供电。电路工作原理如下所述。

1)静态分析

当输入信号 $u_i=0$ 时,两三极管都工作在截止区,此时 I_{BQ}、I_{CQ}、I_{EQ}均为零,负载上无电流通过,输出电压 $u_o=0$。

2)动态分析

当输入信号为正半周时,$u_i>0$,三极管 VT_1导通,VT_2截止,VT_1管的射极电流 i_{e1}经 $+U_{CC}$自上而下流过负载,在 R_L上形成正半周输出电压,$u_o>0$。

当输入信号为负半周时,$u_i<0$,三极管 VT_2导通,VT_1截止,VT_2管的射极电流 i_{e2}经 $-U_{CC}$自下而上流过负载,在 R_L上形成负半周输出电压,$u_o<0$。

可见,两管轮流导通,相互补足对方缺少的半个周期,在负载电阻 R_L上得到与输入信号波形相近的电压和电流。其电压输出波形如图 2.5.2(b)所示。

互补对称功率放大电路是由两个工作在乙类的射极输出器组成的,所以输出电压 u_o的大小基本上和输入电压 u_i的大小相等,又由于射极输出器的输出电阻很低,所以互补对称功率放大电路具有较强的带载能力,能向放大电路提供较大的功率。

2. 功率和效率的计算

1)输出功率 P_o

输出功率就是输出电流 I_o和输出电压有效值 U_o的乘积,即

$$P_o=I_oU_o=\frac{1}{2}I_{om}U_{om}=\frac{1}{2}\frac{U_{om}^2}{R_L}$$

乙类互补对称功率放大电路最大不失真输出电压的幅度为

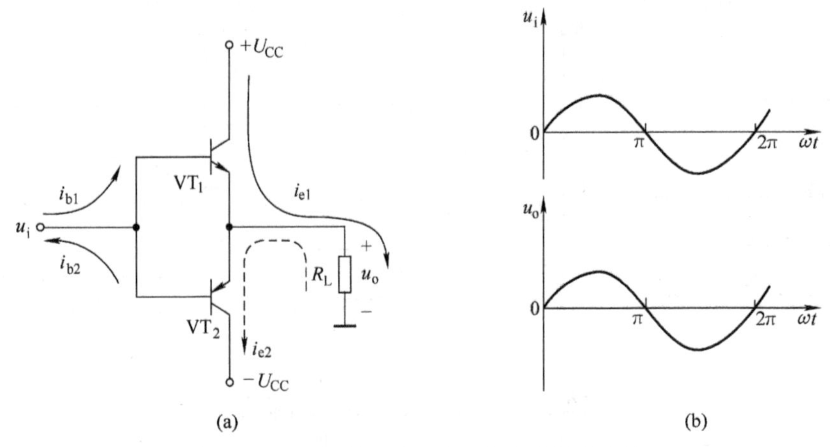

图 2.5.2　双电源乙类互补对称功率放大电路

(a)电路结构　(b)输入、输出波形

$$U_{om}=U_{CC}-U_{CES}$$

式中，U_{CES}为三极管的饱和压降，一般数值比较小，通常可以忽略，则最大不失真输出功率为

$$P_{om}=\frac{1}{2R_L}(U_{CC}-U_{CES})^2\approx\frac{1}{2}\frac{U_{CC}^2}{R_L}$$

2）直流电流提供的功率 P_{DC}

由于互补对称功率放大电路的两个管子轮流导通，故每个管子的集电极电流的平均值为

$$I_{DC}=\frac{1}{2\pi}\int_0^{\pi}I_{om}\sin(\omega t)\mathrm{d}(\omega t)=\frac{I_{om}}{\pi}$$

由于每个电源只提供半个周期的电流，因此两个电源提供的总功率为

$$P_{DC}=2I_{DC}U_{CC}=\frac{2}{\pi R_L}U_{om}U_{CC}$$

放大器输出最大功率时，电源供给的功率为

$$P_{DCm}=\frac{2}{\pi}\frac{U_{CC}^2}{R_L}\quad(U_{om}\approx U_{CC})$$

3）效率 η

效率是负载获得的输出功率 P_o与直流电源供给功率 P_{DC}的比值，即

$$\eta=\frac{P_o}{P_{DC}}=\frac{\pi}{4}\frac{U_{om}}{U_{CC}}$$

当 U_{om}达到最大值，即电源电压值 U_{CC}时，电路的最高效率为

$$\eta_m=\frac{P_{om}}{P_{DC}}\times100\%=\frac{\pi}{4}\times100\%\approx78.5\%$$

4）管耗 P_c

$$P_c=P_{DC}-P_o=\frac{2}{\pi R_L}U_{CC}U_{om}-\frac{1}{2R_L}U_{CC}^2$$

可求得当 $U_{om}=0.63U_{CC}$时，三极管消耗的功率最大，其值为

$$P_{cm}=\frac{2U_{CC}^2}{\pi^2R_L}=\frac{4}{\pi^2}P_{om}\approx0.4P_{om}$$

每个管子的最大功耗为

$$P_{c1m}=P_{c2m}=\frac{1}{2}P_{cm}\approx 0.2P_{om}$$

5)选管原则

每只晶体管的最大允许管耗(或集电极功率损耗)P_{cm}必须大于$0.2P_{om}$,考虑到当VT_2接近饱和导通时,忽略饱和压降,此时VT_1管的U_{CE}具有最大值且等于$2U_{CC}$。因此,应选用$U_{CEO}>2U_{CC}$的管子;通过晶体管的最大集电极电流约为U_{CC}/R_L,所选晶体管的I_{CM}一般不宜低于此值。

例2.5.1 已知互补对称功率放大电路如图2.5.2(a)所示,已知电源电压$U_{CC}=\pm 24$ V,$R_L=8\ \Omega$,试估算该放大电路的最大输出功率P_{om}、电源供给的功率P_{DC}和管耗P_{c1},并说明该功率放大电路对功率管的要求。

解 (1)忽略三极管的饱和压降,最大不失真输出电压幅度为$U_{om}\approx U_{CC}=24$ V,所以最大输出功率为

$$P_{om}=\frac{1}{2R_L}(U_{CC}-U_{CES})^2\approx\frac{1}{2}\frac{U_{CC}^2}{R_L}=\frac{24\times 24}{2\times 8}=36\ \text{W}$$

电源供给的功率

$$P_{DC}=\frac{2}{\pi}\frac{U_{CC}^2}{R_L}=\frac{2\times 24^2}{\pi\times 8}=45.9\ \text{W}$$

此时每管的管耗为

$$P_c=\frac{1}{2}(45.9-36)=4.9\ \text{W}$$

(2)每个功率管实际承受的最大管耗

$$P_{c1m}=P_{c2m}=\frac{1}{2}P_{cm}\approx 0.2P_{om}=0.2\times 36=7.2\ \text{W}$$

因此,为了保证功率管不被损坏,要求功率管的集电极最大允许耗散功率为

$$P_{cm}>0.2P_{om}=7.2\ \text{W}$$

由于乙类互补对称功率放大电路中一只管子导通时,另一只管子截止,当输出电压为最大不失真输出幅度时,截止管所承受的反向电压为最大,且近似等于$2U_{CC}$。为了保证管子不被反向击穿,因此要求管子的

$$U_{(BR)CEO}>2U_{CC}=2\times 24=48\ \text{V}$$

放大电路在最大功率输出状态时,集电极电流幅度达到最大值I_{cmm}。为使放大电路失真不致太大,要求管子最大允许集电极电流

$$I_{cm}>I_{cmm}=\frac{U_{CC}}{R_L}=3\ \text{A}$$

2.5.2 甲乙类互补对称功率放大电路

1. 双电源甲乙类互补对称功率放大电路

乙类互补对称功率放大电路中三极管没有基极偏流,在静态时三极管处于截止状态,因此在输入信号的一个周期内三极管轮流导通时形成的基极电流波形在过零点附近一个区域内出现失真,从而使输出电流和电压也出现同样的失真,这种失真叫"交越失真",如图2.5.3(b)

所示。

为了消除交越失真，可给三极管加适当的基极偏量电压，使之工作在甲乙类工作状态，如图 2.5.3(a)所示。

图 2.5.3(a)所示电路称为双电源甲乙类互补对称功率放大电路。在电路中，给三极管 VT_1、VT_2的发射结加了很小的正偏压，使两管在静态时均处于微导通状态，两管轮流导通时，交替得比较平滑，从而减小了交越失真。

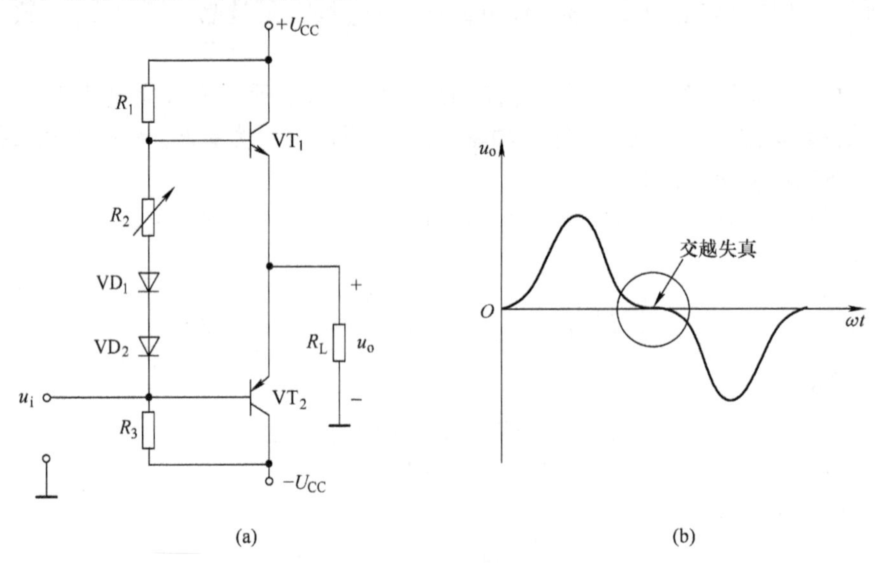

图 2.5.3　双电源甲乙类互补对称功率放大电路
(a)电路图　(b)交越失真

2. 单电源甲乙类互补对称功率放大电路

以上介绍的互补对称功率放大电路都采用双电源供电，但在实际应用中有些场合只能有一个电源，这时可以采用单电源供电方式。如图 2.5.4 所示，在互补对称功率放大电路的输出端接上一个大电容，也叫 OTL 电路。为使 VT_2、VT_3管工作状态对称，要求它们的发射极静态时对地电压为电源电压的一半，一般只要合理选择 R_1、R_2的数值就可以实现。这样，静态时电容上也充有 $U_{CC}/2$ 的电压。

输入正弦信号在负半周时，VT_2导通，有电流流过负载 R_L，同时向电容 C 充电，由于电容上有 $U_{CC}/2$ 的电压，所以 VT_2的工作电压只有 $U_{CC}/2$。在信号的正半周，VT_3导通，这时充电的电容起到负电源($-U_{CC}/2$)的作用，通过负载 R_L放电。OTL 电路各指标的计算只要把 OCL 电路中的 U_{CC}用 $U_{CC}/2$ 代替就可以了。

3. 复合管

所谓复合管，就是由两个或两个以上三极管按一定的方式连接而成的。连接的基本规律为小功率管放在前面，大功率管放在后面；连接时要保证每管都工作在放大区域，串接点的电流必须连续，并且接点电流的方向必须保持一致。

复合管又称达林顿管。如图 2.5.5 所示，其中(a)、(b)为同型复合，(c)、(d)为异型复合。可见复合后的管型与第一只三极管相同。

复合管的电流放大系数近似为组成该复合管各三极管 β 的乘积，其值很大。

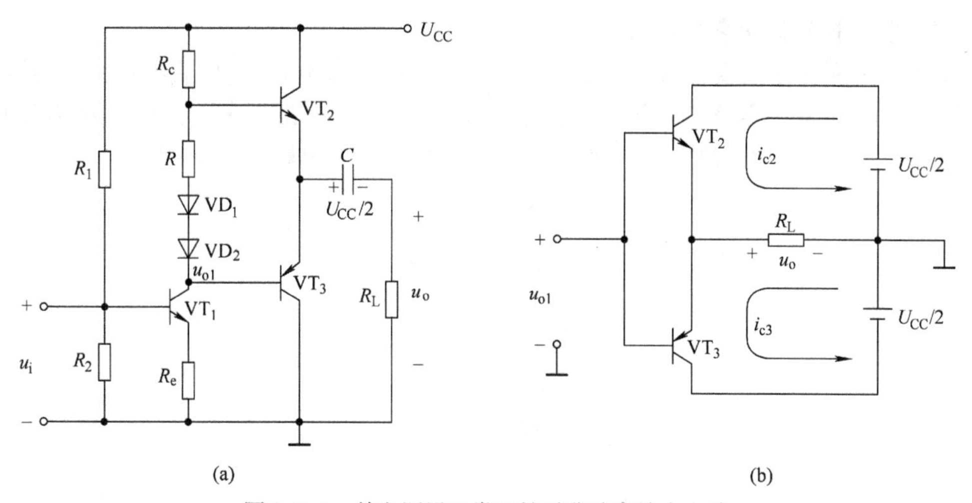

图 2.5.4　单电源甲乙类互补对称功率放大电路

(a)电路图　(b)等效电路

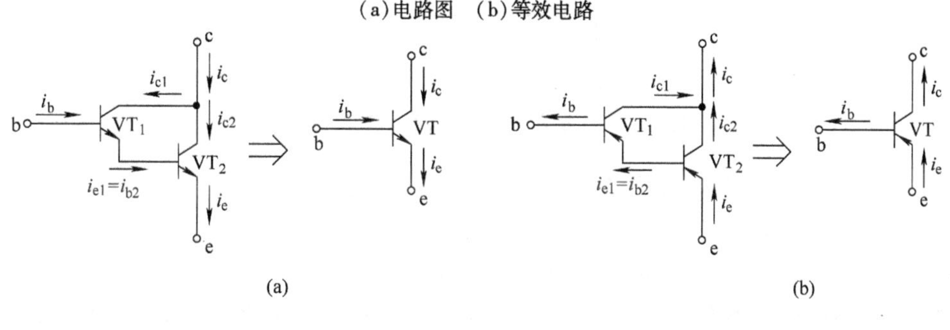

图 2.5.5　复合管

(a)NPN 型(1)　(b)PNP 型(1)　(c)NPN 型(2)　(d)PNP 型(2)

$$\beta=\frac{i_c}{i_b}=\frac{i_{c1}+i_{c2}}{i_{b1}}=\frac{\beta_1 i_{b1}+\beta_2 i_{b2}}{i_{b1}}=\frac{\beta_1 i_{b1}+\beta_2(1+\beta_1)i_{b1}}{i_{b1}}$$
$$=\beta_1+\beta_2+\beta_1\beta_2\approx\beta_1\beta_2$$

复合管虽有电流放大倍数高的优点,但它的穿透电流较大,且高频特性变差。为了减小穿透电流的影响,常在两只晶体管之间并接一个泄放电阻 R,如图 2.5.6 所示,R 的接入可将 VT_1 管的穿透电流分流,R 越小,分流作用越大,总的穿透电流越小。当然,R 的接入同样会使复合管的电流放大倍数下降。

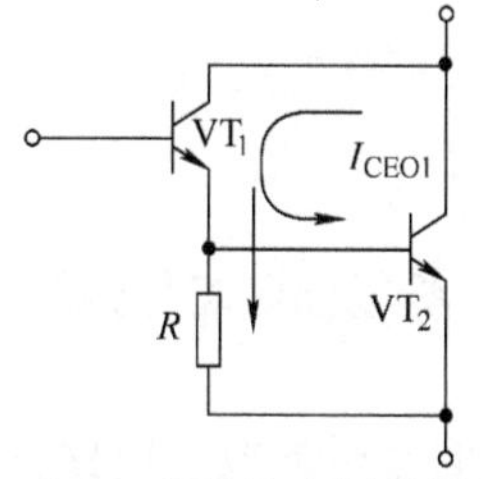

图 2.5.6　有泄放电阻的复合管

4. 复合管互补对称功率放大电路

图2.5.7所示为采用复合管的甲乙类互补对称功率放大电路，三极管 VT_1、VT_3 为同型复合管，等效为NPN型，VT_2、VT_4 为异型复合管，等效为PNP型。由于 VT_3、VT_4 同为NPN管，它们的输出特性可以很好地对称，通常把这种复合管互补放大电路称为准互补对称放大电路。图中的 R_1、VD_1、VD_2 为三极管 VT_5 的偏置电路，用以克服交越失真。

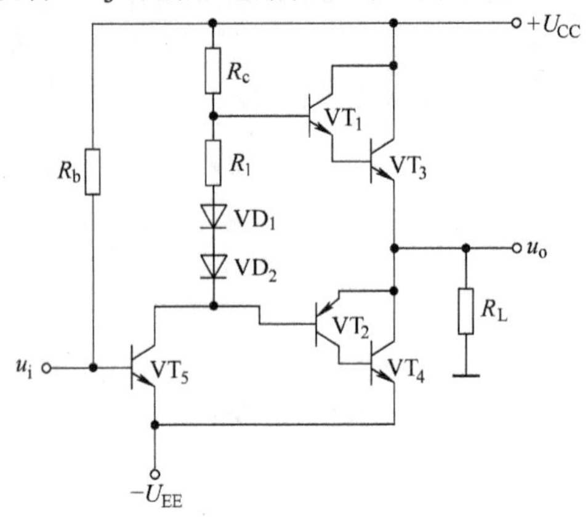

图2.5.7 复合管互补对称功率放大电路

5. 集成运放驱动的OTL功率放大电路

图2.5.8所示为用集成运放驱动的功率放大电路，VT_1、VT_3 组成同型复合管，等效为NPN型，VT_2、VT_4 组成异型复合管，等效为PNP型。电阻 R_7、R_8 为泄放电阻。二极管 VD_1、VD_2、VD_3 构成偏置电路，用来克服交越失真。集成运放A的输出用来驱动后面的功率放大电路。采用单电源供电形式，供电电源可以在24～36 V变化。

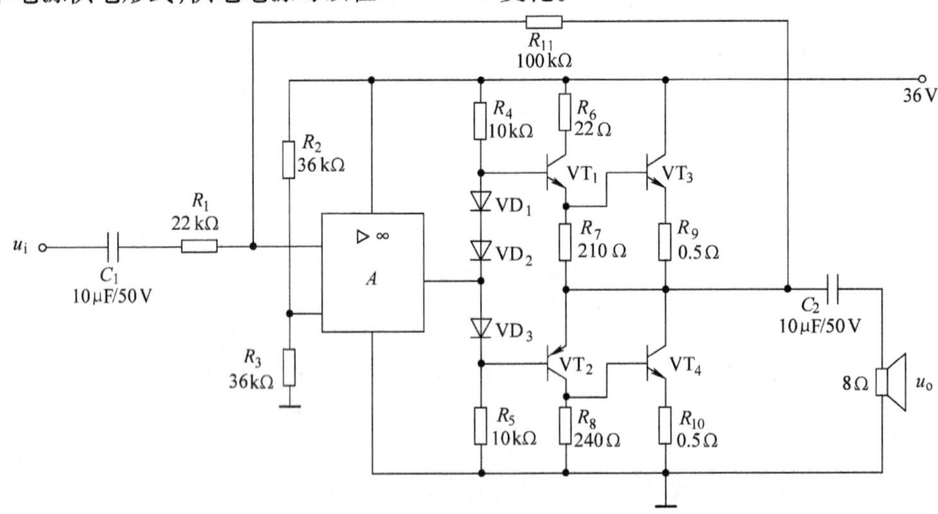

图2.5.8 集成运放驱动的功率放大电路

2.6 多级放大电路

前面分析的放大电路都是由一个三极管组成的单级放大电路，它们的放大倍数是有限的。

在实际应用中，例如通信系统、自动控制系统及检测装置中，输入信号都是极微弱的，必须将微弱的输入信号放大到几千乃至几万倍才能驱动执行机构，如扬声器、伺服机构和测量仪器等。所以，实用的放大电路都是由多个单级放大电路组成的多级放大电路。

2.6.1 放大电路的级间耦合方式

多级放大电路中级与级之间的连接方式称为耦合。级间耦合应满足下面两点要求：一是静态工作点互不影响；二是前级输入信号应尽可能多地传送到后级。常用的耦合方式有直接耦合、阻容耦合和变压器耦合。

1. 直接耦合

前级的输出端直接与后级的输入端相连，这种连接方式称为直接耦合，如图2.6.1(a)所示。直接耦合放大电路既能放大直流与缓慢变化的信号，也能放大交流信号。由于没有隔直电容，故前后级的静态工作点互相影响，使调整发生困难。在集成电路中因无法制作大容量电容而必须采用直接耦合。

2. 阻容耦合

级与级之间通过耦合电容与下级输入电阻连接的方式称为阻容耦合，如图2.6.1(b)所示。由于耦合电容有"隔直通交"作用，故可使各级的静态工作点彼此独立，互不影响。若耦合电容的容量足够大，对交流信号的容抗则很小，前级输出信号就能在一定频率范围内几乎无衰减地传输到下一级。但阻容耦合放大电路不能放大直流与缓慢变化的信号，不适合于集成电路。

3. 变压器耦合

级与级之间采用变压器原、副边进行连接的方式称为变压器耦合，如图2.6.1(c)所示。由于变压器原、副边在电路上彼此独立，因此这种放大电路的静态工作点也是彼此独立的。而变压器具有阻抗变换的特点，可以起到前后级之间的阻抗匹配作用。变压器耦合放大电路主要用于功率放大电路。

除上述方式外，在信号电路中还有光电耦合方式，用于提高电路的抗干扰能力。

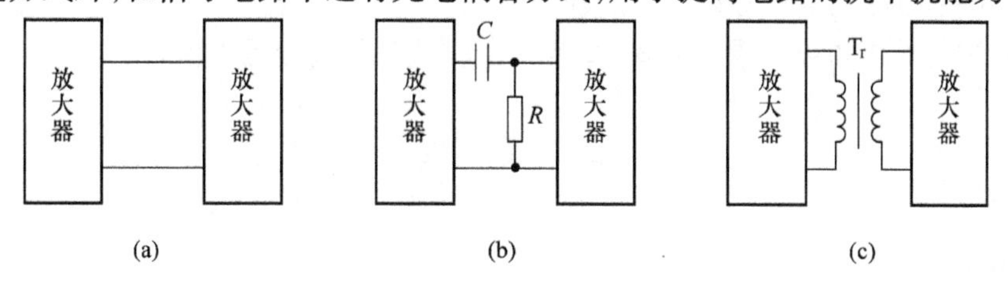

图2.6.1 多级放大电路的耦合方式

(a)直接耦合 (b)阻容耦合 (c)变压器耦合

2.6.2 多级放大电路的分析

1. 电压放大倍数

电压放大倍数可用方框图表示，如图2.6.2所示。

由图2.6.2可知，$u_1 = A_{U1}u_i$，$u_2 = A_{U2}u_1$，…，$u_o = A_{Un}u_{n-1}$，所以有

$$A_U = A_{U1}A_{U2}\cdots A_{Un} \tag{2.6.1}$$

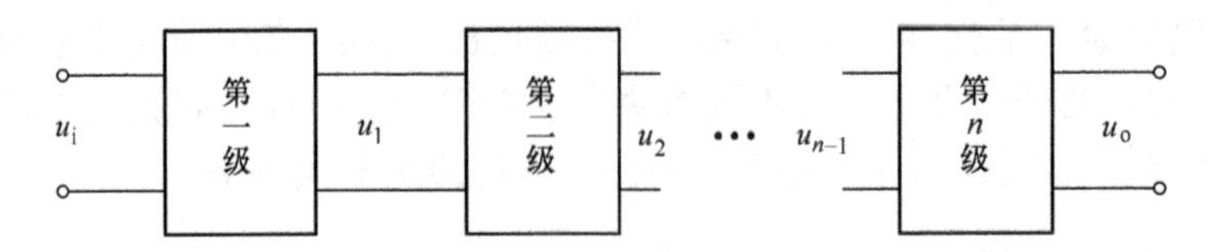

图 2.6.2 多级放大电路的级联

其中，n 为多级放大电路的级数。在计算电压放大倍数时，应把后一级的输入电阻作为前一级的负载电阻。

2. 输入电阻和输出电阻

多级放大电路的输入电阻就是第一级的输入电阻，而多级放大电路的输出电阻则等于末级放大电路的输出电阻，即

$$r_i = r_{i1} \tag{2.6.2}$$

$$r_o = r_{on} \tag{2.6.3}$$

单 元 小 结

(1) 共发射极放大电路的基本组成：输入端接交流信号源，输入电压为 u_i；输出端接负载电阻 R_L，输出电压为 u_o。

(2) 放大电路的静态工作点：当电路中的 U_{CC}、R_c、R_b 确定后，I_B、I_C、U_{BE}、U_{CE} 也就确定下来了。对应于这四个数值，可在三极管的输入和输出特性曲线上各确定出一个点，称为放大电路的静态工作点，用 Q 表示。习惯上把静态时的各电流和电压表示为 I_{BQ}、I_{CQ}、U_{BEQ}、U_{CEQ}。

(3) 静态工作点的估算公式：$I_{BQ}=\dfrac{U_{CC}-U_{BEQ}}{R_b}$、$I_{CQ}=\beta I_{BQ}$、$U_{CEQ}=U_{CC}-I_{CQ}R_c$。

(4) 稳定静态工作点的措施：

① 利用电阻 R_{b1} 和 R_{b2} 分压来稳定基极电位；

② 由发射极电阻 R_e 实现静态工作点的稳定。

(5) 多级放大电路的级间耦合方式：直接耦合、阻容耦合、变压器耦合。

习 题 2

2.1 填空题

(1) 三极管具有放大作用的外部条件是________正向偏置，________反向偏置。

(2) 三极管是用输入________来控制输出电流的，而场效应管是用输入________来控制输出电流的。

(3) 按三极管在电路中不同的连接方式，可组成________、________和________三种基本放大电路。

(4) 射极输出器的特点是：输出电压与输入电压之间相位________，电压放大倍数________，输入电阻________和输出电阻________。

2.2 选择题

(1) 稳压管是特殊的二极管，它一般工作在________状态。

A. 正向导通　　B. 反向截止　　C. 反向击穿　　D. 死区

(2)对放大器电路中三极管测量其各极对地电压为2.7 V、2 V、6 V，则该管________。

A. 为NPN管　　B. 为PNP管　　C. 工作在截止区

(3)单管共射放大器的 u_o 与 u_i 相位差是________。

A. 0°　　B. 90°　　C. 180°　　D. 360°

(4)稳定放大器静态工作点的方法有________。

A. 增大放大器的电压放大倍数　　B. 采用分压式偏置电路

C. 增大电流放大系数

2.3　练习题

(1)在下图所示的各电路中，哪些可以实现正常的交流放大？哪些不能？请说明理由。

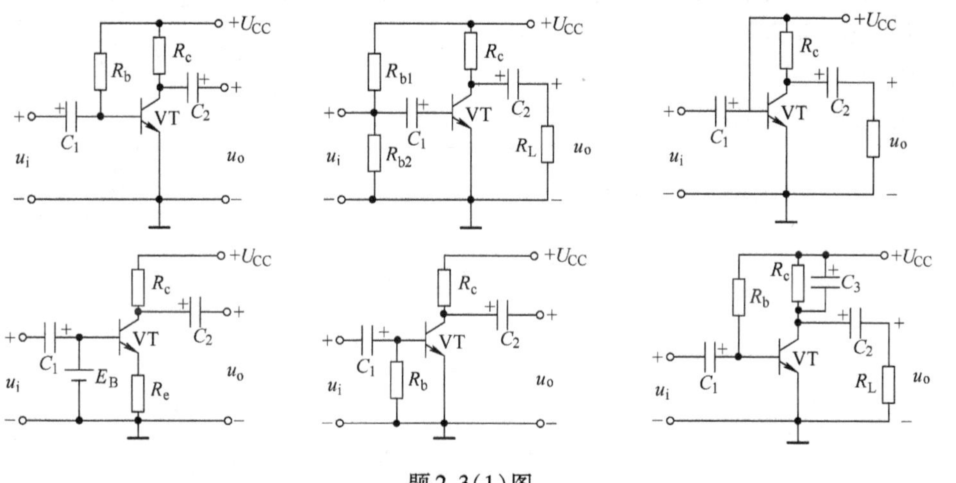

题2.3(1)图

(2)基本单管交流放大电路中，已知 $U_{CC}=12$ V，$R_b=300$ kΩ，$R_c=4$ kΩ，$R_L=4$ kΩ，$\beta=37.5$。试求：①静态工作点；② A_U、r_i、r_o。

(3)分压式偏置放大电路如图所示，已知 $U_{CC}=12$ V，$R_{b1}=22$ kΩ，$R_{b2}=4.7$ kΩ，$R_e=1$ kΩ，$R_c=2.5$ kΩ，硅管的 $\beta=50$，$r_{be}=1.3$ kΩ。试求：①静态工作点；②空载时的电压放大倍数；③带4 kΩ负载时的电压放大倍数。

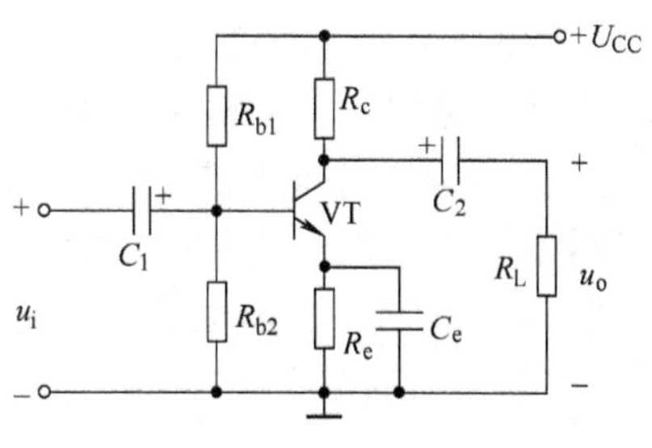

题2.3(3)图

(4)下图所示的射极输出器中，设三极管的 $\beta=60$，$U_{CC}=12$ V，$R_e=5.6$ kΩ，$R_b=560$ kΩ。试求：①静态工作点；②画出微变等效电路；③当 $R_L=2$ kΩ 时的 A_U、r_i、r_o。

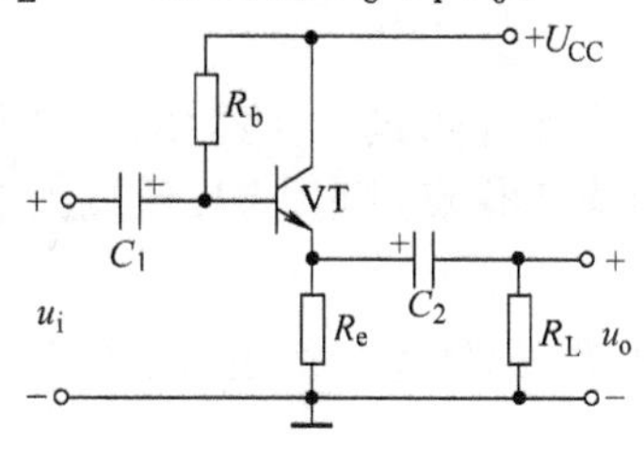

题2.3(4)图

本单元实验

实验4　单管放大电路的研究

1. 实验目的

(1)掌握单管放大电路的配置、接线和工作原理。

(2)掌握放大电路电压放大倍数的测定方法。

(3)研究静态工作点设置对波形失真的影响。

(4)掌握信号发生器、晶体管毫伏表(或数字万用表)和示波器的正确使用。

2. 实验电路与工作原理

1)单管放大电路

单管放大电路如实验图4.1所示。

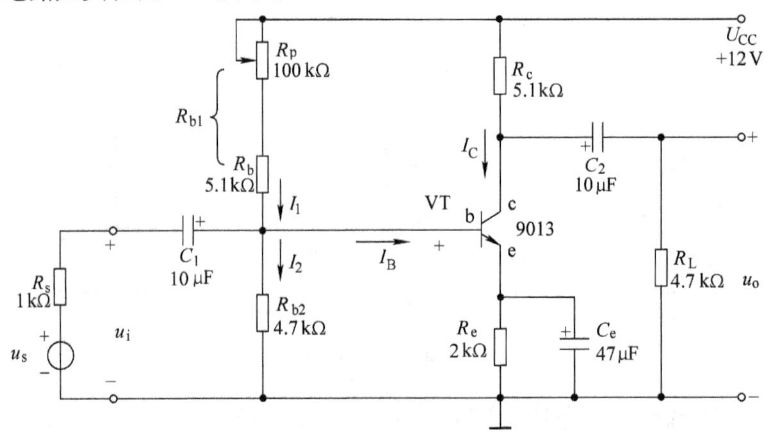

实验图4.1　单管共射放大电路

实验图4.1为分压式共发射极单管放大电路，三极管采用9013，其基极电位u_B由R_{b1}(由R_p及R_b串联构成)和R_{b2}分压决定，调节R_p，可调节u_B，即可调节静态工作点，图中的R_e是为了稳定电路的静态工作点(减少温度变化的影响)，再并接C_e，使发射极交流电压对地短路(消除R_e对交流信号电压的影响)。图中C_1和C_2为隔直电容，隔离直流电压对输入与输出的影响。R_c将电流信号转化成电压信号，R_L为负载电阻，为输出构成通路。

2)放大器的电压放大倍数

$$A_U=\frac{u_o}{u_i}$$

基极电位过低(i_B过小)，使静态工作点过低，将导致输出电压波形产生“截止失真”。

基极电位过高(i_B过大)，使静态工作点过高，将导致输出电压波形产生“饱和失真”。

3. 实验设备

(1)装置中的直流可调稳压电源、晶体管毫伏表(或数字万用表)、函数信号发生器以及示波器。

(2)单元VT3、RP10、R04、R05、R06、R14、R15、C06×2、C07(47μF)。

4. 实验内容与实验步骤

（1）按实验图4.1所示电路完成接线。

（2）由函数信号发生器提供输入信号，将函数信号发生器的波形输出开关置于“正弦波”，输出电压调至5 mV，信号频率调至$f=1\ 000$ Hz。

（3）将双踪示波器的Y1端接在输入信号电压端，测量输入信号电压波形；将双踪示波器的Y2端接在输出负载电阻R_L两端，测量输出电压波形。

（4）Y1和Y2的公共端接实验图4.1线路的地线。

（5）调节电位器R_p，使静态工作点适中，输出电压波形不失真（用示波器观察）。

（6）用晶体管毫伏表（或数字万用表）分别测量输入电压的数值u_i及输出电压的数值u_o。由此可算出放大器的电压放大倍数$A_U=\frac{u_o}{u_i}$。

（7）用示波器对比输出和输入电压波形的峰峰值，也可以计算出放大器的放大倍数$A_U=\frac{u_{opp}}{u_{ipp}}$。

（8）增大输入电压的幅值，使输出最大不失真电压，然后调节R_p，观察R_{b1}过大和过小导致电压波形失真的情况，并作记录，并从中获得较为适中的R_p取值。（记录R_p的取值范围）

5. 实验注意事项

（1）直流电源和信号源，在开始使用时，要将输出电压调至最低，待接好线后，再逐步将电压增至规定值。

（2）示波器探头的公共端（或地端）与示波器机壳及插头的接地端是相通的。测量时，容易产生事故，特别在电力电子线路中更是危险，因此示波器的插座应经隔离变压器供电，否则应将示波器插头的接地端除去。

（3）学会信号发生器的使用，观察并理解各种调节开关和旋钮的作用，明确频率与幅值显示的数值与单位。

（4）学会双踪示波器的使用，掌握辉度、聚焦、X轴位移、Y轴位移、同步、（AC、⊥、DC）开关、幅值［即Y轴电压灵敏度（V/div）］及扫描时间［即X轴每格所代表的时间（μs/div或ms/div）］等旋钮的使用和识别。

6. 实验报告要求

（1）写出测量放大器电压放大倍数的方法及其数值。

（2）说明静态工作点调节的方法和静态工作点调节不当造成的后果，并画出“截止失真”和“饱和失真”时输出电压波形。

实验5　三极管放大电路故障排除

1. 实验目的

（1）掌握寻找电子线路故障的一般方法。

（2）学会对电子线路中各元件的作用及其相应端点电位的分析与理解。

2. 实验电路和工作原理

（1）以助听器电路为基础，以含有预设故障的AX17单元取代VT_1放大电路，以含有预设故障的AX18取代VT_2放大电路。要求在规定时间内排除故障，使电子电路工作正常。

(2)为减少连接导线间的干扰,可在AX17和AX18单元电路上,接入相应阻容元件(元件已由教师准备好),并外接9012和9013。

3. 实验设备

(1)装置中的直流可调电源、数字万用表、双踪示波器。

(2)为学生提供阻容元件:电阻(1/4W或1/2W)1 kΩ×2、22 kΩ、100 Ω以及电解电容3.3 μF(25 V)、1 μF(25 V),三极管9013、9012(外接)。

(3)单元VT1、RP7、RP9、RP10、R05、R08、C06。

4. 实验内容与实验步骤

(1)在组合单元AX17和AX18的基础上,接上所需要的阻容元件和单元。

(2)检查接线有无错漏。

(3)在规定时间内(包括接线与排故,如1 h),使线路达到正常要求。

注:故障由教师在AX17(实验图5.1)和AX18(实验图5.2)中预先设置好,学生根据故障情况或更新元件(如三极管),或另用细单股导线修改接线,或另行进行接入元件,使电路正常工作。对电路正常部分,若学生又添加接线,则将扣分。

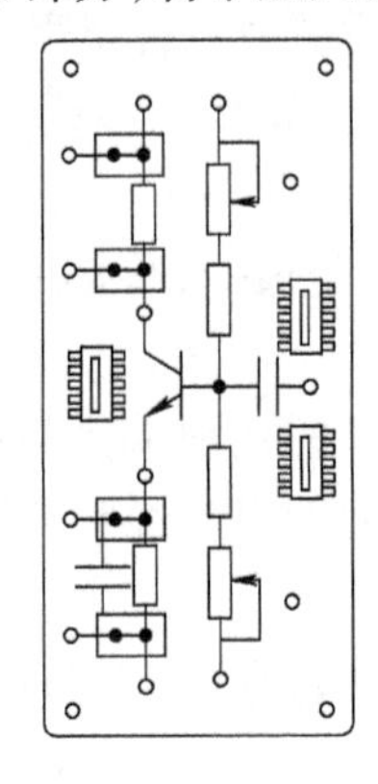

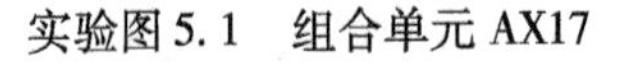

实验图5.1 组合单元AX17

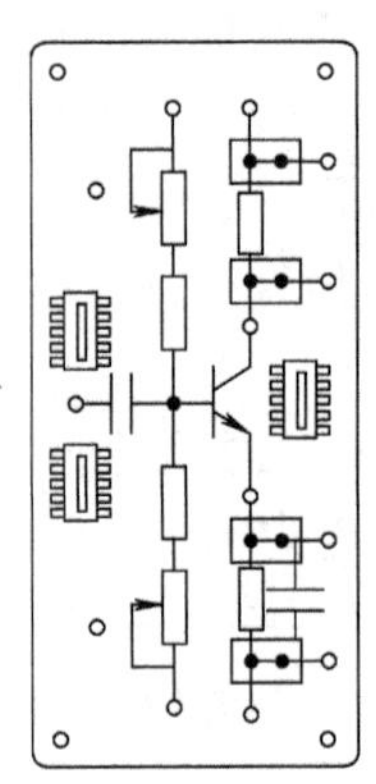

实验图5.2 组合单元AX18

实验6 OTL功率放大电路故障排除

1. 实验目的

(1)学会对电子产品线路故障的分析与排除。

(2)掌握分析故障的一般方法。

2. 实验电路与工作原理

在实验图6.1中,以组合模块AX17、AX18取代VT_2和VT_4,由教师预置电路故障。

3. 实验设备

(1)装置中的直流可调稳压电源(+12 V)、函数信号发生器、示波器、数字万用表。

(2)单元VT2、VT3、BX9(插入9013)、R01、R02、R09、R10、R11、R13、RP2、RP7、C06×2、C07、AX17、AX18组合模块。

4. 实验内容与实验步骤

要求学员在规定时间内找出故障,并用其他单股细线及元件进行修理,使电路正常运行。

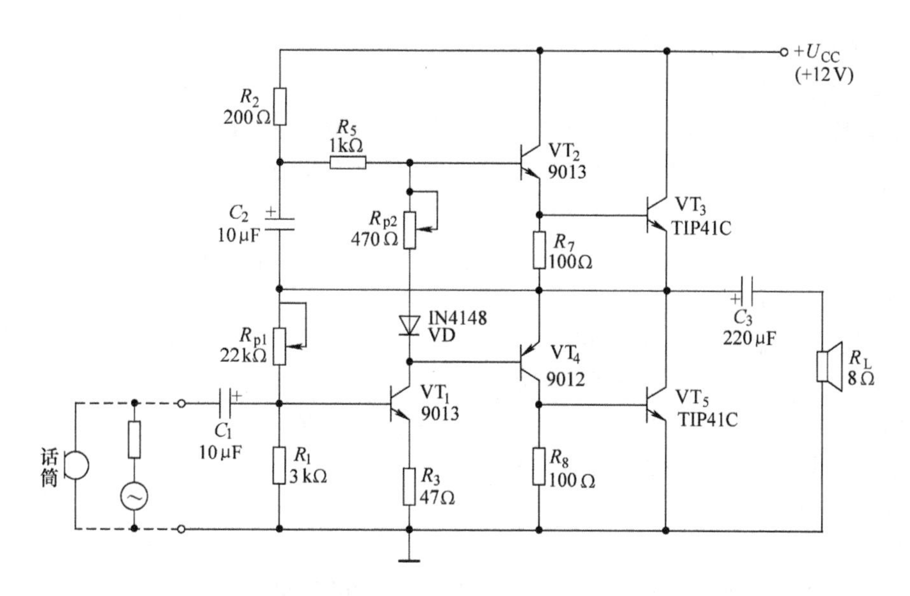

实验图6.1 OTL功率放大电路

（排故时间视预置故障的数量和难度而定，并留有余地，约为未知故障教师用时的1倍左右）

5. 注意事项

（1）请指导教师介绍排故的一般方法。

（2）学员要根据排故的一般方法，逐步检查缩小巡查范围，排除可能故障，切忌乱查、乱改线路。

6. 实验报告要求

根据排故过程，撰写排故的一般方法与排故顺序。

实验7 典型复合互补OTL功率放大电路调试

1. 实验目的

（1）学会对电子产品线路的调试。

（2）学会电子产品简要说明书的撰写。

2. 实验电路和工作原理

实验图6.1为典型复合互补OTL功率放大电路。OTL是无输出变压器（Output Transformer Less）的英文缩写。

其中VT_1为激励放大，VT_2、VT_3构成NPN复合管，VT_4、VT_5构成PNP复合管。它们构成复合互补的功率放大电路。图中R_{p1}为了调节中点电位。VT_2与VT_4两个基极间，串接二极管VD和可调电阻R_{p2}，是为了克服交越失真。调节R_{p2}可调节输出管的静态工作点。由R_2与C_2组成的“自举电路”，可克服输出电压的顶部失真。C_1与C_3为隔直电容。

3. 实验设备

（1）装置中的直流可调稳压电源（+12 V）、函数信号发生器、示波器、数字万用表。

（2）单元VT2、VT3、BX9（插入9013）、R01、R02、R09、R10、R11、R13、RP2、RP7、C06×2、C07。

4. 实验内容与实验步骤

(1)按实验图 6.1 所示电路完成接线。

(2)由函数信号发生器提供正弦信号输入,使 $U_{ipp}=100$ mV,$f=1\ 000$ Hz 的正弦信号输入,用示波器观察 R_L 上电压的波形(要求不失真)。若复合管放大倍数过大,引起输出波形失真,则可适当减小输入信号的 U_{ipp}。

(3)以话筒取代函数信号发生器,输入极低音量的音乐,测听喇叭输出音乐音质。

5. 实验注意事项

(1)由于线路比较复杂,导线间的分布电容很容易造成干扰而影响音质。因此,对各元件的布局要尽量与电路一致,而且导线尽量短,尽量少交叉,特别是不要平行走线。

(2)信号输入最好采用屏蔽线,屏蔽层(铜网)的一端接地。

(3)示波器电源要经过隔离变压器供电。

6. 实验报告要求

(1)写出调试过程。

(2)撰写 OTL 扩音机(电子产品)的技术说明书,并说明采用复合管的优点,各个电位器的作用及自举电路改善性能的原理。(说明书 1 000 字左右)

单元3　反馈电路

学习目标

(1)了解反馈的基本概念与分类。

(2)掌握负反馈对放大电路性能的影响。

(3)掌握深度负反馈电路电压放大倍数的估算。

3.1　反馈的基本概念与分类

1. 反馈的基本概念

反馈最初只是电子系统和自动控制系统中的一个技术用语,当今已被广泛引用到自然科学和社会科学等领域中,如生物反馈、信息反馈等。在电子电路中引入负反馈,可以显著地改善放大器的性能,因此几乎所有的电子设备都引入负反馈。同时,在放大器中引入正反馈技术,可以构成波形发生器等。

反馈是把放大器输出信号的部分或者全部,通过一定的方式回送到输入端来影响输入量的过程。有时也简单地描述为输出对输入的影响。

有反馈的放大电路称为反馈放大电路,其组成如图3.1.1所示。图中A代表没有反馈的放大电路,称为基本放大电路;F代表反馈网络,⊗代表信号的比较环节,x_i、x_f、x_i'和x_o分别表示电路的输入量、反馈量、净输入量和输出量。

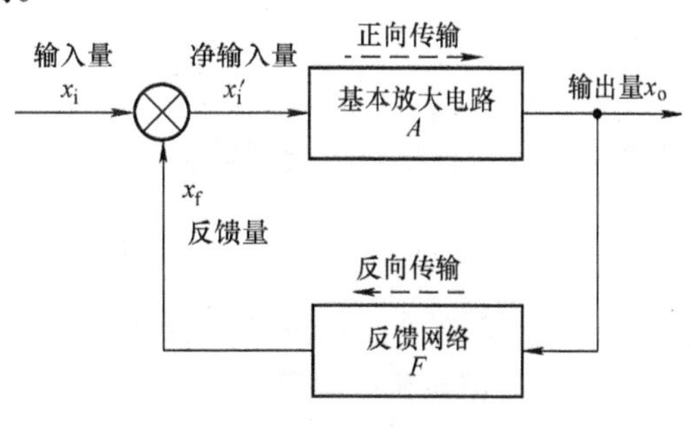

图3.1.1　反馈放大电路

放大器在未加反馈网络时,信号只有一个传递方向,即从输入到输出,输出不影响输入,这种情况叫开环。放大器加上反馈网络之后,信号除了正向传输之外,还存在反向传递(反馈),即输出影响输入。放大器与反馈网络构成闭合环路,称为闭环。

2. 反馈的极性

在反馈放大器中,反馈量使放大器净输入量得到增强的反馈称为正反馈;反之,反馈量使放大器净输入量减弱的反馈称为负反馈。

3. 反馈的类型

依据反馈信号对输出信号取样方式的不同,可以将反馈分为电压反馈和电流反馈。电压反馈是指反馈信号取自输出电压,如图3.1.2(a)所示。电流反馈是指反馈信号取自输出电流,如图3.1.2(b)所示。

依据反馈信号与输入信号叠加方式的不同,可以将反馈分为并联反馈和串联反馈。并联反馈是指输入信号与反馈信号以电流方式叠加(并联),如图3.1.2(a)所示。串联反馈是指输入信号与反馈信号以电压方式叠加(串联),如图 3. 1. 2(b)所示。

串联反馈时信号源内阻越小,反馈作用越强;并联反馈时信号源内阻越大,反馈作用越强。

由于反馈放大器输出取样有电压和电流两种,输入端叠加又有串联和并联两种,所以反馈类型共有 4 种:电压串联反馈、电压并联反馈、电流串联反馈和电流并联反馈。

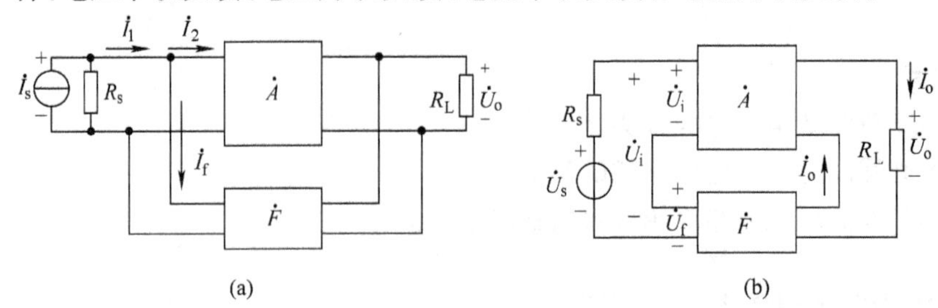

图 3. 1. 2 反馈类型框图

(a)电压并联反馈 (b)电流串联反馈

4. 负反馈的一般表达式

对于负反馈,由于反馈信号削弱了输入信号,即反馈信号 x_f 与输入信号 x_i 相位相反。由图 3. 1. 1 可知:

$$F = \frac{x_f}{x_o}$$

$$x_i' = x_i - x_f$$

$$A = \frac{x_o}{x_i'}$$

于是有反馈放大器闭环放大倍数为

$$A_f = \frac{x_o}{x_i} = \frac{A}{1 + AF} = \frac{A}{D}$$

式中,$D = 1 + AF$ 叫作反馈深度,它是反映反馈强弱的重要物理量。

5. 交流反馈与直流反馈

在放大器中存在交流分量和直流分量。

通过画交、直流等效电路,可以知道反馈是交流还是直流。当反馈信号仅在交流通路中存在,就是交流反馈,它只影响放大器的交流性能;当反馈信号仅在直流通路中存在,就是直流反馈,它只影响放大器的直流性能;若反馈信号在交、直流通路中都存在,则称为交直流反馈,它将影响放大器的交、直流性能。

另外,实际的放大器往往是多级的,级与级之间的反馈称为越级反馈,只在一级放大器内部的反馈叫作本级反馈。

3. 2 负反馈放大电路

判别一个放大电路是否有反馈以及反馈的极性、类型等,一般按以下步骤进行。

(1)判别有无反馈。找出联系放大电路输出和输入的反馈网络。

(2)根据交、直流通路判别反馈是直流、交流还是交直流的。

（3）判别反馈极性。常用瞬时极性法判别反馈是正反馈还是负反馈。所谓瞬时极性法，是指假定反馈环路中的某一点（一般选反馈网络的输入端），对地电位瞬时上升（或下降），然后沿着闭环路线逐点分析电位变化，返回到起点时，若反馈信号加强了起始点信号，则为正反馈，否则为负反馈，电位上升用“⊕”表示，电位下降用“⊖”表示。

例 3.2.1 试判断图 3.2.1 所示电路的反馈类型和极性。

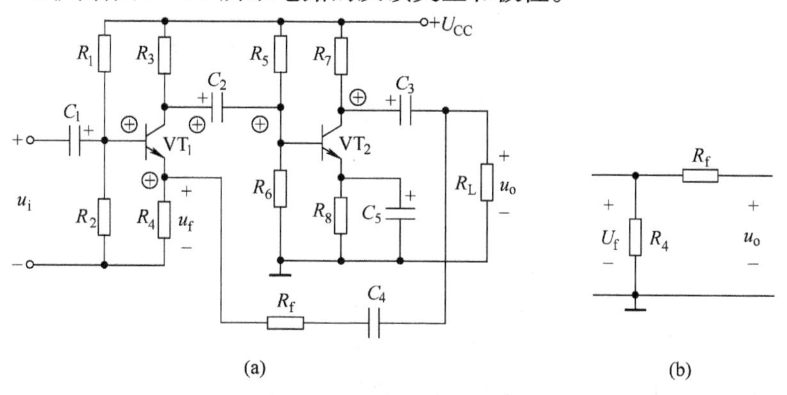

图 3.2.1 例 3.2.1 题图

（a）电路图 （b）反馈网络

解 根据判断反馈类型的步骤，首先知道该电路 C_4、R_f 支路能把输出信号回馈给输入端，故有反馈。由于 C_4 的隔直作用，故该反馈为交流反馈。由瞬时极性法判别（图 3.2.1）知，该电路反馈为负反馈。将放大器的输出端假想为短路，输出与输入就失去了联系，反馈作用消失，可知该反馈为电压反馈。由于反馈端在 VT_1 管射极，输入端在 VT_1 管基极，不为同一端，故为串联反馈。因此，图 3.2.1 所示的电路为电压串联交流负反馈。

例 3.2.2 判断图 3.2.2 所示电路的反馈类型和极性。

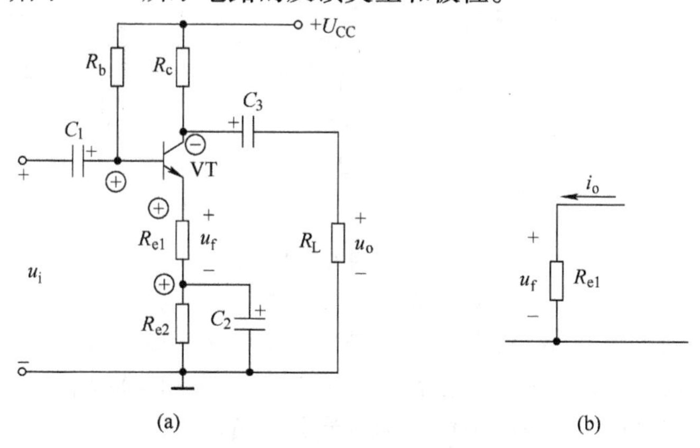

图 3.2.2 例 3.2.2 题图

（a）电路图 （b）反馈网络

解 图 3.2.2 所示电路中的交流通路中输出回路的 R_{e1}、R_{e2} 会影响到输入端，因此有反馈。由瞬时极性法判别知该电路为负反馈。且 R_{e1} 对交流、直流都起作用，所以是交直流反馈。R_{e2} 只对直流信号起作用，应为直流反馈。短路输出端（$u_o=0$），反馈仍然存在，故为电流反馈。

由于反馈端在三极管射极，输入端在三极管基极，不为同一端，所以是串联反馈。因此，

R_{e1}引入的为电流串联交直流负反馈，R_{e2}引入的是电流串联直流负反馈。

例 3.2.3 判断图 3.2.3 所示电路的反馈类型和极性。

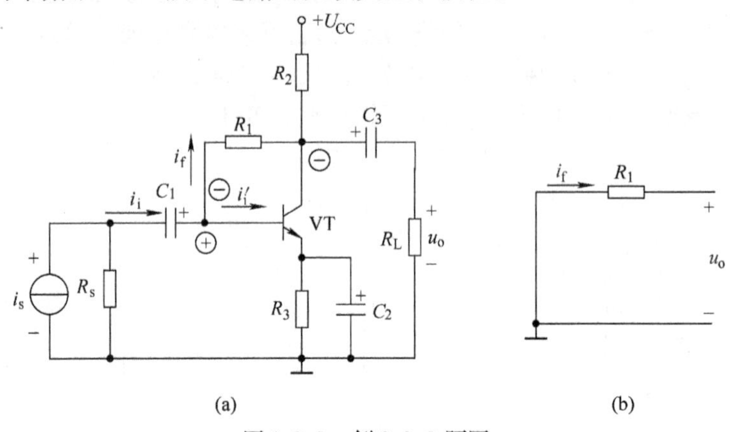

图 3.2.3 例 3.2.3 题图

(a)电路图 (b)反馈网络

解 该电路 R_1 为反馈支路，有反馈。经用瞬时极性法判别，该电路为负反馈。假想短路输出端($u_o=0$)，反馈消失，故是电压反馈。由于输入端与反馈支路连接在三极管的同一极(基极)，故为并联反馈。由于 R_1 在交、直流通路中都起作用，所以是交直流反馈。因此，该电路为电压并联交直流负反馈放大器。

例 3.2.4 判断图 3.2.4 所示电路的反馈类型和极性。

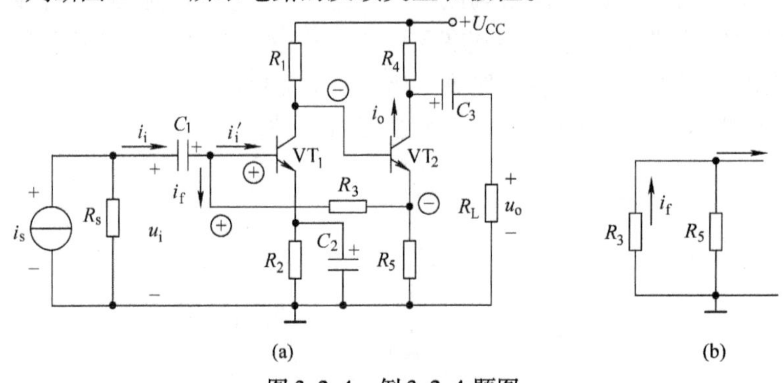

图 3.2.4 例 3.2.4 题图

(a)电路图 (b)反馈网络

解 该电路 R_3 为反馈支路，经用瞬时极性法判别，该电路为负反馈。假想短路输出端($u_o=0$)，R_3 上仍有反馈电流，所以是电流反馈；由于输入端和反馈端都接在三极管 VT_1 的基极，为同一端，故是并联反馈。因此，该电路为电流并联负反馈。

3.3 负反馈对放大电路性能的影响

放大电路引入负反馈以后，$A_f=\frac{A}{1+AF}$，由于 $1+AF>1$，故 $A_f<A$，因此引入负反馈以后放大倍数下降。但换取了电路其他性能的改善，下面作简要的分析。

1. 提高了放大倍数的稳定性

引入负反馈后，闭环放大倍数 $A_f=\dfrac{A}{1+AF}$，对此表达式两边求微分得

$$\frac{dA_f}{A_f}=\frac{A}{1+AF}\cdot\frac{dA}{A}$$

这说明电路引入负反馈后，闭环放大倍数的相对变化量只有开环放大倍数相对变化量的$\dfrac{1}{1+AF}$。

2. 减小非线性失真

由于放大电路中存在三极管等非线性器件，所以即使输入的是正弦波，输出也不是正弦波，产生了波形失真，如图 3.3.1(a)所示。输入为正弦波，输出端变成了正半周幅度大、负半周幅度小的失真波形。

引入负反馈后，输出端的失真波形反馈到输入端，与输入信号相减，使净输入信号幅度成为正半周小、负半周大的波形。这个波形被放大输出后，正负半周幅度的不对称程度减小，非线性失真得到减小，如图 3.3.1(b)所示。

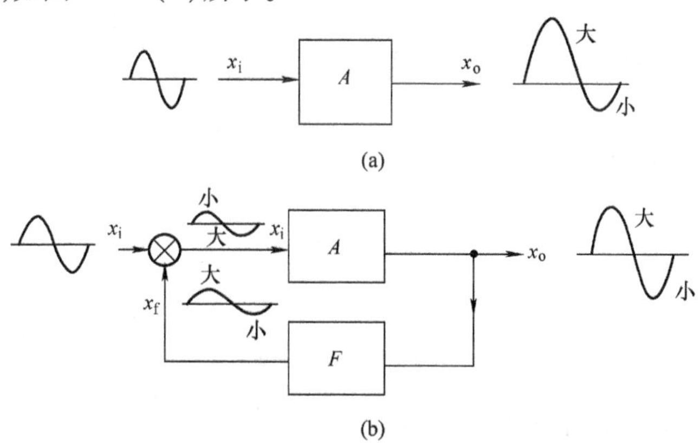

图 3.3.1　负反馈减小非线性失真
(a)无负反馈　(b)有负反馈

注意，负反馈只能减小放大器自身的非线性失真，对输入信号本身的失真，负反馈放大器无法克服。

3. 展宽频带

对于一个具体放大器，其增益带宽积 GW 为一常数，即

$$GW=A(BW)=A(f_h-f_i)$$

式中　A——放大器的放大倍数；

BW——放大器的带宽(Hz)，$BW=f_h-f_i$。

一般 $BW=f_h-f_i$，故有 $BW\approx f_h$，于是，$A_f f_{hf}\approx Af_h$(其中 A、f_h 分别为闭环增益和上限频率)，即

$$f_{hf}\approx\frac{A}{A_f}f_h=(1+AF)f_h$$

可见，放大器引入负反馈以后，其带宽展宽为原来的 $1+AF$ 倍。

4. 对输入输出电阻的影响

设放大器开环时的输入、输出电阻分别为 r_i 和 r_o，闭环输入、输出电阻分别为 r_{if} 和 r_{of}。

1)对输入电阻的影响

引入串联负反馈后，反馈网络与输入端串联，因此输入电阻增大，由计算知

$$r_{if} = (1 + AF) r_i$$

引入并联负反馈后，反馈网络与输入端并联，因此输入电阻减小，由计算知

$$r_{if} = \frac{1}{1 + AF} r_i$$

2)对输出电阻的影响

引入电压反馈后，能稳定输出电压，所以输出电阻减小，有

$$r_{of} = \frac{1}{1 + AF} r_o$$

引入电流反馈后，能稳定输出电流，所以输出电阻加大，有

$$r_{of} = (1 + AF) r_o$$

3.4 深度负反馈电路电压放大倍数的估算

所谓深度负反馈，就是 $1 + AF \gg 1$ 的情况，一般 $1 + AF \gg 10$ 就认为是深度负反馈。由于 $1 + AF \gg 1$，$1 + AF \approx AF$，所以

$$A_f \approx \frac{A}{AF} = \frac{1}{F} = \frac{x_o}{x_i}$$

$$x_i \approx F x_o = \frac{x_f}{x_o} x_o = x_f$$

在串联负反馈中，$u_f \approx u_i$，$u_i' \approx 0$；$i_f \approx i_i$，$i_i \approx 0$。

例 3.4.1 估算图 3.2.1(a)所示电路的闭环电压放大倍数 A_{Uf}。

解 由于这是一个电压串联负反馈放大器，由反馈网络知：

$$u_f = \frac{R_4}{R_f + R_4} u_o, u_i = u_f$$

$$A_{Uf} = \frac{u_o}{u_i} \approx \frac{u_o}{u_f} = \frac{R_4 + R_f}{R_4} = 1 + \frac{R_f}{R_4}$$

例 3.4.2 估算图 3.2.2(a)所示电路的闭环电压放大倍数 A_{Uf}。

解 由例 3.2.2 知该电路为电流串联负反馈。由反馈网络知：

$$u_o = -i_o R_L', R_L' = \frac{R_c R_L}{R_c + R_L}$$

$$u_i \approx u_f = i_o R_{e1}$$

所以

$$A_{Uf} = \frac{u_o}{u_i} = \frac{u_o}{u_f} = -\frac{R_L'}{R_{e1}}$$

例 3.4.3 估算图 3.2.3(a)所示电路的闭环源电压增益 A_{Usf}。

解 这是一个电压并联负反馈放大器。由于

$$i_f = \frac{-u_o}{R_1}, i_i \approx \frac{u_s}{R_s}, i_i \approx i_f$$

故

$$A_{U_sf} = \frac{u_o}{u_s} = \frac{-i_f R_1}{R_s i_i} = \frac{-R_1}{R_s}$$

例 3.4.4 估算图 3.2.4(a)所示电路的闭环源电压增益 A_{Usf}。

解 这是一个电流并联负反馈放大器。所以 $u_i \approx 0, i_i \approx 0$。

$$i_f = \frac{R_5}{R_3 + R_5} i_o, i_i = \frac{u_s}{R_s}, i_i \approx i_f$$

$$u_o = i_o R'_L, R'_L = \frac{R_4 R_L}{R_4 + R_L}$$

故有

$$A_{Usf} \approx \frac{u_o}{u_s} = \frac{i_o R'_L}{i_i R_s} = \frac{i_o R'_L}{\frac{R_5}{R_3 + R_5} i_o R_s} = \frac{R_3 + R_5}{R_5} \cdot \frac{R'_L}{R_s} = \frac{R'_L}{R_s}(1 + \frac{R_3}{R_5})$$

单元小结

(1)反馈:把放大器输出信号的部分或者全部,通过一定的方式回送到输入端来影响输入量的过程。

(2)反馈的类型:由于反馈放大器输出取样有电压和电流两种,输入端叠加又有串联和并联两种,所以反馈类型共有 4 种,即电压串联反馈、电压并联反馈、电流串联反馈和电流并联反馈。

(3)负反馈:反馈信号削弱了输入信号,即反馈信号 x_f与输入信号 x_i相位相反。

(4)负反馈对放大电路性能的影响:

① 提高了放大倍数的稳定性;

② 减小了非线性失真;

③ 展宽了频带;

④ 对输入输出电阻的影响。

习 题 3

3.1 判断下列说法是否正确(在括号中打“×”或“√”)。

(1)输入与输出之间有信号通路,就有反馈。 ( )

(2)电路中存在反向传输的通路,就有反馈。 ( )

(3)由于接入负反馈,放大电路的 A 就一定为负值,接入正反馈 A 就一定为正值。( )

(4)在深度负反馈放大电路中,只有尽可能地增大开环放大倍数,才能有效地提高闭环放大倍数。 ( )

(5)在深度负反馈条件下,由于闭环放大倍数 $A_{Uf} \approx \frac{1}{F}$,与管子的参数几乎无关,因此可以任意地选择三极管来组成放大级,管子的参数也就无意义了。 ( )

(6)在负反馈放大电路中,放大器的放大倍数越大,闭环放大倍数就越稳定。　(　　)

3.2　试判断下图电路的反馈类型和极性。

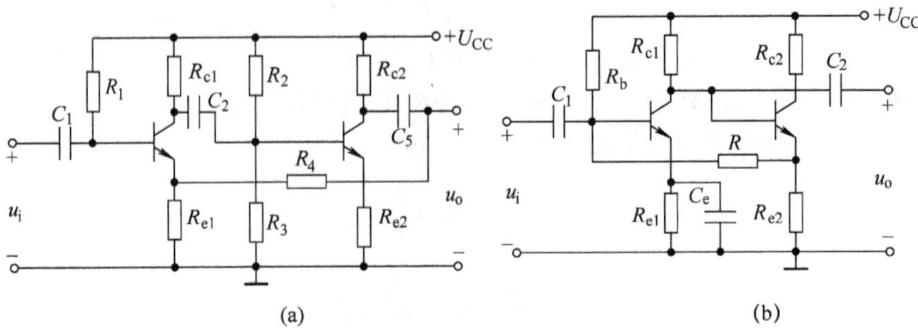

题3.2图

3.3　有一负反馈放大器,其开环增益 $A=100$,反馈系数 $F=0.01$,求反馈深度和闭环增益各为多少?

3.4　有一负反馈放大器,当输入电压为0.01 V时,输出电压为2 V,而在开环时,输入电压为0.01 V,输出电压为4 V。试求反馈深度及反馈系数。

3.5　有一负反馈放大器,$A=1\ 000$,$F=0.999$,已知输入信号为0.1 V。试求其净输入量 u_i'、反馈量 u_f 和输出信号 u_o。

3.6　一个放大器,引入电压串联负反馈,要求当开环电压放大倍数变化25%时,闭环电压放大倍数变化不超过1%,又要求闭环电压放大倍数不小于100,试求问开环电压放大倍数至少要为多少,反馈系数应为多少?

3.7　试按深度负反馈的条件,求下图所示电路的闭环电压放大倍数。

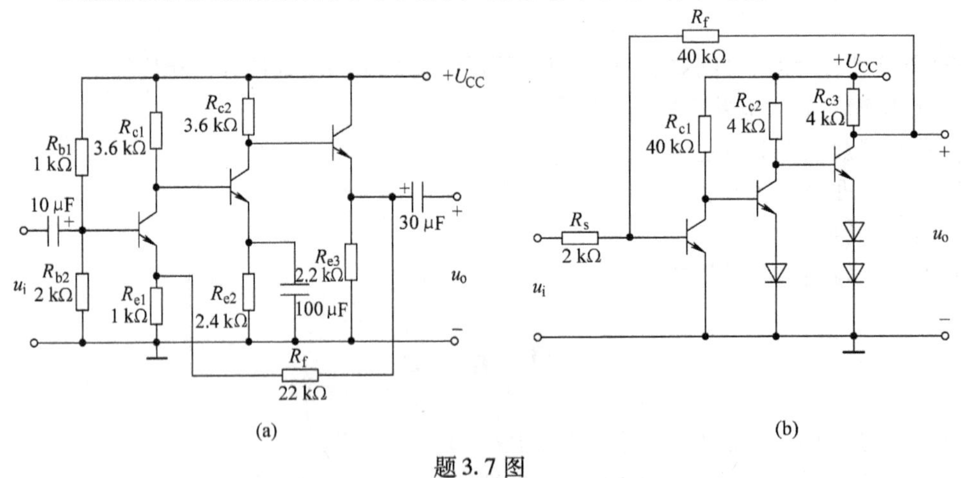

题3.7图

本单元实验

实验8　两级放大电路及负反馈放大电路的研究

1. 实验目的

(1)掌握阻容耦合两级放大电路的典型线路和它的工作原理。

(2)理解负反馈环节的特点和它对电路性能的影响。

2. 实验电路和工作原理

(1)两级阻容耦合放大及电压串联负反馈放大电路如实验图8.1所示。图中VT_1(9013)与VT_2(BU406)构成两级放大电路,两级间采用阻容耦合(C_2、R_7),图中电位器R_{p1}及R_{p2}为调节VT_1和VT_2的静态工作点。图中R_3、R_4及R_8对本级构成电流负反馈,其中R_3及R_8并有旁路电容C_3和C_5,它们对交流信号将构成短路,从而消除R_3及R_8对交流信号的负反馈作用。

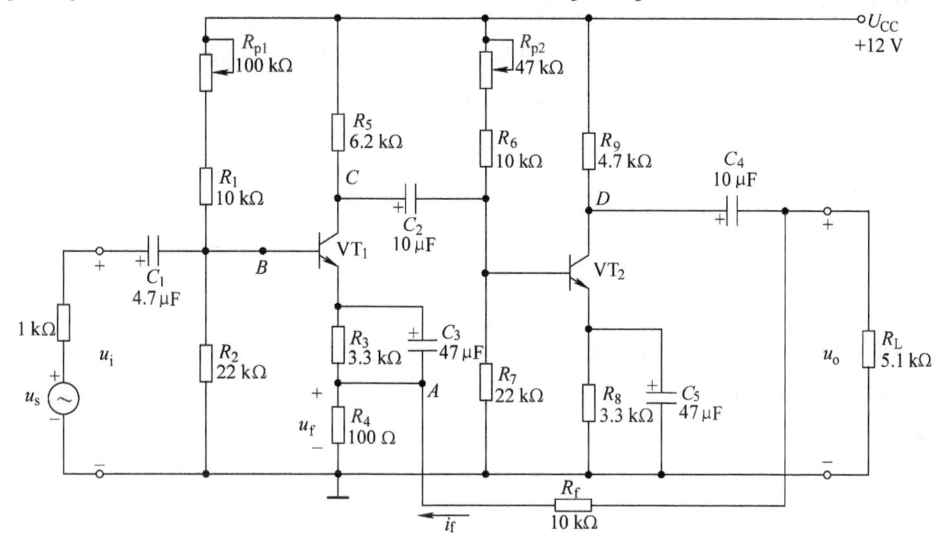

实验图8.1 电压串联负反馈放大电路

从电压输出端u_o引入反馈信号,经R_f接至第一级的A点,它将向R_4输入反馈电流i_f,这样它将使R_4上的反馈电压u_f升高,使u_{BA}幅值减小,从而构成负反馈。由于u_f与所加基极电压u_B串联,所以是串联反馈。又由于i_f取决于输出电压u_o,所以是电压反馈。综上所述,i_f构成电压串联负反馈。

(2)本级发射极串接电阻构成的负反馈,可减小温度变化时静态工作点的影响。R_f跨级构成的电压串联负反馈将使输入电阻增大,输出电阻减小,并使工作状态稳定,但它将使放大倍数下降。

3. 实验设备

(1)装置中的直流可调稳压电源、函数信号发生器、双踪示波器、晶体管毫伏表(或数字万用表)。

(2)单元VT3(9013)、VT1(BU406)、R01、R04、R05、R06×2、R14、RP9、RP10、C06×2、C15×2。

4. 实验内容与实验步骤

(1)按实验图8.1所示电路完成接线。(先不接入R_f)

(2)正弦信号u_s由函数信号发生器提供,调节使$u1_s$=5 mV,频率f=1 000 Hz。

(3)此电路的调试关键是,VT_1和VT_2两级放大器静态工作点的选择(调R_{p1}及R_{p2}以及反馈量i_f的大小),在检查接线正确无误后,可先调试第一级放大环节。可先调节R_{p1},使第一级VT_1集电极输出点(C)的电压波形不失真,用示波器检查C点电压波形并记录其幅值。(可使

u_C直流电位为9 V左右)

(4)待第一级静态工作点基本调节好,再调节 R_{p2},使第二级输出点(D)的电压波形不失真。(使 u_D的直流电位为6 V左右)

若两级的放大器倍数过大,有可能使输出波形幅值过大,而造成失真。为此可适当降低输入信号电压的幅值。

(5)用三极管毫伏表(或数字万用表)测量 u_i及 u_o幅值(或用双踪示波器检测 u_i与 u_o的峰峰值),由此求得放大电路的电压放大倍数。

(6)接上 R_f,接入电压串联负反馈。观察反馈对电压波形的影响及对放大倍数的影响。重复步骤(5),测量并计算出加上电压串联负反馈后的放大倍数。

(7)若反馈接入端由 A 点接入 B 点,试分析这构成哪一类反馈,并观察和测量输出电压的波形和电压幅值。

5. 实验注意事项

(1)直流电源和信号源,在开始使用时,要将输出电压调至最低,待接好线后,再逐步将电压增至规定值。

(2)示波器探头的公共端(或地端)与示波器机壳及插头的接地端相通。测量时,容易产生事故,特别在电力电子线路中更是危险,因此示波器的插座应经隔离变压器供电,否则应将示波器插头的接地端除去。

(3)学会信号发生器的使用,观察并理解各种调节开关和旋钮的作用,明确频率与幅值显示的数值与单位。

(4)要学会双踪示波器的使用,掌握辉度、聚焦、X 轴位移、Y 轴位移、同步、(AC、⊥、DC)开关、幅值[即 Y 轴电压灵敏度(V/div)]及扫描时间[即 X 轴每格所代表的时间(μs/div 或 ms/div)]等旋钮的使用和识别。

6. 实验报告要求

(1)记录下输出电压不失真时 R_{p1}及 R_{p2}的选取值(实测)。

(2)记录输入和输出电压波形,并算出放大电路的电压和放大倍数。

(3)分析电压串联负反馈对输出电压波形和放大倍数的影响。

(4)当反馈接入端由 A 点误接在 B 点后,对反馈环节性质的影响以及输出电压的影响。

单元4　集成运算放大电路

学习目标

（1）了解集成运算放大电路的基本结构及符号、集成运算放大电路的主要参数、集成运算放大电路的工作特点及重要结论。

（2）掌握反相输入运算电路、同相输入运算电路、差动输入运算电路。

（3）掌握加法运算电路、积分运算电路、微分运算电路、电压比较电路。

集成电路的基本特点是采用半导体集成工艺和技术把所需要的电路模块集成在一块电路芯片中。由于全部电路集成在一块电路芯片中，所以使用时只需要关心集成电路的外部特性和电气特性，而不必像使用分立元器件设计电路一样要对电路的所有元器件进行分析与调试。与分立元器件电路相比较，集成电路具有电路特性好、抗干扰能力强、使用简单、省电、体积小等优点。集成电路按功能分有模拟集成电路和数字集成电路两大类，其中模拟集成电路又分为集成运算放大电路、集成功率放大器和集成稳压器等。

集成运算放大电路简称集成运放，最初应用于模拟计算机对模拟信号进行加法、减法、微分、积分等数学运算，并由此而得名。它是一种通用性很强的功能器件，广泛应用于信息处理、自动控制、测量仪器及其他电子设备等领域。

本章首先介绍集成运算的耦合方式和其主要组成单元——差动放大电路，接着介绍集成运放的主要参数及特点，然后重点介绍集成运放的各种基本应用电路。

4.1　集成运算放大电路的基础知识

4.1.1　直接耦合放大电路和差动放大电路

1. 直接耦合放大电路的特点

1）级间耦合方式

由于集成运放要求能放大交流信号和直流信号，所以集成运放的级间耦合不能采用具有隔断直流作用的电容耦合和变压器耦合，必须采用直接耦合方式将放大器的级与级之间直接连接，或采用能通过直流的电阻性元件（如电阻、二极管、稳压管等）相连。但采用直接耦合方式以后，各级的静态工作点不再独立，而是互相牵制。所以，必须采取一定的措施，保证各级有合适的工作状态和足够的动态范围。

图4.1.1和图4.1.2所示即为两种常用的直接耦合方式。

如图4.1.1所示，在后级 VT_2 的射极接电阻 R_{e2} 后，VT_2 的射极电位提高，且 $u_{CE1}=u_{BE2}+u_{E2}=0.7\ V+u_{E2}$，使得前级 VT_1 的集电极电位提高，动态范围增大，放大倍数提高。若不接 R_{e2}，则 $u_{CE1}=u_{BE2}=0.7\ V$，使得 VT_1 接近于饱和状态而不能正常放大。

但在该电路中，由于 R_{e2} 的电流负反馈作用，会使第二级的放大倍数降低。为克服这一缺点，可用二极管 VD_2 或稳压管 VD_Z 代替 R_{e2}，因为二极管和稳压管的交流电阻很小，可大大削弱负反馈作用，使放大倍数降低不多。

如图4.1.2所示，后级VT_2管采用PNP管。由于PNP管的基极电位比集电极电位高很多，从而使前级VT_1的集电极静态工作电压得到很大提高，保证了较大的线性工作范围。又由于后级PNP管的集电极电位比其基极电位低，即比第一级集电极电位低，从而克服了图4.1.1所示中全部采用NPN管时输出集电极电位逐级升高的缺点，只要选择适当的电阻，就可得到合适的静态工作点。

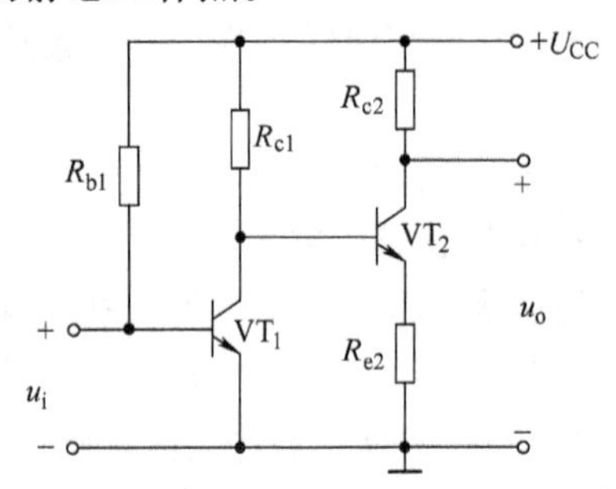

图4.1.1 后级接发射极电阻R_{e2}的直接耦合电路

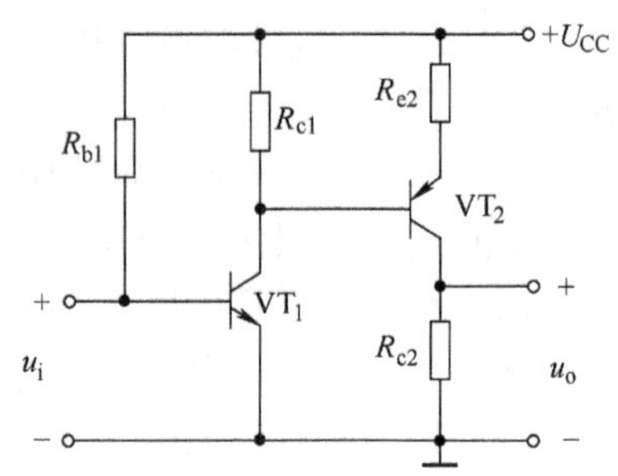

图4.1.2 NPN管和PNP管直接耦合电路

2)零点漂移

零点漂移指的是当放大器的输入端短路时，输出端还有缓慢变化的电压产生，即输出电压偏离零点上下漂动的现象，简称“零漂”。

在直接耦合放大器中，由于级与级之间没有隔断直流的电容，所以第一级静态工作的微小偏移就会逐级被放大，致使放大器的输出端产生较大的漂移电压，严重时可能把输出的有用信号淹没，导致放大器无法正常工作。

引起零点漂移的主要原因是温度的变化，当温度变化时，三极管的参数β、U_{BE}、I_{CBO}都会变化，从而使静态工作点发生变化，引起输出电压的漂移。

克服零漂的措施通常有3种：一是采用热敏元件(如热敏电阻、半导体二极管等)进行温度补偿；二是采用直流调制型放大电路；三是采用差动放大电路。由于差动放大电路的温度补偿效果好、成本低、易集成，所以一般都采用差动放大电路。

2. 差动放大电路

1)差动放大电路的基本结构

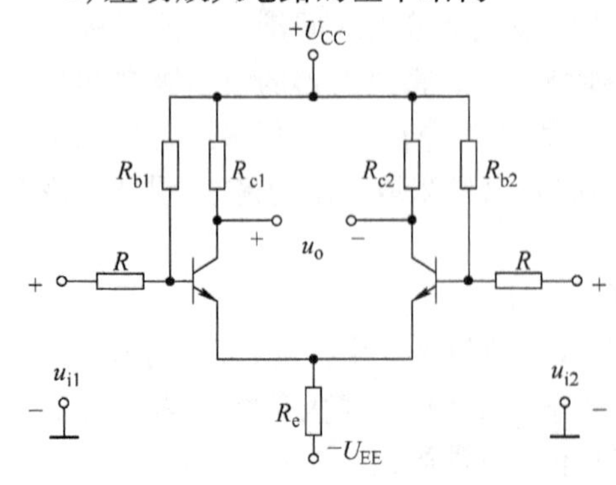

图4.1.3 差动放大电路

差动放大电路(又称差分放大电路)的基本结构如图4.1.3所示。从图4.1.3可看出，差动放大电路有两个输入端和两个输出端，输出端的电位差为输出信号，是对两个输入信号之差的放大结果，所以叫作差动放大器。

图4.1.3所示差动放大电路采用了双极性电源，即正直流电源$+U_{CC}$和负直流电源$-U_{EE}$，电路中的R_e具有温度稳定和降低共模信号放大增益的作用。

差动放大电路具有以下特点。

(1)电路具有对称性,即两个管子的所有参数相同,电子元件的阻值相同。

(2)输入信号分为差模输入信号和共模输入信号两部分。差模输入信号是指两输入端的输入信号大小相同、极性相反,即 $u_{i1}=-u_{i2}$。共模输入信号是指两输入端的输入信号大小相同、极性也相同,即 $u_{i1}=u_{i2}$。因为

$$u_{i1}=\frac{1}{2}(u_{i1}-u_{i2})+\frac{1}{2}(u_{i1}+u_{i2}) \tag{4.1.1}$$

$$u_{i2}=-\frac{1}{2}(u_{i1}-u_{i2})+\frac{1}{2}(u_{i1}+u_{i2}) \tag{4.1.2}$$

所以,一般输入信号都可分解为差模输入信号和共模输入信号两部分。

(3)放大器具有两个输出端,放大器的输出信号分为双端输出信号和单端输出信号两种。双端输出信号为两个输出信号之差,单端输出信号以两个输出端之一的输出信号作为输出信号。

(4)两个三极管工作在线性区。

2)差动放大电路抑制零漂和共模输入信号

静态时,$u_{i1}=u_{i2}=0$,由于电路对称,两管静态工作点相同,则 $u_{c1}=u_{c2}$,所以输出电压 $u_o=u_{c1}-u_{c2}=0$。当温度变化时,两管都产生零漂,由于对称的原因,$\Delta u_o=\Delta u_{c1}-\Delta u_{c2}=0$,实现了零输入时零输出,即电路的对称性抑制了零漂。

共模信号输入时,若电路完全对称,则输出电压为零。所以,在电路完全对称的情况下,差动放大电路能完全抑制共模信号和零点漂移(所有零点漂移信号都属于共模信号)。但在实际中,完全对称的差动放大电路是不存在的,所以零点漂移并不能完全抑制,只能减少。

3)差动放大电路放大差模输入信号

差模信号输入时,电路的两个输出电压大小相等、极性相反,即 $u_{o1}=-u_{o2}$,则双端输出电压 $\Delta u_o=u_{o1}-u_{o2}=2u_{o1}$。差模电压放大倍数 A_{Ud} 为

$$A_{Ud}=\frac{\Delta u_o}{\Delta u_i}=\frac{u_{o1}-u_{o2}}{u_{i1}-u_{i2}}=\frac{2u_{o1}}{2u_{i1}}=A_{U1} \tag{4.1.3}$$

A_{U1} 为单管放大电路的电压放大倍数。由此可见,差动放大电路对差模输入信号有放大作用。

4.1.2　具有电流源的差分放大电路

前面叙述了电阻 R_e 具有可以稳定工作点的作用,所以电阻 R_e 越大越好。但是 R_e 太大,就无法保证三极管有合适的静态工作点,就要加大负直流电源 U_{EE} 的值,这显然也不合适。为了提高差分放大电路对共模信号的抑制能力,常采用电流源来代替 R_e。

1. 电路结构

图4.1.4(a)所示为具有电流源的差分放大电路,其中的恒流源是由三极管构成的电流源基本电路,实际上是前面讨论过的具有分压式电流负反馈偏置电路的共发射极放大电路。当选择合适的电阻值,使三极管工作在放大区时,其集电极电流 i_C 为一恒定值,与负载 R_L 的大小无关。电流源电路在静态的时候其阻值很大,引入深度负反馈的作用是能够很好地抑制共模信号。在动态的时候流过电流源的交流电流互相抵消,所以电流源可以看作短路。故动态的分析和前面讨论的一样。具有恒流源的差分放大电路一般可以画成图4.1.4(b)的形式。

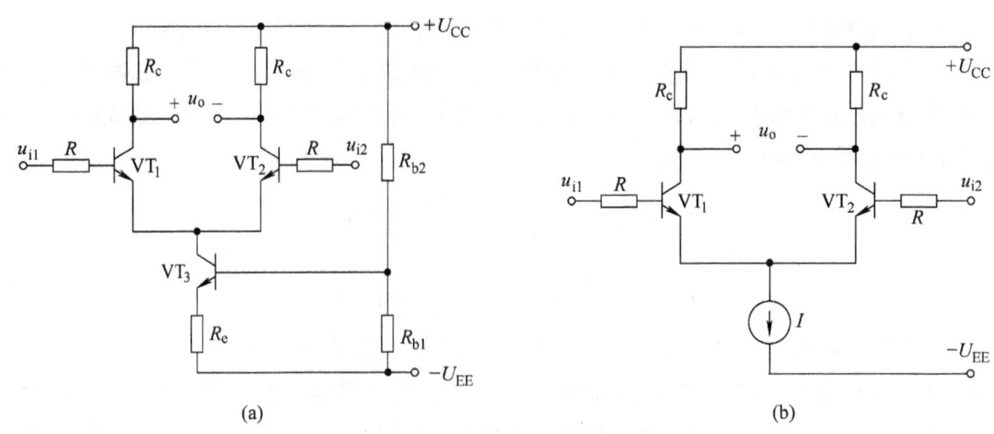

图 4.1.4 具有恒流源的差分放大电路

(a)原电路 (b)简化电路

2. 静态分析

如果不考虑三极管 VT_3基极分流的话(实际上也很小),这时电阻 R_{b1}、R_{b2}可以看成是串联关系。电阻 R_{b1}上的电压为

$$U_{R_{b1}}=\frac{U_{EE}+U_{CC}}{R_{b1}+R_{b2}}\cdot R_{b1}\approx U_{R_e}$$

电阻 R_e 上的电流为

$$I_{R_e}=U_{R_e}/R_e\approx 2I_{C1}=2I_{C2}$$

$$I_{B1}=I_{B2}=\frac{I_{C1}}{\beta_1}$$

有

$$U_{C1}=U_{C2}=U_{CC}-I_{C1}R_c$$

3. 动态分析

具有恒流源的差分放大电路在输入差模信号时,由于差模信号大小相等、极性相反,故产生的电压和电流在两管里变化是相反的,即 $I_{C1}=-I_{C2}$,故流过恒流源电路的交流电路为 I_{C1}和 I_{C2}两者之和,总值为零,也就是在恒流源中电路的电流不变,仍为静态电流,故在交流的时候可以把恒流源电路看成短路。其动态性能指标的分析方法和前面的基本差分放大电路一样。

4.1.3 差分放大电路的输入、输出方式

前面讨论的是差分放大电路双端输入、双端输出的方式,另外还有单端输入和单端输出的形式。这样差分放大电路总共有四种输入、输出方式:双端输入、双端输出;双端输入、单端输出;单端输入、双端输出:单端输入、单端输出。

1. 双端输入、双端输出

图 4.1.3 所示为差分放大电路双端输入、双端输出的形式,从两个三极管的基极端输入,从两个三极管的集电极端输出。其动态分析等效于单管放大电路。

2. 双端输入、单端输出

这种输出方式是输出只从一根管子的集电极引出,所以输出电压只有双端输出时电压的一半,故电压放大倍数也只有双端输出的一半。输入电阻是从输入端看进去的,所以对输入电阻没有影响,但输出电阻只有双端输出的一半。单端输出时,如果输入也是从输出端的这个三

极管输入的,这时的输出为反相输出,或者说输入为反相输入;如果是从另一只管子输入的信号,则这时的输出为同相输出,或者说输入为同相输入。电路如图4.1.5(a)所示。

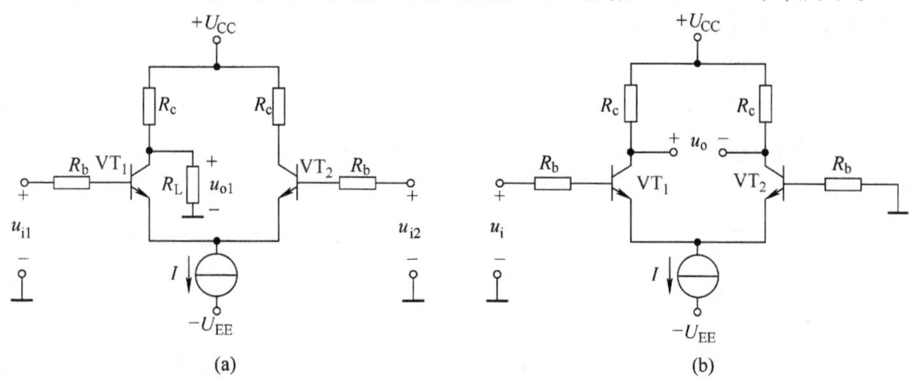

图4.1.5 差分放大电路的输入、输出形式

(a)双端输入、单端输出 (b)单端输入、双端输出

3. 单端输入、双端输出

单端输入时,信号从一个管子输入,另一个管子接地,似乎两管不是工作在差动状态,实际上另一个接地的管子的输入信号可以看成是零,也就是说看成 $u_{i1}=u_i$,$u_{i2}=0$。故单端输入可以转化成双端输入。由此可见,不管是双端输入,还是单端输入,差分放大电路的差模输入电压始终是两个输入端电压之差。因此,差模电压放大倍数、输入电阻、输出电阻与输入端的连接方式无关,电路如图4.1.5(b)所示。

4. 单端输入、单端输出

这种情况可以转化为双端输入、单端输出的形式,所以参数的计算和双端输入时的一样。

4.1.4 集成运算放大电路

1. 集成运放的基本结构及符号

集成运放是一种实现高电压增益的集成差动放大电路,其电压放大倍数往往在 10^5 以上,由于采用了集成电路技术设计制造运算放大器,所以它具有十分优秀的电路特性和技术指标。

集成运放应用广泛、品种繁多,内部结构也不尽相同,但基本结构却大体相同。图4.1.6所示即为典型集成运放的基本结构。

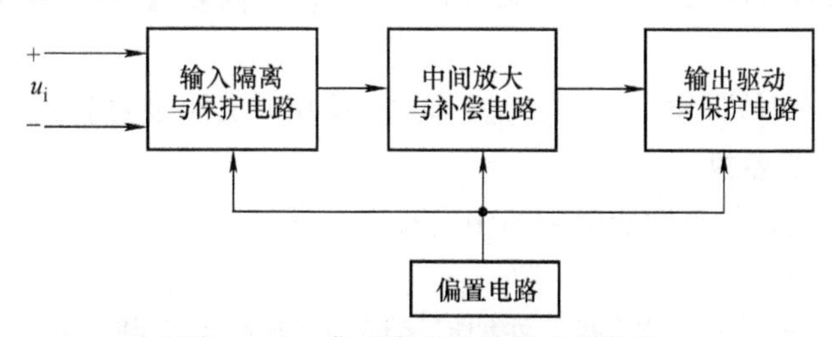

图4.1.6 典型集成运放的基本结构

1)输入隔离与保护电路

输入隔离与保护电路的功能是提供信号输入通道,一般采用差动放大电路结构,提高对零漂和电路噪声的抑制能力。另外,在输入端有时还附加一些输入保护电路,防止过高的输入信号损坏放大器。

2）中间放大与补偿电路

中间放大与补偿电路一般由多级放大电路以及专门性补偿电路组成，其作用是提高运放的电压增益，保证其良好的线性特征。

3）输出驱动与保护电路

输出驱动与保护电路由相应的驱动电路组成，一般由射极输出器或互补射极输出器组成，其功能是提供运放负载驱动能力，同时在输出端提供相应的输出保护电路。

4）偏置电路

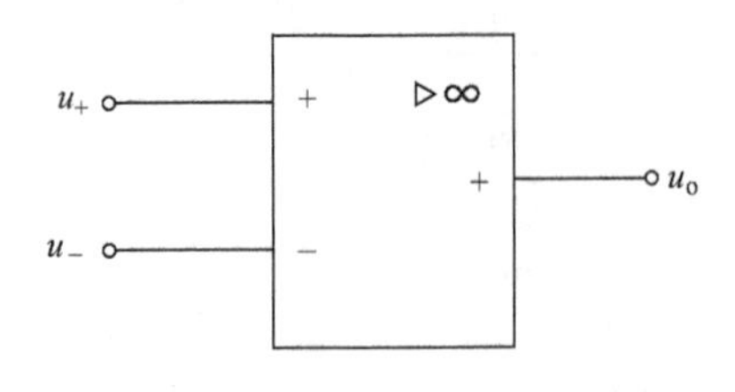

图 4.1.7　集成运放的电路符号

偏置电路是向各级提供稳定的静态工作电流。集成运放的电路符号如图 4.1.7 所示，其中 u_+ 为同相输入，u_- 为反相输入，u_o 为输出。实际的集成运放为一个多端器件。以常见的通用型 uA741 为例，其外壳封装有圆形和双列直插型两种，如图 4.1.8 所示。从定位销或凹口开始，引脚按逆时针方向排列，依次为 1，2，…，8。各引脚用途如下。

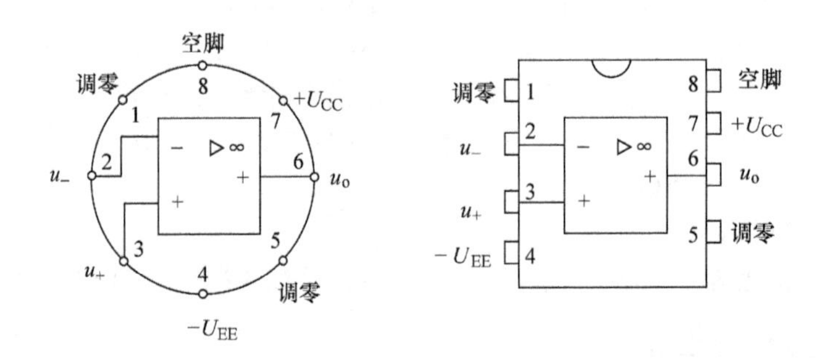

图 4.1.8　uA741 引脚排列

（1）输入和输出端：引脚 2 为反相输入端，引脚 3 为同相输入端，引脚 6 为输出端。

（2）电源端：引脚 7 为正电源端，引脚 4 为负电源端。uA741 的电源电压范围为 ±9 ~ ±18 V。

（3）调零端：引脚 1 和引脚 5 为外接调零电位器端，当需要时，要外接调零电位器，以保证在零输入时有零输出。

不同类型的运放在外形、引脚排列上是不同的，使用时必须通过查阅手册来确定。

2. 集成运放的主要参数

集成运放的参数是评价其性能优劣的主要技术指标，也是正确选择和使用它的基本依据。

1）开环差模电压增益 A_{od}

A_{od}是指集成运放在开环状态（即无外加反馈回路）下输出空载时的直流差模电压放大倍数。A_{od}越大，器件特性越好，运放越接近理想状态。通用型集成运放的 A_{od}一般为 60 ~ 140 dB（10^3 ~ 10^7），uA741 的 A_{od}典型值约为 100 dB。

2）最大共模输入电压 U_{icmax}

运放对共模信号有抑制能力，但这个能力只是在规定的限制值内才有，一般运放的 U_{icmax} 接近或高于电源电压。

3）最大差模输入电压 U_{idmax}

这是运放所能承受的最大差模输入信号电压，使用时不能超过此值。通用型运放的 U_{idmax} 一般在 ±5 ~ ±30 V。

4）最大输出电压 U_{opp}

U_{opp} 是指在给定的电源电压下，运放所能达到的最大不失真输出电压的峰峰值。uA741 在电源电压为 ±15 V 时，其 U_{opp} 约为 ±13 V。

5）差模输入电阻 r_{id}

r_{id} 是指差模信号输入时，运放的开环输入电阻，其大小反映了集成运放输入端向差模信号源索取电流的大小，r_{id} 越大越好。uA741 的 r_{id} 为 2 MΩ。

6）输出电阻 r_o

r_o 是指运放开环工作时，从输出端对地看进去的等效电阻。其大小反映了集成运放在小信号输出时带负载的能力。r_o 越小，带负载的能力越强。uA741 的 r_o 为 750 Ω。

7）共模抑制比 K_{CMR}

K_{CMR} 为差模放大倍数 A_{Ud} 与共模放大倍数 A_{Uc} 之比，即 $K_{CMR}=\frac{A_{Ud}}{A_{Uc}}$，一般用对数表示，单位是 dB，即 $K_{CMR}=20\lg\left|\frac{A_{Ud}}{A_{Uc}}\right|$ dB。K_{CMR} 越大，反映运放对共模信号的抑制能力越强。一般运放的 K_{CMR} 为 65 ~ 110 dB。

集成运放除以上介绍的主要参数外，还有其他一些参数，这里就不一一叙述了。

3. 集成运放的工作特点及重要结论

1）集成运放的两种工作状态

在电路中，运放的工作状态只有两种，即线性工作状态和非线性工作状态。线性工作状态指的是运放电路的输出信号与输入信号呈线性关系，而非线性工作状态指的是运放电路的输出信号与输入信号不呈线性关系。运放的工作状态取决于外围电路的设计。

一个实际集成运放在开环条件下的传输特性如图 4.1.9（a）所示。其中，$+U_{opp}$ 和 $-U_{opp}$ 分别表示集成运放输出的最大正向电压和最大反向电压，它们在数值上近似等于运放的正、负电源电压。由图 4.1.9（a）可知，集成运放在开环条件下，传输特性的线性范围内所对应的净输入电压（$u_+ - u_-$）的允许变化量是很小的，这是由运放的开环电压增益通常都很大所造成的必然结果。

为了保证运放可靠工作于线性状态，通常利用外围电路引入深度负反馈，使闭环增益远小于开环增益。这样就大大减小了传输特性线性段的斜率，使线性范围内所对应的净输入电压的允许变化量得以增加，这种情况下线性段的传输特性如图 4.1.9（b）所示。若利用外围电路引入正反馈，或直接采用开环形式工作，运放则工作于非线性状态，其理想传输特性如图 4.1.9（c）所示。由图 4.1.9（c）所示可知，该传输特性没有线性段，只有非线性段，而且输出电压只有 $+U_{opp}$ 和 $-U_{opp}$ 两个值，与净输入电压无线性关系。

2）理想集成运放的重要结论

在大多数情况下，可以将实际运放看成理想运放，即将运放的各项技术指标理想化。理想运放满足下列条件：

开环电压增益 $A_{od}=\infty$

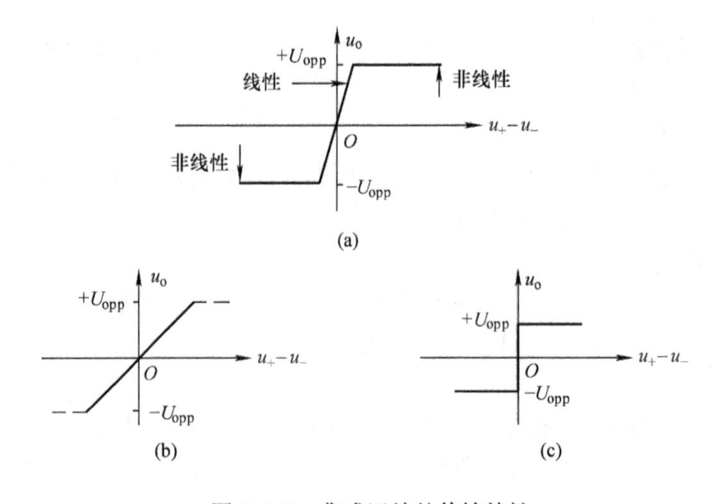

图 4.1.9 集成运放的传输特性

(a)线性段很小 (b)线性段扩大 (c)没有线性段

共模抑制比 $K_{CMR} = \infty$

带宽 $BW = \infty$

输入电阻 $r_{id} = \infty$

输出电阻 $r_o = 0$

理想运放的电路符号如图 4.1.10 所示。

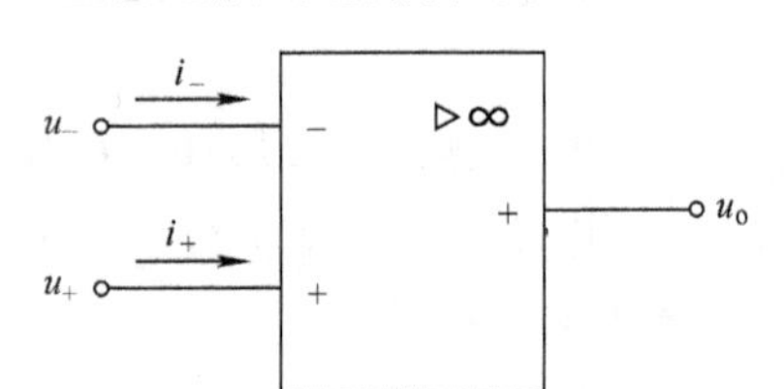

图 4.1.10 理想集成运放的电路符号

(1)理想运放工作于线性状态的重要结论。

因为运放工作在线性状态时,其输出电压与输入电压之间满足关系式:

$$u_o = A_{od}(u_+ - u_-) \qquad (4.1.4)$$

根据理想化条件 $A_{od} = \infty$,而 u_o为有限值,所以 $u_+ = u_-$,即理想运放的两个输入端电位相等,称为“虚短”。

又因为理想化条件 $r_{id} = \infty$,所以 $i_+ = i_- = 0$,即流进理想运放两个输入端的电流等于零,称为“虚断”。

(2)理想运放工作于非线性状态的重要结论。

因为运放工作在非线性状态时,其输出电压与输入电压之间的关系是

$$u_o \neq A_{od}(u_+ - u_-)$$

所以理想运放两个输入端的电位不一定相等,有如下三种情况:

$$u_o \neq A_{od}(u_+ - u_-)\begin{cases} \text{当 } u_+ > u_- \text{ 时}, u_o = +U_{opp} \\ \text{当 } u_+ < u_- \text{ 时}, u_o = -U_{opp} \\ \text{当 } u_+ = u_- \text{ 时}, u_o \text{ 值跳变,称为临界转换点} \end{cases} \qquad (4.1.5)$$

又由于 $r_{id} = \infty$,因此 $i_+ = i_- = 0$,即流进理想运放两个输入端的电流仍等于零。

4.2　基本运算放大电路

由理想集成运放组成的基本放大电路包括反相放大、同相放大、电压跟随和差动放大等形式。

4.2.1　反相输入运算电路

反相输入运算电路如图4.2.1所示。输入信号由反相端输入，由于电路中R_f引入了负反馈，所以运放工作于线性状态。为保证集成运放的两输入端处于平衡工作状态，要求两输入端对地的电阻相等，即$R_2=R_1/\!/R_f$。

因为虚断概念，$i_+=i_-=0$，所以$u_+=0$；又由虚短概念可知，$u_-=u_+=0$，此时的反相输入端常称为虚地。

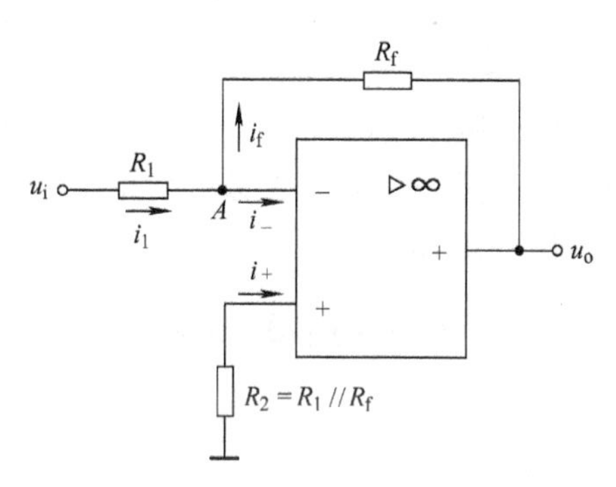

图4.2.1　反相输入运算电路

由图4.2.1可得

$$i_1=i_f$$

$$i_1=\frac{u_i-u_A}{R_1}=\frac{u_i}{R_1}$$

$$i_f=\frac{u_A-u_o}{R_f}=-\frac{u_o}{R_f}$$

$$u_o=-\frac{R_f}{R_1}u_i \tag{4.2.1}$$

反相输入运算电路的闭环电压增益为

$$A_{Uf}=\frac{u_o}{u_i}=-\frac{R_f}{R_1} \tag{4.2.2}$$

式(4.2.2)表明，反相输入运算电路的闭环增益仅取决于比值R_f/R_1，且输出信号电压与输入信号电压反相。

4.2.2　同相输入运算电路

同相输入运算电路如图4.2.2所示，输入信号由同相端输入。由图4.2.2所示可知

$$u_-=u_+=u_i$$

$$i_1=\frac{0-u_-}{R_1}=-\frac{u_i}{R_1}$$

$$i_f=\frac{u_--u_o}{R_f}=\frac{u_i-u_o}{R_f}$$

又

$$i_1=i_f$$

所以

$$u_o=(1+\frac{R_f}{R_1})u_i \tag{4.2.3}$$

$$A_{Uf}=\frac{u_o}{u_i}=1+\frac{R_f}{R_1} \tag{4.2.4}$$

式(4.2.4)表明,同相输入运算电路的闭环电压增益仅取决于比值$(R_1+R_f)/R_1$,且输出信号与输入信号同相。

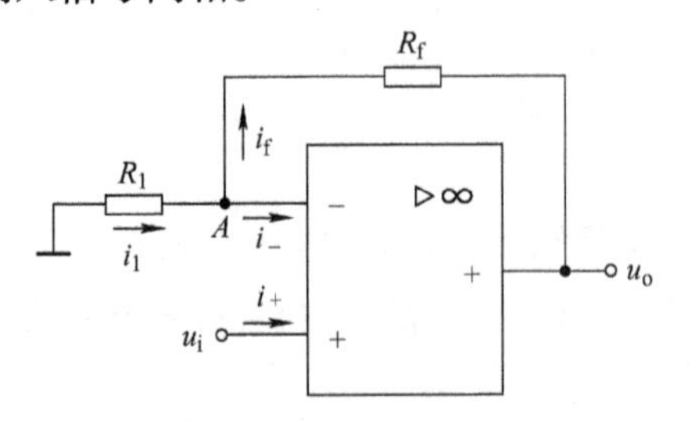

图 4.2.2　同相输入运算电路

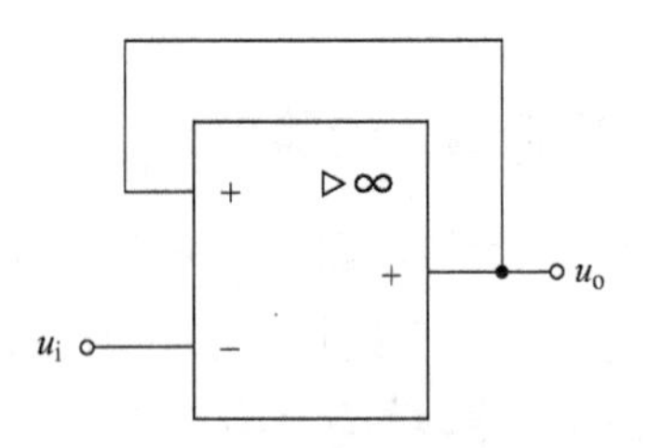

图 4.2.3　电压跟随器

当电路接成图 4.2.3 所示形式时,因为 $R_f=0$,所以 $A_{Uf}=1$,$u_o=u_i$,说明输出电压与输入电压大小相等、相位相同,故称为电压跟随器,它是同相输入运算电路的一个特例,通常用作阻抗变换和缓冲级。

4.2.3　差动输入运算电路

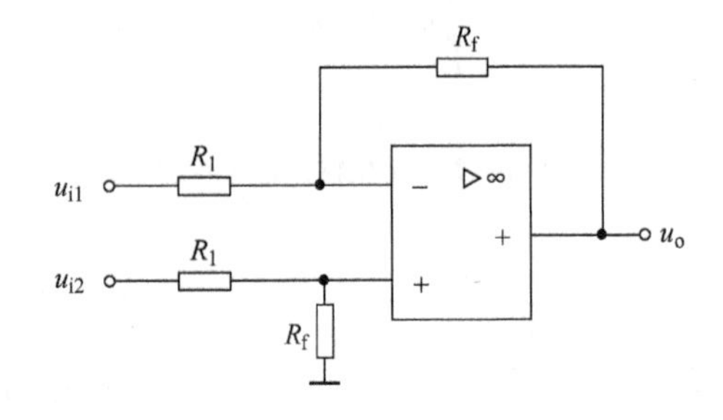

图 4.2.4　差动输入运算电路

当集成运放的反相输入端和同相输入端都接有输入信号 u_{i1} 和 u_{i2} 时,则输出电压将与这两个输入电压之差成正比,所以称为差动输入运算电路,如图 4.2.4 所示。根据叠加原理,u_{i1} 单独作用时的输出电压为

$$u_{o1}=-\frac{R_f}{R_1}\cdot u_{i1}$$

u_{i2} 单独作用时的输出电压为

$$u_{o2}=\left(1+\frac{R_f}{R_1}\right)u_+=\frac{R_1+R_f}{R_1}\cdot\frac{R_f}{R_1+R_f}\cdot u_{i2}=\frac{R_f}{R_1}\cdot u_{i2}$$

在 u_{i1} 和 u_{i2} 共同作用下的输出电压为

$$u_o=u_{o1}+u_{o2}=\frac{R_f}{R_1}(u_{i2}-u_{i1}) \tag{4.2.5}$$

则电压增益为

$$A_{Uf}=\frac{u_o}{u_{i2}-u_{i1}}=\frac{R_f}{R_1} \tag{4.2.6}$$

式(4.2.6)表明,差动输入运算电路的输出电压与输入电压的差值有关,若令 $R_f=R_1$,则 $u_o=u_{i2}-u_{i1}$,这种输入方式在测量系统中被广泛应用。

4.3　集成运算放大电路的应用

信号运算电路在模拟计算、测量和自动控制中应用十分广泛。这一节将在 4.2 节的基础上进一步介绍集成运放在线性状态和非线性状态下的应用电路。

4.3.1　加法运算电路

加法运算电路的功能是实现输入信号的求和放大。图4.3.1所示是对两个输入信号求和放大的电路，多个信号的加法电路可以仿照这个电路实现。

根据虚地和虚断的概念，即 $u_+ = u_- = 0, i_+ = i_- = 0$。由图4.3.1可得

$$i_f = i_1 + i_2 = \frac{u_{i1}}{R_1} + \frac{u_{i2}}{R_2} \tag{4.3.1}$$

$$u_o = -i_f R_f = -\left(\frac{R_f}{R_1}u_{i1} + \frac{R_f}{R_1}u_{i2}\right)$$

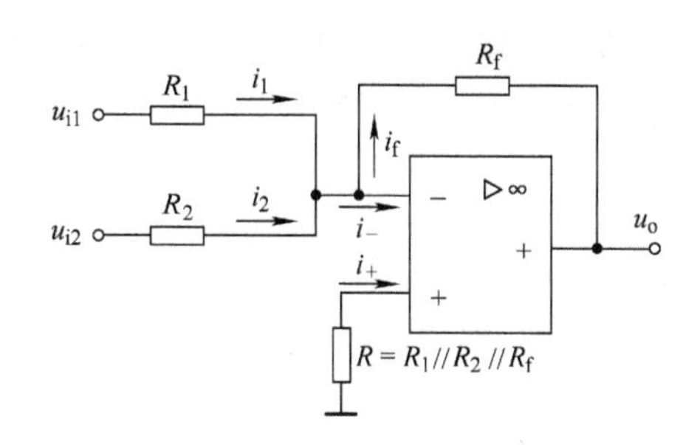

图4.3.1　加法运算电路

若取 $R_1 = R_2 = R_f$，则

$$u_o = -(u_{i1} + u_{i2}) \tag{4.3.2}$$

式(4.3.2)表明，输出电压等于各输入电压之和的反相。

4.3.2　积分运算电路

积分电路和微分电路主要用于信号处理，比如对信号电压进行平滑处理或提取信号中的交流成分等。

积分运算电路如图4.3.2所示，它是将反相输入运算电路的反馈电阻 R_f 换成电容 C 后形成的。

由于采用反相输入，所以 u_- 为"虚地"，即 $u_- = u_+ = 0$；又 $i_+ = i_- = 0$，即 $i_1 = i_f = \frac{u_i}{R}$，故

$$u_o = -u_C = -\frac{1}{C}\int i_f \mathrm{d}t = -\frac{1}{RC}\int u_i \mathrm{d}t \tag{4.3.3}$$

式(4.3.3)表明，输出电压是输入电压对时间的积分，RC 为积分时间常数，负号表示输出电压与输入电压反相。图4.3.3所示是积分电路的单位阶跃响应波形。

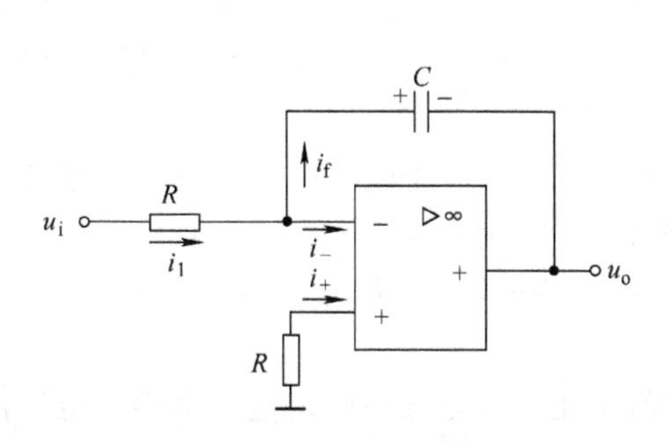

图4.3.2　积分运算电路

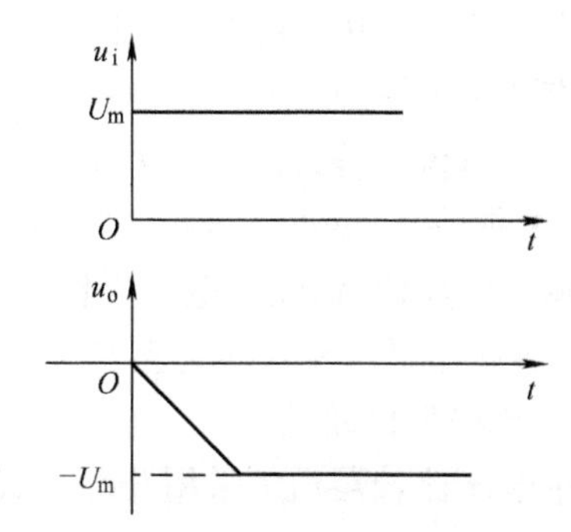

图4.3.3　积分电路的单位阶跃响应波形

积分电路在自动控制和测量系统中被广泛应用，利用它的充、放电过程可以实现延时、定时及校正等。

4.3.3 微分运算电路

微分运算电路如图 4.3.4 所示，它是将积分运算电路中的 R 与 C 的位置互换后形成的。由虚地和虚断概念可知

$$i_1 = C\frac{\mathrm{d}u_i}{\mathrm{d}t}, i_1 = i_f = -\frac{u_o}{R}$$

所以

$$u_o = -RC\frac{\mathrm{d}u_i}{\mathrm{d}t} \tag{4.3.4}$$

式(4.3.4)表明，输出电压正比于输入电压对时间的微分，RC 为微分时间常数，负号表示输出电压与输入电压反相。图 4.3.5 所示是微分电路输入为方波信号时的响应波形。

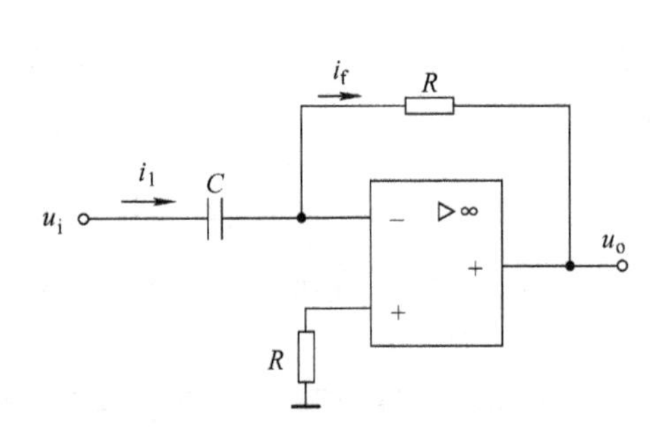

图 4.3.4 微分运算电路

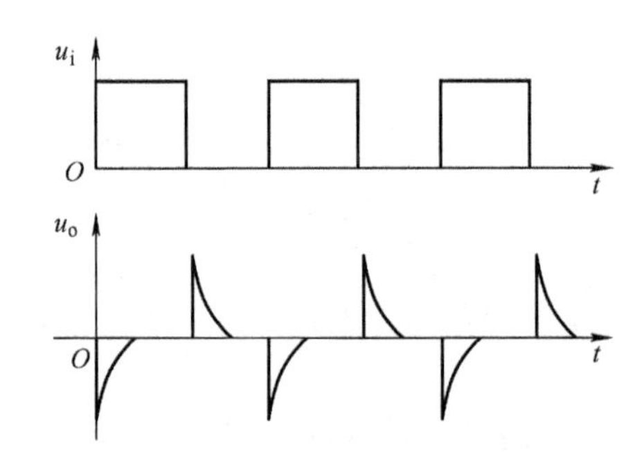

图 4.3.5 输入为方波时微分电路输出波形

4.3.4 电压比较电路

电压比较电路又称电压比较器，其功能是将一个输入电压和另一个基准电压的大小进行比较，并将比较结果在输出端用高电平或低电平表示出来。它通常应用于越限报警、数模转换、波形产生等方面。

在电压比较器中，集成运放工作在开环或正反馈形式的非线性状态，所以运放此时的输出电压只有两个电平值，即 $+U_{opp}$ 和 $-U_{opp}$，输出电压由一个电平跳到另一个电平的临界条件是两个输入端电位相等，即 $u_+ = u_-$。因此，分析电压比较器的步骤如下。

(1)根据临界条件 $u_+ = u_-$ 求出电压比较器的输出电压从一个电平跳到另一个电平时所对应的输入电压值，该输入电压叫作“阈值电压”，简称阈值，用 U_{TH} 表示。

(2)根据输出与输入的对应关系，画出电压比较器的传输特性(即 $u_o - u_i$ 特性)。

1. 简单电压比较器

简单电压比较器通常采用开环形式构成，其阈值电压 U_{TH} 为某一固定值。当输入电压加在运放的同相输入端时，称为同相电压比较器；当输入电压加在运放的反相输入端时，称为反相电压比较器。

图 4.3.6(a)所示电路为同相电压比较器。其中 u_i 为输入电压，U_{REF} 为基准电压。由理想运放工作在非线性状态的虚断概念 $i_- = i_+ = 0$，可知

$$u_- = U_{REF}, u_+ = u_i$$

根据临界条件 $u_{+}=u_{-}$，得阈值电压 $U_{TH}=U_{REF}$。

当 $u_i>U_{TH}$时，$u_{+}>u_{-}$，$u_o=+U_{opp}\approx+U_{CC}$。

当 $u_i<U_{TH}$时，$u_{+}<u_{-}$，$u_o=-U_{opp}\approx-U_{EE}$。

由此可画出其传输特性如图4.3.6(b)所示。

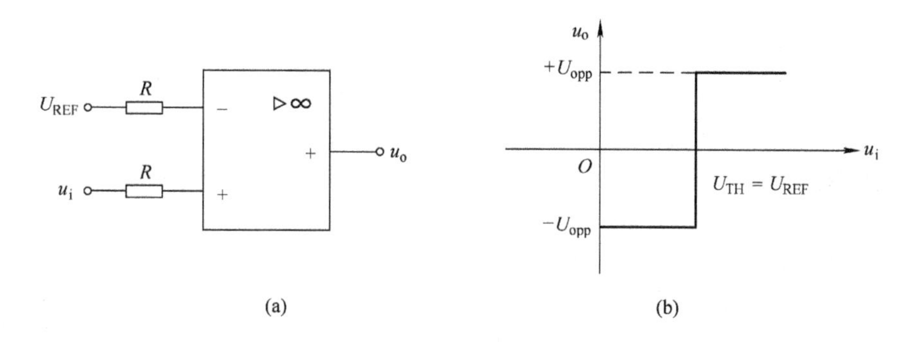

图4.3.6 同相电压比较器及其传输特性
(a)电路 (b)传输特性

若改变基准电压 U_{REF}的大小，即可改变阈值电压 U_{TH}。若 $U_{REF}=0$，$U_{TH}=U_{REF}=0$，此时的比较器称为过零同相电压比较器。

2. 滞回电压比较器

简单电压比较器中的阈值电平 U_{TH}是固定的，当输入电压达到阈值电压时，输出电平立即翻转，用简单电压比较器来检测未知电压，具有较高的灵敏度。但是它易受噪声或干扰的影响，会造成误翻转。在自动控制系统中，若输入电压恰好在临界值附近变化，将使 u_o不断由一个电平值翻转到另一个电平值，引起执行机构频繁动作，这是很不利的。为了克服此缺点，可以采用图4.3.7(a)所示的滞回电压比较器，该电路的灵敏度虽然低一些，但抗干扰的能力比较强。

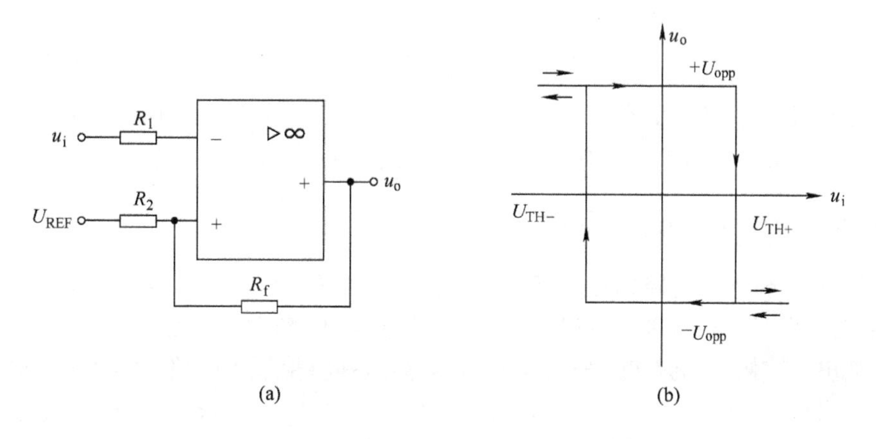

图4.3.7 滞回电压比较器及其传输特性
(a)电路 (b)传输特性

滞回电压比较器是在反相电压比较器的基础上由 R_f引入正反馈构成的。当输出电平发生跳变时，其正反馈迫使同相端电压随之跳变，从而使比较器的阈值电压也随输出电平的状态改变。

由图 4.3.7(a)所示可知

$$u_{+}=\frac{R_f}{R_2+R_f}U_{REF}+\frac{R_2}{R_2+R_f}u_o$$

当 $u_o=+U_{opp}$时，得到一个阈值电平为

$$U_{TH+}=\frac{R_f}{R_2+R_f}U_{REF}+\frac{R_2}{R_2+R_f}U_{opp} \tag{4.3.5}$$

U_{TH+}称为上阈值电平。根据临界条件 $u_{-}=u_{+}$，此时要使 u_o从 $+U_{opp}$跳变到 $-U_{opp}$，就必须使 $u_{-}>u_{+}$，即 $u_i>U_{TH+}$。

当 $u_o=-U_{opp}$时，得到另一个阈值电平为

$$U_{TH-}=\frac{R_f}{R_2+R_f}U_{REF}-\frac{R_2}{R_2+R_f}u_{opp} \tag{4.3.6}$$

U_{TH-}称为下阈值电平。此时要使 u_o从 $-U_{opp}$跳变到 $+U_{opp}$，就必须使 $u_{-}<u_{+}$，即 $u_i<U_{TH-}$，即

U_{TH+}和 U_{TH-}之差称为回差电压 ΔU_{TH}，即

$$\Delta U_{TH}=U_{TH+}-U_{TH-}=\frac{2R_2}{R_2+R_f}U_{opp} \tag{4.3.7}$$

式(4.3.7)表明，回差电压 ΔU_{TH}与基准电压 U_{REF}无关。回差电压的存在，可以大大提高电路的抗干扰能力。滞回电压比较器的传输特性如图 4.3.7(b)所示。

例 4.3.1 设电路及参数如图 4.3.8(a)所示，输入信号 u_i的波形如图 4.3.8(b)所示。试画出其传输特性和输出电压 u_o的波形。

解 因为 $U_{REF}=0$，所以阈值电压为

$$U_{TH+}=\frac{R_2}{R_2+R_3}U_Z=5\ \text{V}$$

$$U_{TH-}=\frac{R_2}{R_2+R_3}U_Z=-5\ \text{V}$$

由此可画出其传输特性如图 4.3.8(c)所示，输出电压 u_o的波形如图 4.3.8(d)所示。由此可见，图 4.3.8 所示电路不仅具有电压比较作用，还具有波形整形功能。

4.3.5 负反馈放大电路的稳定性

负反馈可以改善放大电路的性能，改善程度与反馈深度$(1+AF)$有关，$(1+AF)$值越大反馈程度越显著。但是反馈深度太深时，可能产生自激振荡（指放大电路在没有加外来输入信号时，也能输出一定幅度和频率信号的现象）。自激振荡将使放大电路不能正常工作，产生的原因如下：在多级放大电路中，当附加相位移的值等于 ±180°时，会导致中频引入的负反馈转为正反馈，从而出现自激振荡；还有一个原因就是电路中的分布参数也会形成正反馈而产生自激振荡。由于深度负反馈放大电路的开环增益很大，故在高频段很容易因附加相移变成正反馈而产生高频自激。

消除高频自激的方法是在基本放大电路中加入相位补偿网络，以改变基本放大电路高频

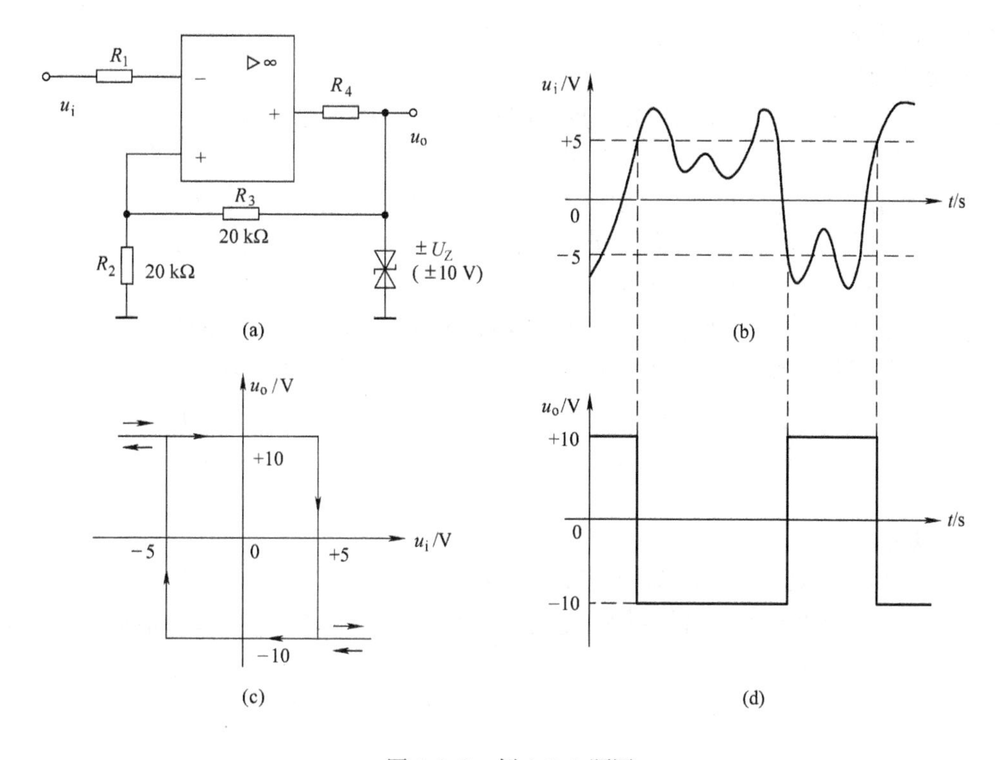

图4.3.8　例4.3.1题图

(a)电路　(b)输入波形　(c)传输特性　(d)输出波形

段的频率特性从而破坏自激振荡条件,使其不能振荡。常用的方法有电容滞后相位补偿法、*RC* 滞后相位补偿法、*RC* 元件反馈补偿法。

单元小结

(1)集成运放:一种实现高电压增益的集成差动放大电路,其电压放大倍数往往在 10^5 以上,由于采用了集成电路技术设计制造运算放大器,所以它具有十分优秀的电路特性和技术指标。

(2)集成运放的基本结构:

①输入隔离与保护电路;

②中间放大与补偿电路;

③输出驱动与保护电路;

④偏置电路。

(3)集成运放的主要参数:

①开环差模电压增益 A_{od};

②最大共模输入电压 U_{icmax};

③最大差模输入电压 U_{idmax};

④最大输出电压 U_{opp};

⑤差模输入电阻 r_{id};

⑥输出电阻 r_o；

⑦共模抑制比 K_{CMR}。

(4)反相输入运算电路:输入信号由反相端输入。

(5)同相输入运算电路:输入信号由同相端输入。

(6)差动输入运算电路:当集成运放的反相输入端和同相输入端都接有输入信号 u_{i1} 和 u_{i2} 时,则输出电压将与这两个输入电压之差成正比,所以称为差动输入运算电路。

(7)加法运算电路:实现输入信号的求和放大。

(8)积分运算电路:将反相输入运算电路的反馈电阻 R_f 换成电容 C 后形成。

(9)微分运算电路:将积分运算电路中的 R 与 C 的位置互换后形成。

习 题 4

4.1 填空题

(1)为提高电压放大倍数和抑制零漂,集成运放中采用了________电路。

(2)集成运放的两个输入端分别为________端和________端,其含义是指输出电压的极性与前者________,与后者________。

(3)集成运放一般由________电路、________电路、________电路和________电路四部分组成。

(4)当集成运放在________条件下,工作于线性状态,在________和________条件下,工作于非线性状态。

(5)反相比例运算电路中,运放的________端为虚地点。

4.2 选择题

(1)直流放大器能放大(　　)信号,交流放大器能放大(　　)信号。

A. 直流　　B. 交流　　C. 交直流

(2)差模电压放大倍数的大小表明差放对(　　) 能力。

A. 零漂的抑制　　B. 差模信号的放大　　C. 共模信号的放大

(3)理想运放工作在线性区的特点是差模输入电压 $u_+ - u_- =$ (　　),输入端电流 $i_+ - i_- =$ (　　)。

A. 0　　B. ∞

(4)只要理想运放工作在线性区,就可以认为其两输入端(　　)。

A. 虚地　　B. 虚短

(5)用集成运放组成模拟信号运算电路时,通常工作在(　　)。

A. 线性区　　B. 非线性区

4.3 练习题

(1)写出下图所示电路输出与输入的关系式。

(2)设下图中集成运放的最大输出电压为 ±12 V,已知 $u_i = 10$ mV,求:

①正常情况下的输出电压;

②反馈电阻 R_f 开路时的输出电压。

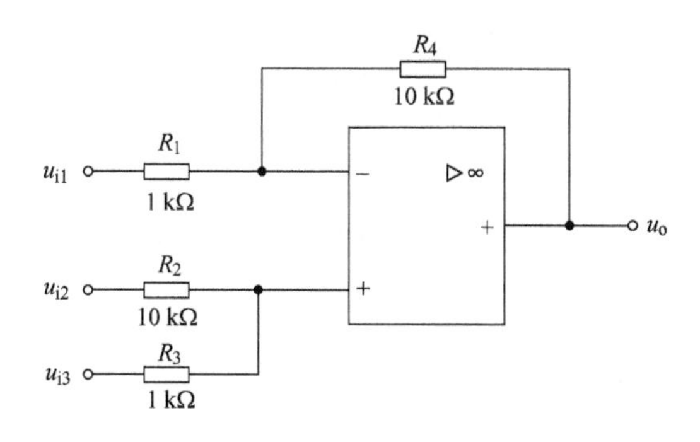

题4.3(1)图

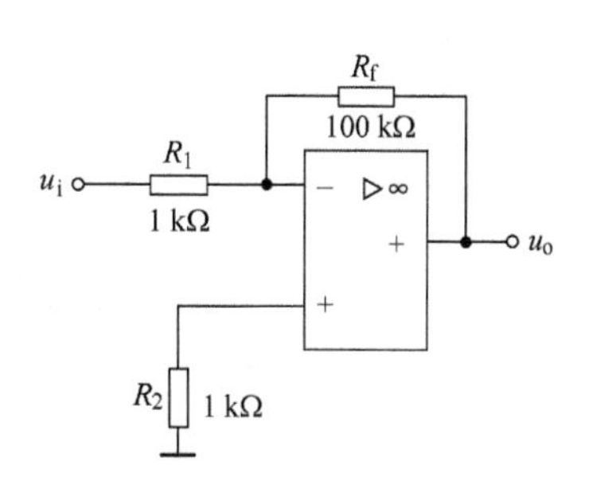

题4.3(2)图

(3)图示电路是应用运放测量电阻的原理电路，输出端接有满量程5 V，500 μA的电压表，当电压表指示5 V时，试计算被测电阻R_f的阻值。

(4)由集成运放组成的三极管测量电路如图所示，试：

①估算e、b、c各点电位的数值；

②若电压表读数为200 mV，试求被测三极管的β值。（提示：$U_{BE}=U_B-U_E=0.7$ V，$\beta=i_C/i_B$）

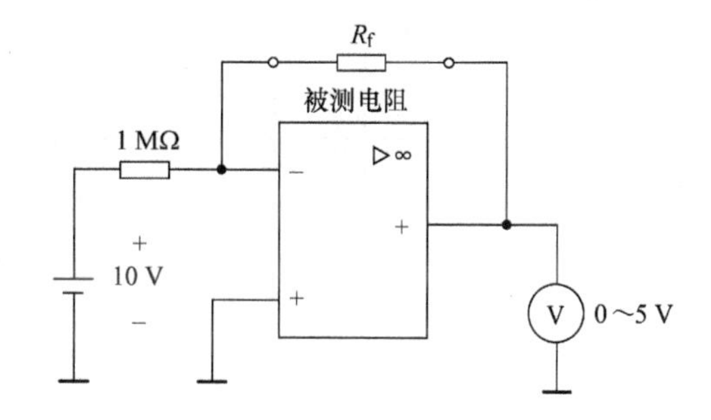

题4.3(3)图

(5)在图示电路中，设集成运放是理想运放，双向稳压管的稳压值为±6 V；设输入电压u_i为正弦波，试分别画出u_{o1}和u_{o2}的波形。

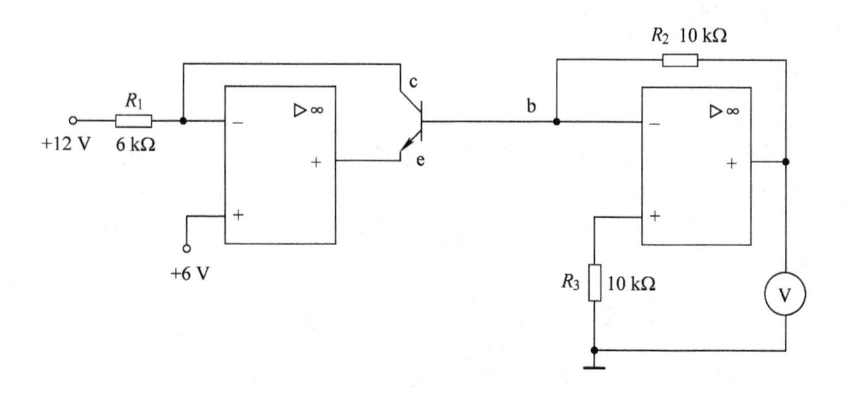

题4.3(4)图

(6)设滞回比较器的传输特性曲线和输入波形分别如图所示，试画出其输出电压的波形图。

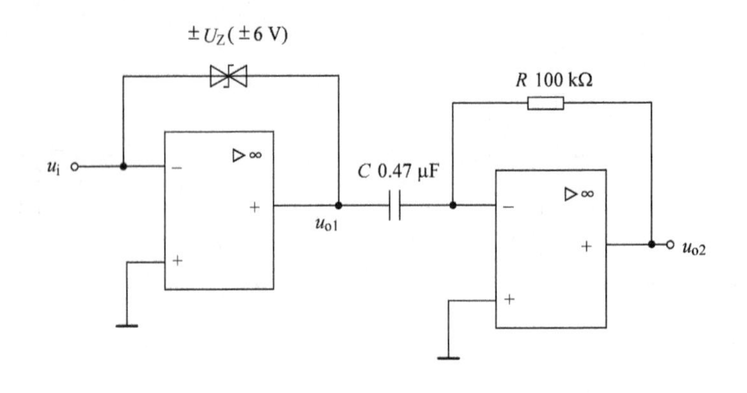

题4.3(5)图

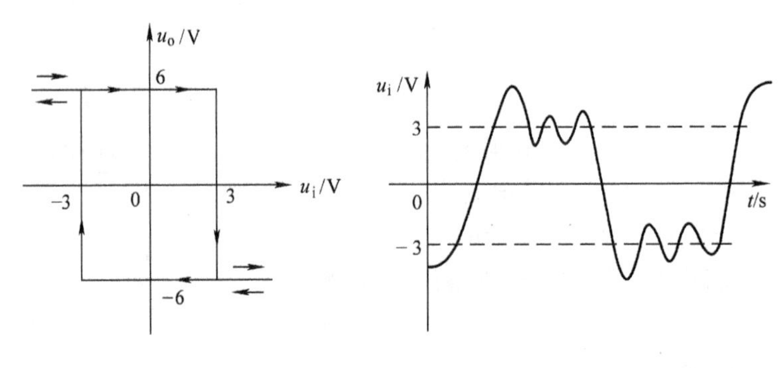

题4.3(6)图

本单元实验

实验9　运算放大器基本运算电路

1. 实验目的

(1)掌握运算放大器的接线与应用。

(2)掌握用运算放大器组成比例、求和和加减混合运算电路及其应用。

2. 实验电路与工作原理

(1)实验图9.1为由OP07构成的运算放大电路的组合模块AX9。OP07是低零漂运放器(通常可省去调零电路),为8脚芯片,各脚的功能如下。

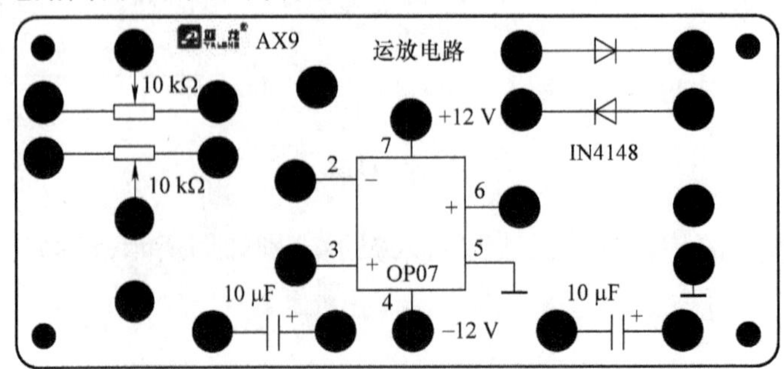

实验图9.1　由OP07构成的运算放大电路的组合模块AX9

2 脚为反相输入端。

3 脚为正相输入端。

7 脚为正电源(+12 V)。

4 脚为反电源(-12 V)。

6 脚为输出端

5 脚为接地。

1 脚、8 脚、7 脚接调零电位器(在要求高的场合用)。

实验表 9.1 为 OP07 运算放大器主要参数。

实验表 9.1 OP07 集成运算放大器主要参数

最大共模输入电压 U_{icm}/V	最大差模输出电压 U_{idm}/V	差模输入电压 U_{id}/MΩ	最大输出电压 U_{opp}/V	最大输出电流 I_{om}/mA	最大电源电压 U_{CC}、U_{EE}/V	开环输出电阻 r_o/Ω
±13	±7	1l	±12	±2	±15	<100

由实验表 9.1 可见,其最大输出电压为 ±12 V。而最大输出电流 I_{om}仅有 ±2 mA(带载能力很小),因此在实用中通常还增加功率放大电路。

(2)运算放大器线性组件是一个具有高放大倍数的放大器,当它与外部电阻、电容等构成闭环电路后,就可组成种类繁多的应用电路。在运算放大器线性应用中,可构成以下几种基本运算电路:反相比例运算、同相比例运算、反相求和运算、加减混合运算等。

(3)基本运算电路如实验图 9.2 所示。电路中仅画出输入与反馈回路电阻,其他未画上,如电源及限幅等。

(4)在以上的推导中,有如下两个前提与结论。

① 由于运放器开环增益 K_0很大(10^6 以上),看成∞,所以 A 点电位 $U_A \approx \dfrac{u_o}{K_O} \approx 0$,可看成零,称为“虚地”(前提),于是 $i_1 = \dfrac{u_i - U_A}{R_1} = \dfrac{u_i}{R_1}$及

$$i_f = \frac{u_o - U_A}{R_f} = \frac{u_o}{R_f} \tag{1}$$

② 由于运放器输入电阻 r_i极大(10 MΩ 以上),可看成 $r_i = \infty$,称为“虚断”。这样从 5 脚灌入的电流 i' 可看成零(即 $i' = 0$)(前提),于是有 $i_f + i_1 = i_0 = 0$,所以

$$i_f = -i_1 \tag{2}$$

式(1)代入式(2)有:

$$\frac{u_o}{R_f} = -\frac{u_i}{R_1}$$

于是 $u_o = -\dfrac{R_f}{R_1} u_i$,即可得实验图 9.2 中式①。

以后的所有关系式,都是从以上的两个前提和对应的两个结论出发去进行推导的。

(5)正、反相输入端的等效阻抗都是各个输入电阻的并联,并且正、反相输入端的总阻抗是平衡(相等)的,由此出发,去推算出 R'的数值。

(6)在实验图 9.2 的式②中,当 $R_1 = \infty$ 时,则实验图 9.2 中式②便成为 $u_o = u_i$。这意味着

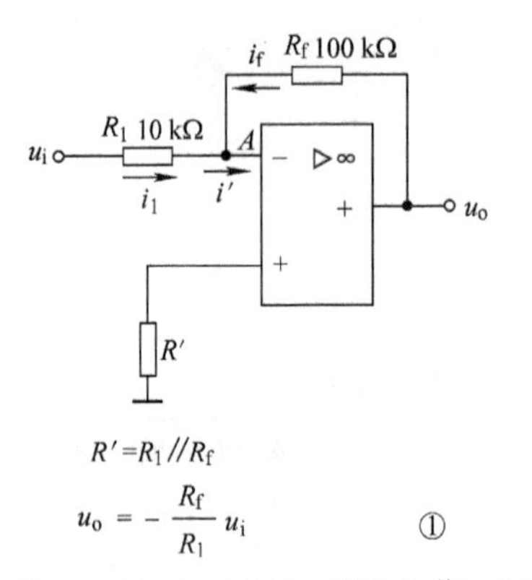

$R'=R_1//R_f$

$$u_o=-\frac{R_f}{R_1}u_i \quad ①$$

若R_1=10 kΩ，R_f=100 kΩ，则$R'=R_1//R_f$=9.11 kΩ
（用10 kΩ代替亦可）

(a)

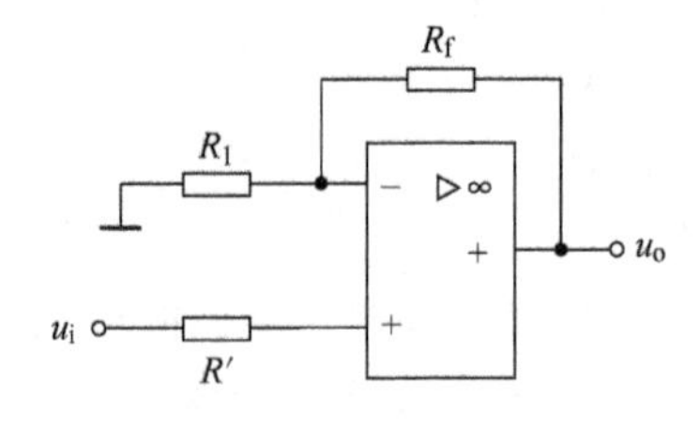

$R'=R_1//R_f$

$$u_o=1+\frac{R_f}{R_1}u_i \quad ②$$

若R_1=10 kΩ，R_f=100 kΩ，则$R'=R_1//R_f$=9.11kΩ
（用10 kΩ代替亦可）

(b)

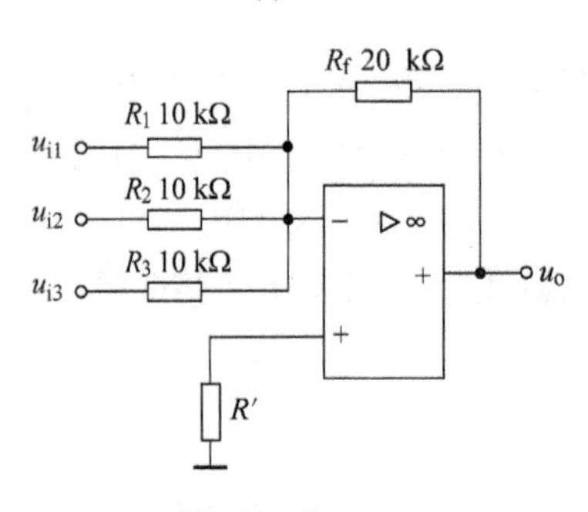

$R'=R_1//R_2//R_3//R_f$

$$u_o=-\left(\frac{R_f}{R_1}u_{i1}+\frac{R_f}{R_2}u_{i2}+\frac{R_f}{R_3}u_{i3}\right) \quad ③$$

$R_1=R_2=R_3$=10 kΩ，R_f= 20 kΩ
R'由学员选取

(c)

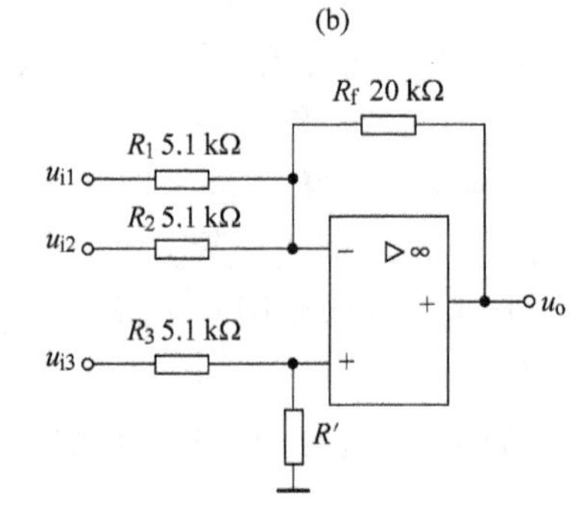

$R'//R_3=R_1//R_2//R_f$

$$u_o=-\left(\frac{R_f}{R_1}u_{i1}+\frac{R_f}{R_2}u_{i2}-\frac{R_f}{R_3}u_{i3}\right) \quad ④$$

$R_1=R_2$=10 kΩ，R_3=5.1 kΩ，R_f= 20 kΩ
这样$R_1//R_2\approx R_3$，R'由学员选取

(d)

实验图 9.2　运算放大器的基本运算电路
(a)反相输入比例运算　(b)同相输入比例运算
(c)反相输入求和运算　(d)正、反相输入的加减运算

输出电压 u_o 将随输入电压 u_i同步变化。这时运放电路便成为一个“电压跟随器”。此外，由 $U_f=0$，可推知 $R'=R_f$，由此可画出其电路图。电压跟随器可实现 u_o与 u_i的隔离。

3. 实验设备

(1)装置中的直流可调电源、数字万用表。

(2)单元：AX9、R06、R14、R15、R17、R20、R21。

4. 实验内容与实验步骤

(1)在组合单元 AX9 的基础上，接上 ±12 V 运放工作电源，输入回路和反馈回路接入相应电阻。输出端接上电阻负载 $R_L=5.1\ \mathrm{k\Omega}$,并接入相应的输入电压。

(2)逐次按实验图9.2进行接线和测量,并将数据填入实验表9.2和实验表9.3中。

实验表9.2　比例运算测试数据

	u_i/mV	u_o/mV		
		测量值	计算值	误差 Δu/(%)
反相比例	100			
	500			
同相比例	100			
	500			

实验表9.3　比例运算测试数据

		输入信号 u_i/mV			输出信号 u_o/mV		
		u_{i1}	u_{i2}	u_{i3}	测量值	计算值	误差 Δu/(%)
反相求和运算	第一组	100	200	400			
	第二组	200	300	200			
加减混合运算	第一组	100	200	400			
	第二组	400	300	200			

注:由于装置中只有较高电压(如5 V)电源,因此建议采用电位器(如4.7 kΩ、10 kΩ 等阻值电位器),将电压调低为所需的值。

5. 实验注意事项

(1)实验前复习运放器基础知识,并把计算值预先计算好填入表中。

(2)输入运放器的信号电压过高,运放器会处于饱和状态,甚至会烧坏元件。因此,可在正反相输入端接入正反相输入限幅二极管(AX9 单元上有)。

(3)OP07 运放器的输出电流很小(2 mA),所以要加5.1 kΩ 限流电阻(此处兼作负载电阻),以防过流烧坏芯片。

6. 实验报告要求

(1)画出实验电路,推导出相关公式。

(2)整理测量数据,填入表中,并与计算值比较,计算其相对误差 $\Delta u\% = \dfrac{\text{测量值}-\text{计算值}}{\text{测量值}} \times 100\%$。

(3)画出电压跟随器电路图。

单元 5　直流稳压电源

学习目标

(1)掌握单相半波整流电路、单相桥式整流电路的工作原理、电路特点及元件选择。

(2)掌握电容滤波电路的工作原理。

(3)了解稳压电路的工作原理。

(4)掌握集成稳压器及其应用。

在电子电路中,通常都需要电压稳定的直流电源供电,但是电力网所提供的是 50 Hz 交流电,所以必须把 220 V 交流电变成稳定不变的直流电。小功率直流电源的组成框图如图 5.0.1 所示。它是由变压、整流、滤波和稳压电路等四部分组成。

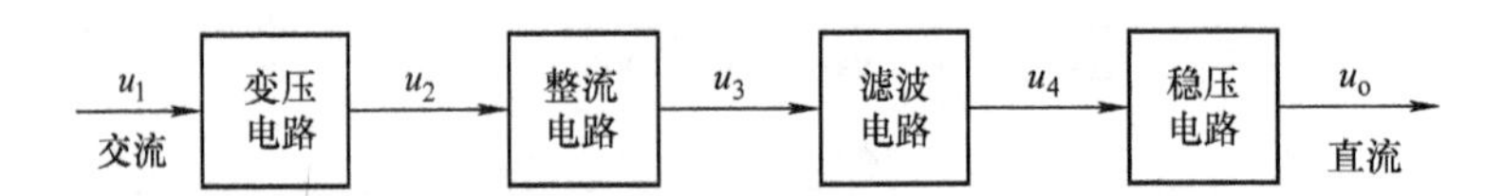

图 5.0.1　直流电源组成框图

利用变压电路将交流电网电压 u_1变为所需要的交流电压 u_2;然后经整流电路,把 u_2变成单向脉动直流电压 u_3;再经滤波电路,把 u_3变成平滑的直流电压 u_4;最后经过稳压电路,把 u_4变成基本不受电网电压波动和负载变化影响的稳定的直流电压 u_o。

5.1　整流和滤波电路

5.1.1　整流电路

所谓“整流”,就是运用二极管的单向导电性,把大小、方向都变化的交流电变成单向脉动的直流电。常见的单相小功率整流电路有半波、全波、桥式和倍压整流等形式。

1. 半波整流电路

图 5.1.1(a)所示是一个最简单的单相半波整流电路,它由电源变压器 Tr、整流二极管 VD 和负载电阻 R_L组成。为分析方便,在下面的分析中,将整流管作为理想二极管。

1)工作原理

变压器 Tr 将电网电压 u_1变换为合适的交流电压 u_2,当 u_2为正半周时,二极管 VD 正向导通,电流经二极管流向负载,在 R_L上得到一个极性为上正下负的电压;而当 u_2为负半周时,二极管 VD 反偏截止,电流为零。因此,在负载电阻 R_L上得到的是单相脉动电压 u_o,如图 5.1.1(b)所示。

2)整流电路主要技术指标

Ⅰ. 输出电压平均值

在图 5.1.1(a)所示电路中,负载上得到的整流电压是单方向的,但其大小是变化的,是一

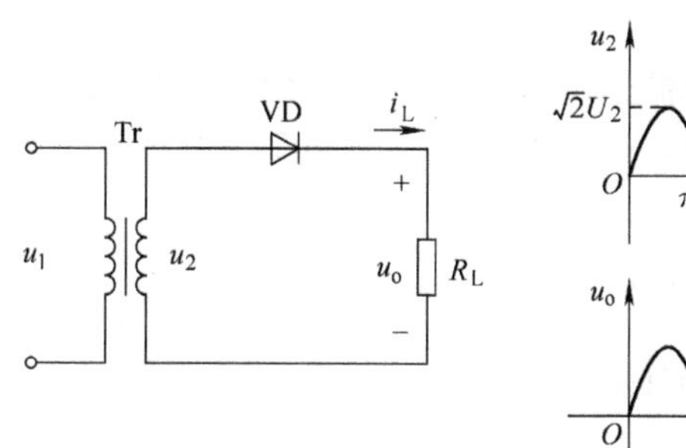

(a)

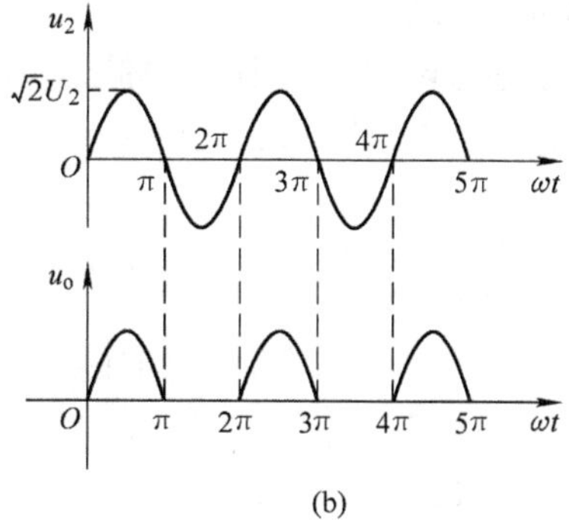

(b)

图 5.1.1 单相半波整流

(a)电路 (b)整流波形

个单向脉动的电压。设变压器次级电压 $u_2=\sqrt{2}U_2\sin\omega t$,由此可求出其平均电压值为

$$U_o=\frac{1}{2\pi}\int_0^{\pi}\sqrt{2}U_2\sin\omega t\mathrm{d}(\omega t)=\frac{\sqrt{2}U_2}{\pi}=0.45U_2$$

Ⅱ. 输出电流

即流过负载的直流电流:

$$I_o=\frac{U_o}{R_L}\approx\frac{0.45U_2}{R_L}$$

Ⅲ. 脉动系数 S

脉动系数 S 是衡量整流电路输出电压平滑程度的指标。脉动系数 S 定义为整流输出电压中最低次谐波的幅值与直流分量之比。

由于负载上得到的电压 u_o是一个非正弦周期信号,可用傅氏级数展开为

$$u_o=\sqrt{2}U_2\left(\frac{1}{\pi}+\frac{1}{2}\sin\omega t-\frac{2}{3\pi}\cos\omega t+\cdots\right)$$

因此脉动系数为

$$S=\frac{\frac{1}{2}\sqrt{2}U_2}{\frac{1}{\pi}\sqrt{2}U_2}=\frac{\pi}{2}\approx1.57$$

Ⅳ. 整流二极管的参数

在半波整流电路中,流过整流二极管的平均电流与流过负载的平均电流相等,即

$$I_D=I_o\approx\frac{0.45U_2}{R_L}$$

当整流二极管截止时,加于两端的最大反向电压为

$$U_{RM}=\sqrt{2}U_2$$

因此,在选择整流二极管时,其额定正向电流必须大于流过它的平均电流 I_D,其反向击穿电压必须大于它两端承受的最大反向电压 U_{RM}。

半波整流电路的特点是结构简单,但输出直流电压值低、脉动系数大,一般只在对直流电

源要求不高的情况下选用。

2. 单相桥式整流电路

为了克服半波整流电路电源利用率低、整流电压脉动系数大的缺点,常采用全波整流电路,最常用的形式是桥式整流电路,它由 4 个二极管接成电桥形式,如图 5.1.2 所示。

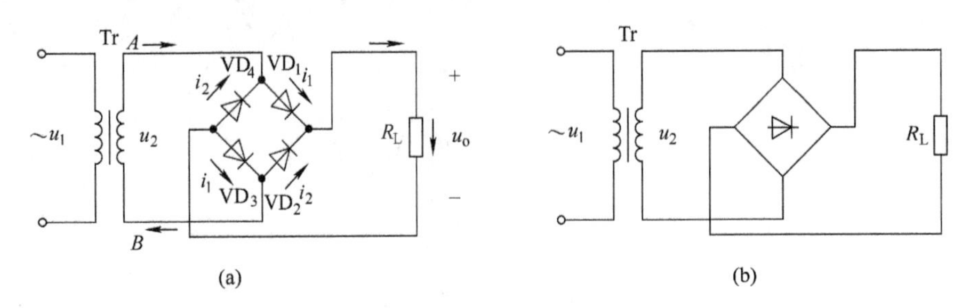

图 5.1.2 单相桥式整流

(a)电路 (b)简化画法

1)单相桥式整流电路工作原理

当电源变压器 Tr 初级加上电压 u_1 时,次级就有电压 u_2,设 $u_2=\sqrt{2}U_2\sin\omega t$。在 u_2 的正半周,A 点电位高于 B 点电位,二极管 VD_2、VD_4 截止,VD_1、VD_3 导通,电流 i_1 的通路是 $A\to VD_1\to R_L\to VD_3\to B$,这时负载电阻 R_L 上得到一个正弦半波电压,如图 5.1.3 中(0 ~ π)段所示。

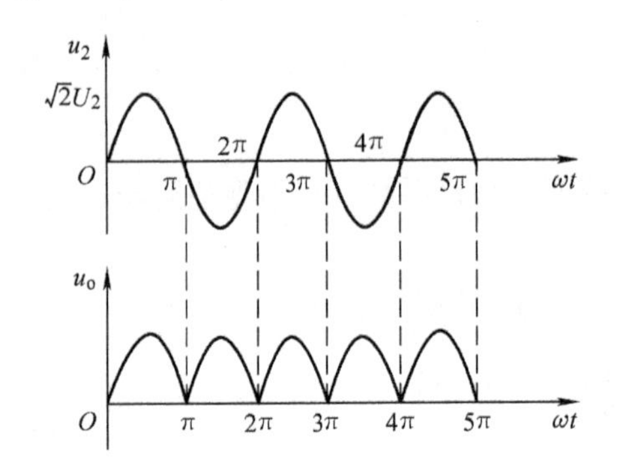

图 5.1.3 桥式整流电路输出波形

在 u_2 的负半周,B 点电位高于 A 点电位,二极管 VD_1、VD_3 截止,VD_2、VD_4 导通,电流 i_2 的通路是 $B\to VD_2\to R_L\to VD_4\to A$,同样在负载电阻 R_L 上得到一个正弦半波电压,如图 5.1.3 中的(π ~ 2π)段所示。

在以后各个半周期内,将重复。

2)电路的主要技术指标

Ⅰ. 负载上的直流输出电压 U_o 和直流输出电流 I_o

用傅里叶级数对图 5.1.3 中的波形进行分解后可得

$$u_o=\sqrt{2}U_2\left(\frac{2}{\pi}-\frac{4}{3\pi}\cos 2\omega t-\frac{4}{15\pi}\cos 4\omega t-\frac{4}{35\pi}\cos 6\omega t-\frac{2}{\pi}\cos 2\omega t-\cdots\right)$$

式中的直流分量(恒定分量)即为负载电压 u_o 的平均值,故直流输出电压

$$U_o=\frac{2}{\pi}\sqrt{2}U_2=0.9U_2$$

直流输出电流

$$I_o=\frac{U_o}{R_L}=0.9\frac{U_2}{R_L}$$

Ⅱ. 脉动系数

$$S=\frac{\frac{4\sqrt{2}U_2}{3\pi}}{\frac{2\sqrt{2}U_2}{\pi}}=0.67$$

Ⅲ. 整流二极管的参数

在桥式整流电路中，二极管 VD_1、VD_3 和 VD_2、VD_4 是两两轮流导通的，所以流经每个二极管的平均电流 I_D 为

$$I_D=\frac{1}{2}I_o=\frac{0.45U_2}{R_L}$$

二极管截止时管子两端承受的最高反向工作电压可以从图 5.1.2 中看出，在 u_2 正半周时，VD_1、VD_3 导通，VD_2、VD_4 截止，忽略导通管的正向压降，截止管 VD_2、VD_4 所承受的最高反向工作电压为 u_2 的最大值，即

$$U_{RM}=\sqrt{2}U_2$$

同理，在 u_2 的负半周，VD_1、VD_3 也承受同样大小的反向工作电压。由以上分析可知，在变压器次级电压相同的情况下，单相桥式整流电路输出电压平均值高，脉动系数小，管子承受的反向电压和半波整流电路一样。虽然二极管用得多，但小功率二极管体积小、价格低廉，因此单相桥式整流电路得到了广泛的应用。

5.1.2 电容滤波电路

整流电路可以把交流电压转换成脉动直流电压，这种脉动直流电压中不仅包含有直流分量，而且有交流分量。把脉动直流电压中的交流分量去掉，获得平滑直流电压的过程称为滤波，而把能完成滤波作用的电路称为滤波器。

滤波器一般由电容、电感等元件组成。利用电容的充放电或电感的感应电动势具有阻碍电流变化的作用来实现滤波任务。

图 5.1.4 所示为单相桥式整流电容滤波电路。滤波电容 C 并联在负载 R_L 两端，其工作原理简述如下。负载 R_L 未接入时的情况：设电容 C 两端初始电压为零，接入交流电源后，当 u_2 为正半周时，u_2 通过 VD_1、VD_3 向 C 充电；当 u_2 为负半周时，u_2 经 VD_2、VD_4 向 C 充电，充电时间常数为

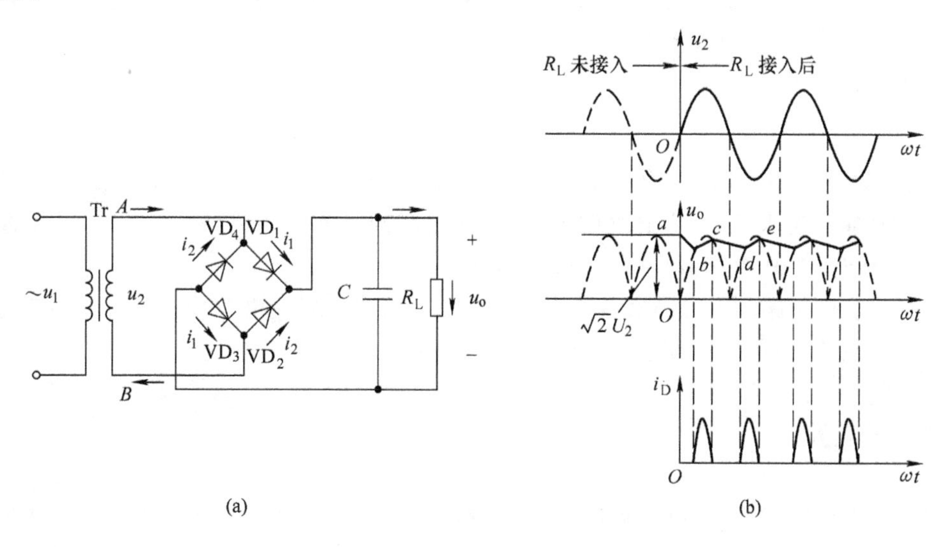

图 5.1.4　单相桥式整流电容滤波电路

(a)电路　(b)波形

$$\tau_c = R_d C$$

其中，R_d为整流电路的内阻(包括变压器次级绕组的直流电阻和二极管的正向电阻)。由于R_d一般很小，电容C很快充到交流电压u_2的最大值$\sqrt{2}U_2$；由于C无放电回路，故C两端的电压u_C保持在$\sqrt{2}U_2$，输出为一个恒定的直流，如图5.1.4(b)中纵坐标左边部分所示。

接入负载R_L的情况：变压器次级电压u_2从0开始上升(即正半周开始)时接入负载R_L，由于电容C在负载未接入前已充了电，故刚接入负载时$u_2 < u_C$，二极管受反向电压作用而截止，电容器C经R_L放电，放电时间常数为

$$\tau_d = R_L C$$

因τ_d一般较大，故电容两端的电压u_C按指数规律慢慢下降，其输出电压$u_o = u_C$，如图5.1.4(b)中的ab段所示。与此同时，交流电压u_2按正弦规律上升。当$u_2 > u_C$时，二极管VD_1、VD_3受正向电压作用而导通，此时u_2经二极管VD_1、VD_3一方面向负载R_L提供电流，另一方面向电容C充电，此时充电时间常数$\tau_c = (R_L // R_o)C$，因R_L通常远大于R_o，故$\tau_C \approx R_o C$数值很小，电容C两端电压波形如图5.1.4(b)中bc段所示。图中bc段的阴影部分为充电电流在整流电路内阻R_o上产生的压降。u_C随着交流电压u_2升高到接近最大值$\sqrt{2}U_2$。然后u_2又按正弦规律下降。当$u_2 < u_C$时，二极管受反向电压作用而截止，电容C又经R_L放电，因放电时间常数$\tau_d = R_L C$较大，故u_C波形如图5.1.4(b)中的cd段所示。电容C如此周而复始地进行充放电，负载上便得到如图5.1.4(b)所示的一个近似锯齿波的电压$u_o = u_C$，使负载电压的波动大为减小。由以上分析可知如下几点。

(1)$R_L C$越大，电容C放电速率越慢，则负载电压中的交流成分越小，负载上平均电压即直流输出电压U_o越高。

为了得到平滑的直流输出电压U_o，一般取

$$R_L C = (3 \sim 5)\frac{T}{2}$$

其中，T为交流电压的周期，工频交流电$T = 0.02$ s。滤波电容的数值一般为数十微法到数千微法，此时直流输出电压$U_o \approx 1.2U_2$

当负载开路时

$$U_o = \sqrt{2}U_2$$

(2)由于只有$u_2 > u_C$时，二极管才导通，所以二极管的导通角小于π，导通电流i_D是不连续的脉冲。电容C越大，电流i_D脉冲幅度越大，流过二极管的冲击电流(浪涌电流)越大。所以，在选择二极管时，其参数值应留有一定余量。

(3)电路直流输出电压U_o随负载电阻R_L减小(即负载电流I_L增大)而减小，表明电容滤波电路的输出特性差，适用于负载电流较小且不变的场合。

5.2 稳压电路

整流输出电压经滤波后，脉动程度减小，波形变平滑。但是当电网电压发生波动或负载变化较大时，其输出电压仍会随着波动。在这种情况下，滤波电路是无能为力的，必须在滤波电路之后再加上稳压电路。常用的稳压电路有并联型稳压电路、串联型稳压电路、集成稳压电路

和开关稳压电路。

5.2.1 并联型稳压电路

构成并联型稳压电路的重要元件是稳压二极管。用稳压二极管 VD_Z 和限流电阻 R 组成的稳压电路，如图5.2.1所示。因为稳压二极管与负载电阻 R_L 并联，故称为并联型稳压电路。图中 U_i 是经整流、滤波电路输出的直流电压。

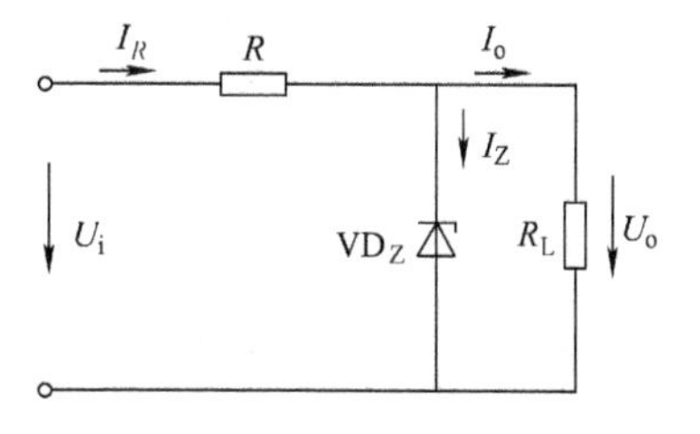

图5.2.1 并联型稳压电路

下面分析这个电路的稳压原理。

1. 负载电阻 R_L 不变，而交流电网电压波动时的情况

稳压电路的输入电压 U_i 是随交流电网电压的变化而变化的，当交流电网电压升高使 U_i 增大时，将导致输出电压 U_o 升高，即稳压二极管两端电压要升高。由稳压二极管的反向击穿特性可知，只要该管两端电压有少量增加，则流过管子的反向工作电流 I_Z 将显著增加。于是，流过限流电阻 R 的电流 $I_R = I_Z + I_o$ 将显著增加，R 两端的电压降就增大，致使 U_i 的增加量基本上都降在 R 上，因而保持输出电压 U_o 基本不变。上述稳压过程可表示如下：

$$U_i \uparrow \rightarrow U_o \uparrow \rightarrow I_Z \uparrow \rightarrow I_R \uparrow \rightarrow U_R = (I_R R) \uparrow$$
$$U_o \downarrow \leftarrow$$

当 U_i 减小而引起 U_o 减小时，其稳压过程可作类似分析。

2. 交流电网电压（即输入电压 U_i）不变，而负载 R_L 变化时的情况

当负载 R_L 减小时，负载电流 I_L 将增大，流过限流电阻 R 的电流 I_R 将增大，在 R 上的压降增大，使输出电压 U_o 减小，即稳压二极管两端电压要减小，流过管子的反向工作电流 I_Z 大大减小。I_o 的增加量被 I_Z 的减小量所补偿，电流 I_R 基本不变，R 上的压降就不变，从而保持输出电压 U_o 基本不变。上述过程也可简单表示如下：

$$R_L \downarrow \rightarrow I_o \uparrow \rightarrow I_R \uparrow \rightarrow U_R = (I_R R) \uparrow \rightarrow U_o \downarrow \rightarrow I_Z \downarrow \rightarrow I_R \downarrow \rightarrow U_R \downarrow$$
$$U_o \uparrow \leftarrow$$

同理，可分析负载 R_L 增加，负载电流 I_o 减小时的稳压过程。

由上述可见，稳压二极管的稳压作用，实际上是利用它的反向工作电流 I_Z 的变化引起限流电阻 R 上的压降变化来实现的。这表明限流电阻具有双重作用：一是限制整流滤波电路的输出电流，使稳压二极管在反向击穿时流过的反向电流不超过 I_{Zmax}，保护稳压管；二是起调节作用，将稳压二极管的反向工作电流 I_Z 的变化转换成电压的变化并承担下来，从而使输出电压 U_o 趋于稳定。

5.2.2 串联型稳压电路

前面介绍的稳压二极管稳压电路（并联型稳压电路），线路简单，用的元件少，但输出电流小，且输出电压由稳压二极管的型号（参数 U_Z）决定，不能任意调节，故限制了它的应用范围。目前广泛采用串联型稳压电路。

1. 基本电路

串联型稳压电路如图5.2.2所示，通常由调整电路、比较放大电路、基准电压源和取样电路四部分组成。其中,U_i是输入电压,来自整流滤波电路的输出;U_o是输出电压。

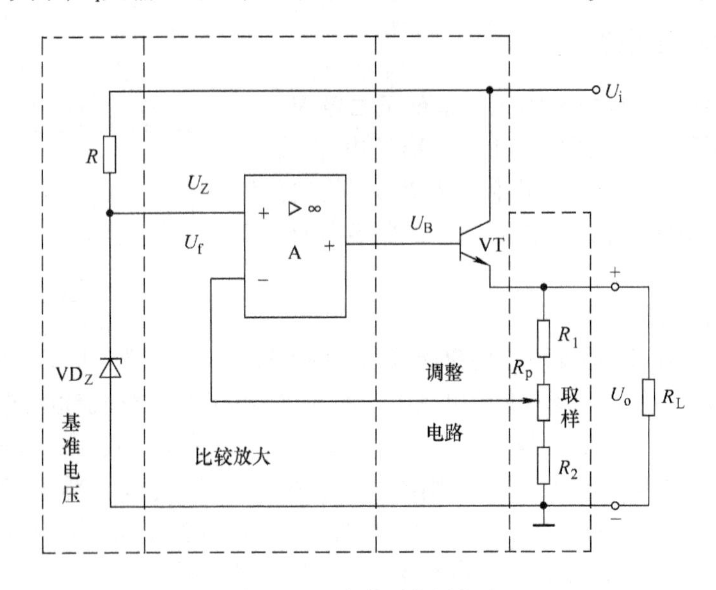

图 5.2.2 串联型稳压电路

R_1、R_2、R_p组成分压器,用来反映输出电压 U_o的变化,称为取样环节,其取样电压加在集成运算放大器 A 的反相输入端;稳压二极管 VD_Z及限流电阻 R 组成稳压电路,提供一个基准电压 U_Z,加在集成运算放大器 A 的同相输入端,与其反相输入端加的取样电压相比较,用来产生一个差值信号。该稳压电路称为基准电压环节;集成运算放大器 A 构成差动放大器,主要作用是将差值信号放大,以控制调整管 VT 工作,此差动放大器称为比较放大环节;调整管 VT 与负载串联,输出电压 $U_o = U_i - U_{CE}$,通过控制 VT 的工作状态调整其管压降 U_{CE},达到稳定输出电压 U_o的目的,称 VT 为调整环节。

2. 稳压原理

在图 5.2.2 所示电路中,当因某种原因使输入电压 U_i波动或负载电阻 R_L发生变化时,都将导致输出电压发生变化。其稳压原理可简述如下。

当输入电压 U_i 增加或负载电阻 R_L 增大时,输出电压 U_o 要增加,取样电压 $U_f = \dfrac{U_o}{R_1 + R_2 + R_p}(R_2 + R''_p)$($R''_p$为电位器滑动触点下半部分的电阻值)也要增加,$U_f$与基准电压 U_Z 相比较,其差值电压经集成运算放大器 A 放大后使调整管的基极电位 U_B降低,I_B减小,I_C减小,集电极与发射极间电压 U_{CE}增大,使 U_o下降,从而维持 U_o基本不变,实现稳压。上述稳压过程可表示为

$$U_f \uparrow \text{ 或 } R_L \uparrow \rightarrow U_o \uparrow \rightarrow U_f \uparrow \rightarrow U_B \downarrow \rightarrow I_B \downarrow \rightarrow I_C \downarrow \rightarrow U_{CE} \uparrow$$

$$U_o \downarrow \leftarrow$$

同理,当输入电压 U_i减小或负载 R_L减小时,亦将使输出电压 U_o维持稳定。

3. 输出电压的调节范围

由集成运算放大器虚短概念有

$$U_f = U_Z$$

而
$$U_f = \frac{U_o}{R_1 + R_2 + R_p}(R_2 + R_p'')$$

故
$$U_o = \frac{U_2}{R_2 + R_p''}(R_1 + R_2 + R_p)$$

令取样电路分压比为 N,则

$$N = \frac{U_f}{U_o} = \frac{R_2 + R_p''}{R_1 + R_2 + R_p}$$

于是有

$$U_o = \frac{U_Z}{N}$$

上式表明,只要改变取样电路的分压比 N,就可以调节输出电压 U_o的大小。N 越小,U_o越大;N 越大,U_o越小。当 R_p调至最上端(N 最大时),得输出电压最小值

$$U_{omin} = \frac{U_Z}{N_{max}} = \left(1 + \frac{R_1}{R_2 + R_p}\right)U_Z$$

当 R_p调至最下端(N 最小)时,得输出电压最大值

$$U_{omax} = \frac{U_Z}{N_{min}} = \left(1 + \frac{R_1 + R_p}{R_2}\right)U_Z$$

输出电压的调节范围在 $U_{omin} \sim U_{omax}$。

5.2.3 集成稳压器及其应用

随着集成电路工艺的发展,串联型稳压电路中的调整环节、比较放大环节、基准电压环节、取样环节,即使是它的附属电路都可以制作在一块硅片内,形成集成稳压组件,称为集成稳压电路或集成稳压器。与其他集成组件一样,集成稳压器具有体积小、可靠性高、使用灵活、价格低廉等优点。目前生产的集成稳压器种类很多,具体电路结构也往往有不少差异。按照引出端不同可分为三端固定式、三端可调式和多段可调式等。三端集成稳压器有输入端、输出端和公共端(接地)三个接线端点,由于它所需外接元件少,便于安装调试、工作可靠,因此在实际使用中得到广泛应用。

1. 固定式三端集成稳压器

1)一般介绍

常用的三端集成稳压器有 W7800 系列、W7900 系列。成品采用塑料或金属封装,W7800 系列外形及引脚排列如图 5.2.3 所示。W7800 系列,1 端为输入端,2 端为输出端,3 端为公共端。W7900 系列,3 端为输入端,2 端为输出端,1 端为公共端。

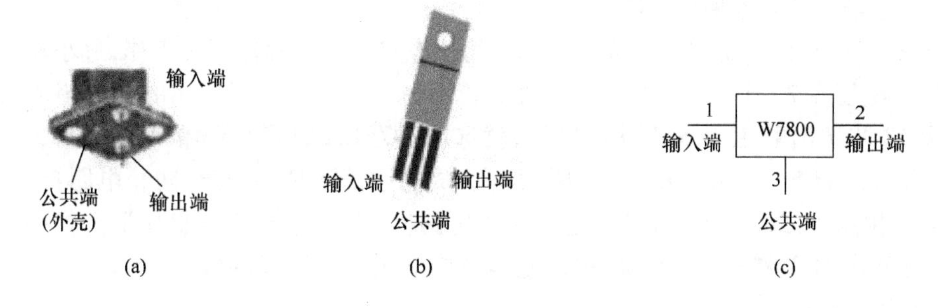

图 5.2.3 三端集成稳压器

(a) W7800 金属封装外形图 (b) W7800 塑料封装外形图 (c) W7800 方框

W7800 系列为正电压输出，可输出固定电压 5 V、6 V、9 V、12 V、15 V、18 V、24 V。其输出电压值是用型号后两位数字表示的，如 W7805 表示输出电压为 +5 V，其余类推。这个系列产品的输出电流用如下方式表示：W78L00，输出电流为 0.1 A；W78M00，输出电流为 0.5 A；W7800，输出电流为 1.5 A；W78H00，输出电流为 5 A；W78P00，输出电流为 10 A。

与之对应的 W7900 系列为负电压输出，输出固定电压数值和输出电流数值表示方法与 W7800 系列完全相同，如 W7905 表示输出电压为 −5 V，输出电流为 1.5 A。

2）主要性能参数

W7800 系列三端集成稳压器主要性能参数见表 5.2.1。

表 5.2.1　W7800 系列三端集成稳压器的主要性能参数

参数名称	单位	参数值
最大输入电压 U_{imax}	V	35
输出电压 U_o	V	5、6、9、12、15、18、24
最小输入、输出电压差值 $(U_i - U_o)_{min}$	V	2 ~ 3
最大输出电流 I_{omax}	A	1.5
电压高速率 S_U	无	0.1 ~ 0.2
输出电阻 R_o	mΩ	30 ~ 150

上表中，最大输入电压 U_{imax}是指保证稳压器安全工作时所允许输入的最大电压；输出电压 U_o是指稳压器正常工作时，能输出的额定电压；最小输入、输出电压差值 $(U_i - U_o)_{min}$是指保证稳压器正常工作时所允许的输入与输出电压的最小差值；最大输出电流 I_{omax}是指保证稳压器安全工作时所允许输出的最大电流；电压调整率 S_U是指输入电压每变化 1 V 时输出电压相对变化值 $\Delta U_o/U_o$的百分数，即 $S_U = \dfrac{\Delta U_o/U_o}{\Delta U_i} \times 100\%$，此值越小，稳压性能越好；输出电阻 R_o是指在输入电压变化量 ΔU_i为 0 时，输出电压变化量 ΔU_o与输出电流变化量 ΔI_o的比值，即

$$R_o = \frac{\Delta U_o}{\Delta I_o}\bigg|_{\Delta U_i = 0}$$

它反映负载变化时的稳压性能。R_o越小，即 ΔU_o小，稳压性能越好。

3）基本应用电路

Ⅰ. 固定输出的基本稳压电路

图 5.2.4(a)所示为输出电压固定的基本稳压电路。为了确保正常工作，最小输入电压应比固定输出电压高 2 ~ 3 V。其输出电压数值和输出电流数值由所选用的三端集成稳压器决定。如需 12 V 输出电压，1.5 A 输出电流，就选用 W7812；如需 5 V 输出电压，0.5 A 输出电流，就选用 W78M05。电路中 C_1、C_2 的作用是完成滤波消除高频噪声，防止电路自激振荡；输入输出之间接保护二极管 VD 是为了避免输入短路，C_2 反向放电损坏稳压器。如果需用负电源，可改用 W7900 系列三端稳压器，电路基本结构不变，如图 5.2.4(b)所示。

Ⅱ. 扩流电路

因三端稳压器的输出额定电流有限，当所需电流超过组件输出电流时，外接功率管可扩大

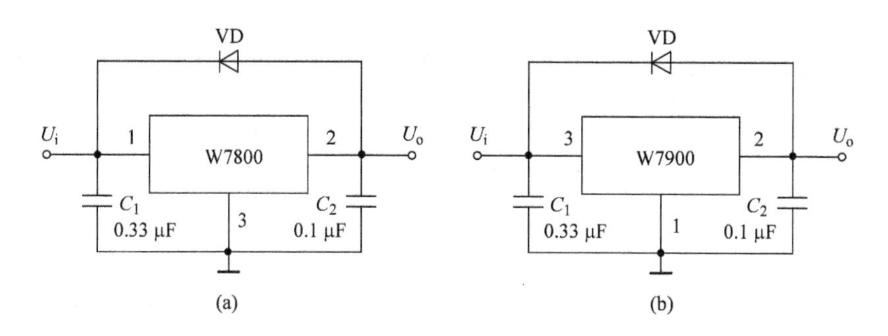

图 5.2.4　固定输出的三端稳压电路

(a) W7800 稳压电路　(b) W7900 稳压电路

输出电流,稳压器的电流扩展电路如图 5.2.5 所示。

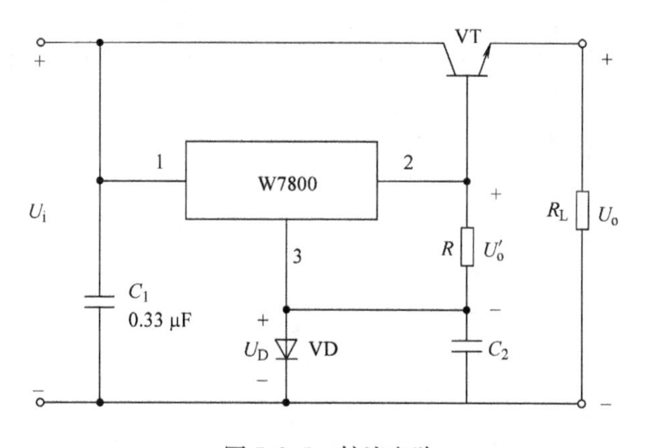

图 5.2.5　扩流电路

图 5.2.5 中,负载电流由三极管的集电极电流提供,而它的基极电流由 W7800 驱动。设稳压器的输出电流的最大值为 I_{omax},流过电阻 R 的电流为 I_R,则三极管的最大基极电流 $I_{Bmax} = I_{omax} - I_R$,因此负载电流的最大值为

$$I_{Lmax} = (1+\beta)(I_{omax} - I_R)$$

电路中的二极管 VD 可以补偿功率管 VT 的发射结电压 U_{BE} 对 U_o 的影响,这是因为 $U_o = U_o' - U_{BE} + U_D = U_o'$,同时也可对 U_{BE} 进行温度补偿。

Ⅲ. 输出电压可调的稳压电路

用 W7800 系列中的三端集成稳压器 W7805 与集成运算放大器 A 组成的输出电压可调的稳压电路,如图 5.2.6 所示。由于集成运算放大器 A 的输入阻抗很高,输出阻抗很低,用它做成电压跟随器便能较好地克服三端集成稳压器静态工作电流 I_Q 变化对稳压精度的影响。

设取样电压为 FU_o,由图可得

$$FU_o = \frac{R_2}{R_1 + R_2} U_o = U_o - 5$$

$$U_o = \left(1 + \frac{R_2}{R_1}\right) \times 5$$

调节电位器改变 R_2/R_1 的比值，U_o 可在 7 ~30 V 范围内调整。

Ⅳ. 具有正、负电压输出的稳压电路

将同种规格的分别具有正、负电压输出的 W7800 系列和 W7900 系列三端集成稳压器配合使用，便能组成具有正、负电压输出的稳压电路，如图 5.2.7 所示。

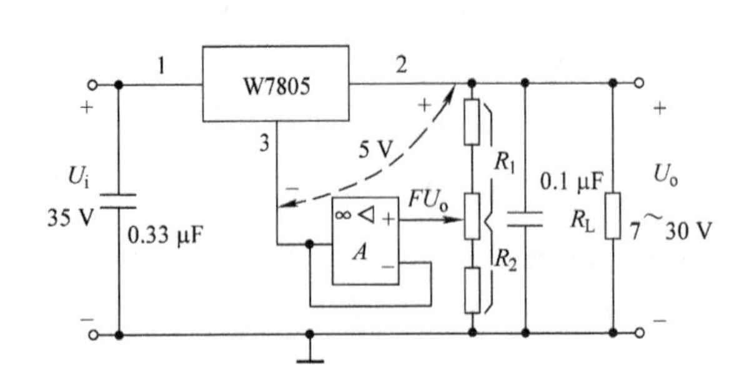

图 5.2.6　输出电压可调的稳压电路

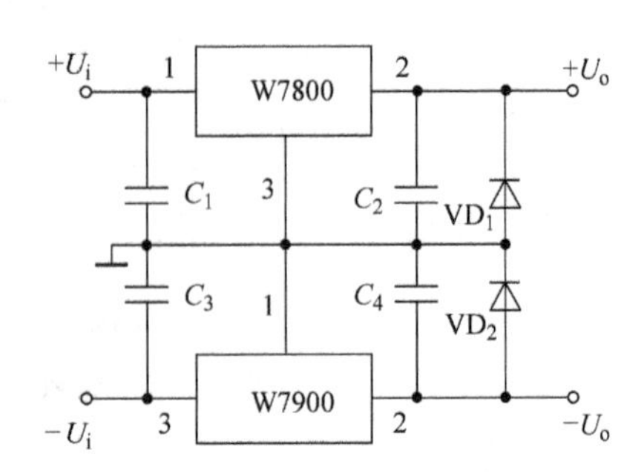

图 5.2.7　输出正、负电压的稳压器

图 5.2.7 中，W7800 系列和 W7900 系列三端集成稳压器分别接成固定输出基本稳压电路，但具有公共接地端。

2. 可调式三端集成稳压器 W317(W117)系列

1)简介

W317(W117)系列可调三端集成稳压器为第二代三端集成稳压器。输出正电压，其调压范围为 1.2 ~37 V，最大输出电流为 1.5 A。与之对应的 W337(W137)系列为负电压输出，其电路基本结构、性能、功能与 W317(W117)系列基本相同。W117 外形及方框图如图 5.2.8 所示。

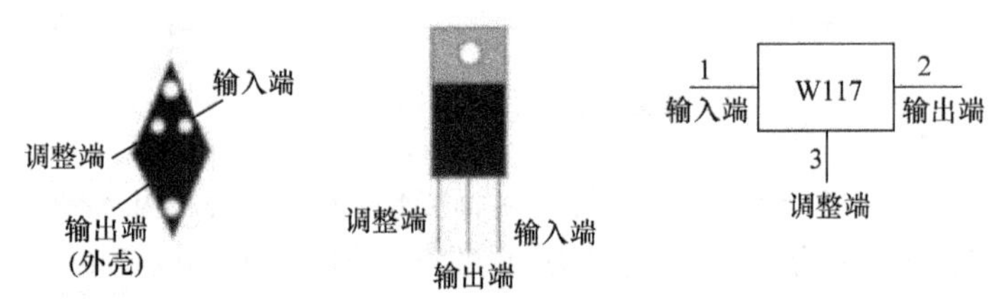

图 5.2.8　W117 外形及方框图

2)W317 和(W117)可调三端集成稳压器的典型应用

W317(W117)的典型应用电路如图 5.2.9 所示。

图 5.2.9 中，U_i 为整流滤波电路输出电压；C_1、C_2 用于消除高频噪声，防止电路自激振荡，R、R_p 组成输出电压 U_o 调整电路，调节 R_p，即可调整输出电压 U_o 的大小。与 W7800 系列稳压器相比，它设计独特、精巧，输出电压连续可调且稳压精度高，最大输入、输出电压差可达 40 V，工作温度范围为 0 ~125 ℃。因此，适合将它作为一种通用化、标准化的集成稳压器，用于需要非标准输出电压值的各种电子设备的电源中。

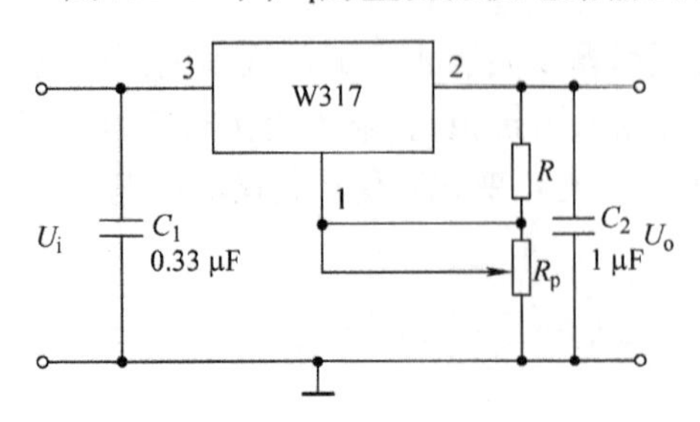

图 5.2.9　W317(W117)的典型应用电路

5.2.4 开关型稳压电路

前面讨论的串联型稳压电路和集成稳压电路都属于线性稳压电源，调整管功耗大、使用的电源变压器笨重、电源效率低。近年来研制出了调整管工作在开关状态的开关式稳压电路，其调整管只工作在饱和与截止状态。由于管子饱和导通时管压降 U_{CES} 很小，而管子截止时只有很小的穿透电流 I_{CEO} 流过管子，因而管耗主要发生在状态转换过程中，电源效率可提高到80% ~90%。整个电源体积小、质量轻、稳压范围大。它的主要缺点是输出电压中含交流成分(纹波)较大，对电子设备的干扰较大，而且电路比较复杂，对元器件要求较高。但由于其优点突出，目前应用日趋广泛。

1. 开关型稳压电路的基本结构

开关型稳压电路的形式很多，根据电源能量供给电路的接法不同可分为并联型和串联型两类。下面以串联型开关稳压电路为例说明其基本结构。串联型开关稳压电路组成方框图如图5.2.10所示。

电路主要由开关调整管VT、取样比较电路、基准电压电路、脉冲调宽电路、脉冲发生器及储能电路等组成。其储能电路又是由储能电感 L、储能电容 C 和续流二极管VD组成。因储能电感 L 与负载 R_L 串联，故称为串联型开关稳压电路。图中，U_i 为输入电压，是交流电压经整流、滤波后获得的脉动直流电压，U_o 为输出电压。

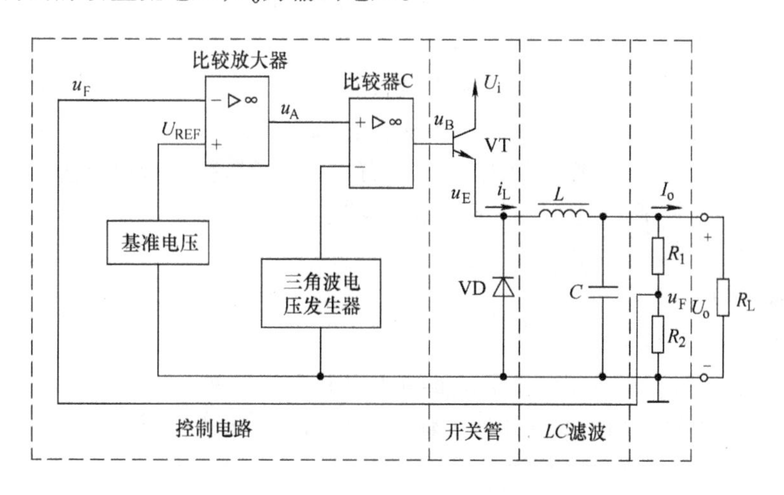

图5.2.10 串联型开关稳压电路组成方框图

2. 开关型稳压电路的基本工作原理

由图5.2.10可见，通过控制调整管VT周期性开关作用，便能将输入端的能量注入储能电路，再由储能电路送到负载。调整管VT开启(饱和导通)时间越长，注入储能电路的能量越多，输出电压 U_o 越高。调整管VT的开关时间是受基极脉冲电压控制的，这个脉冲电压由比较器C产生，故其频率由三角波频率决定，而脉冲宽度是受脉冲调宽电路控制的，脉冲宽度越宽，调整管饱和导通时间越长。而脉冲调宽电路工作又受取样电压与基准电压比较后获得的误差电压控制。例如输出电压 U_o 升高时，取样电压升高，与基准电压比较后误差电压升高，控制脉冲调宽电路使其加到调整管VT基极的脉冲电压宽度变窄，调整管开启时间缩短，输入储能电路的能量减少,使输出电压 U_o降低,从而维持输出电压 U_o不变。反之,当输出电压 U_o降低时,其变化控制过程与上述相反,也将维持输出电压 U_o不变。

具体稳压过程是:在调整管 VT 开启(饱和导通)期间,输入电压 U_i通过 VT 加到二极管 VD 的两端,电压 u_E等于 U_i(忽略管 VT 的饱和压降),此时二极管 VD 承受反向电压而截止,负载中有电流 i_o流过,电感 L 储存能量,同时向电容 C 充电。VT 导通时间越长,i_L越大,L 中储存的能量越多。当 VT 从饱和导通跳变到截止的瞬间,由于 L 的自感作用将产生左负右正的自感电动势,二极管 VD 导通,于是电感中储存的能量通过 VD 向负载释放,负载 R_L继续有电流流过,因而通常称 VD 为续流二极管。由此可见,虽然调整管处于开关工作状态,但由于二极管 VD 的续流作用和 L、C 的滤波作用,输出电压是比较平稳的。

如果将串联型开关稳压电路的储能电感 L 与续流二极管位置互换,储能电感与负载 R_L并联,便构成并联型开关稳压电路。它的工作原理与串联型开关稳压电路相同。

开关型稳压电路调整管 VT 最佳开关频率 f_T一般在 10 ~ 100 kHz。f_T越高,需要使用的 L、C 值越小。这样,电源的尺寸和质量就会减小,成本将随之降低。另一方面,开关频率的增加将使开关调整管 VT 单位时间转换的次数增加,管耗增加,而效率降低。

3. 实用集成开关稳压器件

目前已生产出大量集成开关稳压器件,下面介绍几种典型的器件。

1)L4960/L4962/L4964 低压串联型开关稳压电路的应用

L4960/L4962/L4964 使用的外围元件极少,输出电流大,输出电压范围为 5 ~ 40 V,并连续可调,其脉冲占空比可以在 0 ~ 100% 内调整,整个电源效率高达 90%,该器件具有慢启动、最大电流限制和过热保护功能。由于器件的开关工作频率高达 100 kHz,外围滤波元件 L、C 的体积和容量明显减小。用它制作的稳压电路,具有较高的参数指标和稳压精度,不但可接成可调式稳压电路,也可以接成固定电压输出的稳压电路。

L4960/L4962/L4964 的主要电参数是:

(1)最大输入电压 U_i为 46 V;

(2)输出电压 U_o范围为 5 ~ 40 V;

(3)最大输出电流 I_o,L4960 为 2.5 A,L4962 为 1.5 A,L4964 为 4 A。

图 5.2.11 所示电路为用 L4960 接成的输出 5 V 固定电压的稳压电路。由整流电路输出

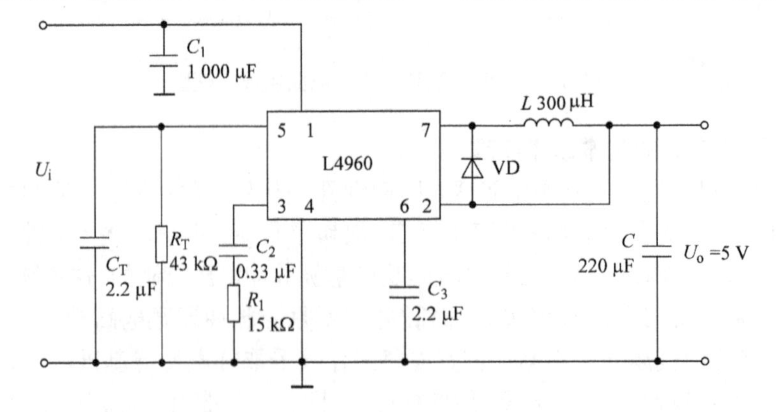

图 5.2.11 L4960 应用电路

的脉动直流电压 U_i经 C_1滤波后加到 L4960 输入端,脉冲发生器的定时电容 C_T和定时电阻 R_T决定了开关工作频率 f_T,R_1、C_2作误差信号放大器的补偿,电容 C_3确定慢启动时间,电感 L、电容 C 和二极管 VD 组成开关电源必备的储能电路。各元件按图中所示数据取值,可输出稳定 5 V 电压。

2)ICL7660/ ICL7662 变极性转换器的应用

ICL7660/ ICL7662 是美国哈里斯公司生产的小功率直流电源变换器,它们可将单电源变换成对称输出的双电源,并能实现倍压或多倍压输出。ICL7660 与 ICL7662 的原理相同,只是工作电压范围不同,前者为 +1.5 ~ +10.5 V,后者为 +5 ~ +20 V。它们均可广泛用于数字电压表、数字采集系统等领域。例如当某些单片 A/D 转换器在 ±5 V 对称双电源下工作时,如何利用 +5 V 电源来获得与之对称的 −5 V 电源,是这类设计需要解决的问题,而用 ICL7660 则可简化此类电路。

ICL7660/ ICL7662 的引脚排列如图 5.2.12 所示,各引脚功能如下。

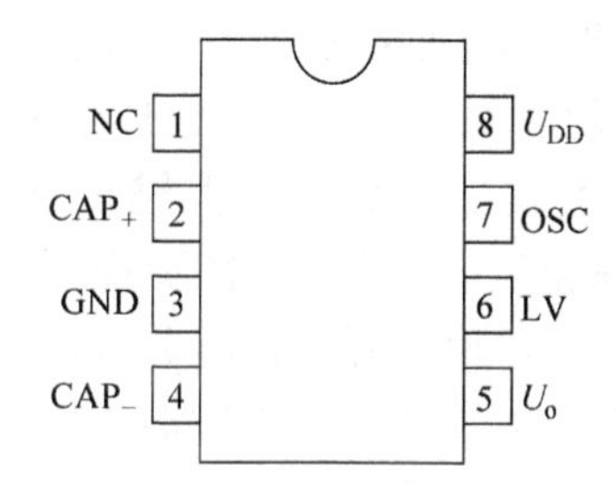

图 5.2.12 ICL7660/ ICL7662 的引脚排列图

(1)NC(1):空脚。

(2)CAP₊,CAP₋(2、4):分别外接电容的正、负端。

(3)GND(3):信号地。

(4)U_o(5):转换电压输出端(负端),外接电容 C_2。

(5)LV(6):芯片内置电源低电压端,当 U_{DD} >3.5 V 时,此端开路;当 U_{DD} <3.5 V 时,应将此端接地,以改善电路的低压工作性能。

(6)OSC(7):振荡器外接电容或时钟输出端,此端不接电容时,振荡频率为 10 kHz;若需降低内部振荡频率,应外接电容 C,当 C = 100 pF 时,f = 1 kHz;当 C = 1 000 pF 时,f = 100 Hz,振荡信号亦可由此端引出。

(7)U_{DD}(8):正电源输入端。

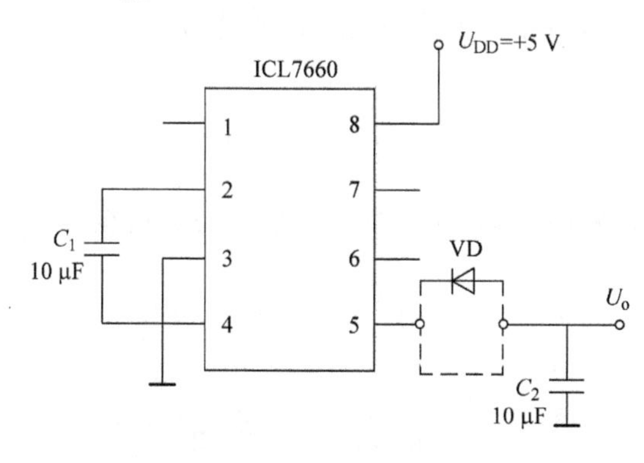

图 5.2.13 典型应用电路

利用图 5.2.13 可将 +5 V 电源变换成 −5 V 电源。图中的 C_1、C_2均采用 10 μF 的钽电容,以提高电源转换效率。需要指出的是,当 U_{DD} < +6.5 V 时,5 脚可直接作为输出;当 U_{DD} > +6.5 V时,为避免芯片损坏,输出电路需串接一个二极管 VD,该电路的最大负载电流为 10 mA。另外,为降低变换器的输出阻抗,提高带负载能力,可将多片 ICL7660 并联使用,而采用串联方式可获得多倍压输出。如使用 3 片 ICL7660,则可获得 3 倍压输出。通常,串联芯片不宜超过 3 片。

单元小结

(1)整流:就是运用二极管的单向导电性,把大小、方向都变化的交流电变成单向脉动的直流电。

(2)单相半波整流电路:由电源变压器 Tr、整流二极管 VD 和负载电阻 R_L组成。

(3)单相桥式整流电路:由电源变压器 Tr、4 个二极管接成电桥形式和负载电阻 R_L组成。

(4)滤波:整流电路可以把交流电压转换成脉动直流电压,这种脉动直流电压中不仅包含有直流分量,而且有交流分量。把脉动直流电压中的交流分量去掉,获得平滑直流电压的过程称为滤波,而把能完成滤波作用的电路称为滤波器。

(5)滤波器:一般由电容、电感等元件组成。利用电容器的充放电或电感元件的感应电动势具有阻碍电流变化的作用来实现滤波任务。

(6)稳压电路:整流输出电压经滤波后,脉动程度减小,波形变平滑。但是当电网电压发生波动或负载变化较大时,其输出电压仍会随着波动。在这种情况下,滤波电路是无能为力的,必须在滤波电路之后再加上稳压电路。常用的稳压电路有并联型稳压电路、串联型稳压电路、集成稳压电路和开关稳压电路。

(7)固定式三端集成稳压器:常用的三端集成稳压器有 W7800 系列、W7900 系列,成品采用塑料或金属封装。W7800 系列,1 端为输入端,2 端为输出端,3 端为公共端。W7900 系列 3 端为输入端,2 端为输出端,1 端为公共端。W7800 系列为正电压输出,W7900 系列为负电压输出。

(8)可调式三端集成稳压器 W317(W117):W317(W117)系列可调三端集成稳压器为第二代三端集成稳压器。输出正电压,其调压范围为 1.2 ~ 37 V,最大输出电流为 1.5 A。与之对应的 W337(W137)系列为负电压输出,其电路基本结构、性能、功能与 W317(W117)系列基本相同。

习 题 5

5.1 有一单相桥式整流电路如下图所示,试分析在出现下述故障时会出现什么现象?

(1)VD_1 的正负极接反;

(2)VD_2 短路;

(3)VD_1 开路。

5.2 试从反馈的角度分析下图所示串联型稳压电路的工作原理及影响稳压性能的主要因素。

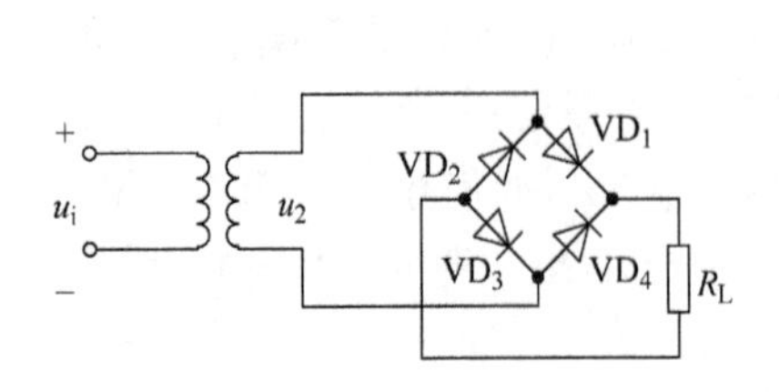

题 5.1 图

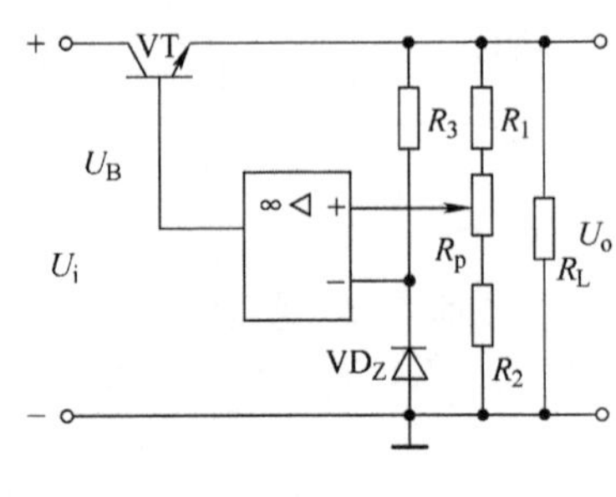

题 5.2 图

5.3　设计一桥式整流电容滤波电路。要求输出电压 $U_o=4.8$ V,已知负载电阻 $R_L=100$ Ω,交流电源频率为 50 Hz,试选择整流二极管和滤波电容器。

5.4　整流滤波电路如下图所示。

(1)把虚线框内电解电容 C 的符号画出来。

(2)当 $U_2=20$ V 时,U_o多大?

(3)如果 VD_2 击穿后开路,会出现什么样的情况? U_o多大?

(4)如果 VD_2 击穿后短路,会出现什么样的情况?

(5)如果变压器次级中间点脱焊,U_o多大?

5.5　选用 RC Ⅱ型滤波电路如下图所示,已知 $U_i=15$ V,$U_o=10$ V,$R_L=2$ kΩ,求电阻 R 的值。

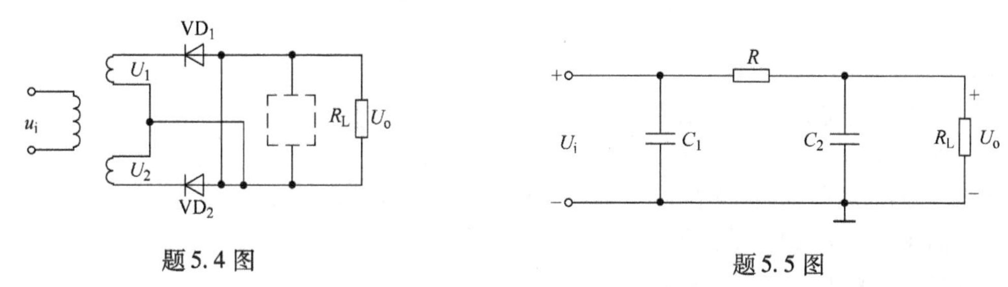

题 5.4 图　　　　题 5.5 图

5.6　下图所示电路是飞利浦 CT0－93 型彩电用的稳压电路,试分析电阻 3894,3895,3896 的作用。

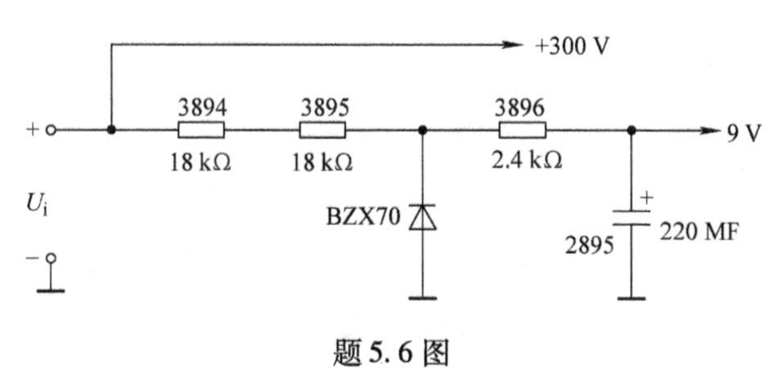

题 5.6 图

5.7　为什么在稳压电路中采用电压负反馈,而不采用电流负反馈? 若采用电流负反馈能否稳定输出电压? 为什么?

5.8　下图所示电路是采用 CW7808 和 CW7908 集成块组成的可输出正负电源的稳定电路。

(1)标出输出电压的大小和极性。

(2)简述电路的工作原理。

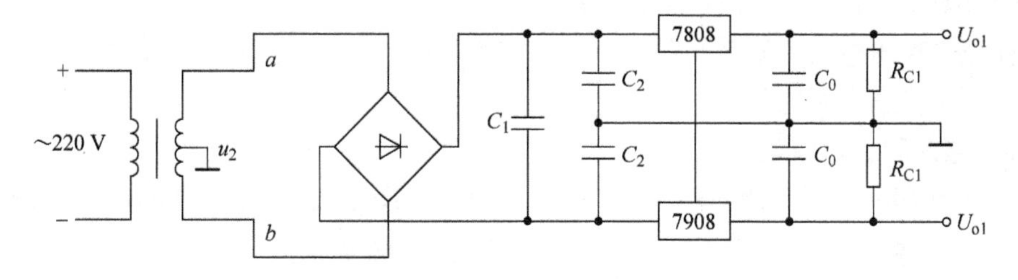

题 5.8 图

5.9　试用两个7815或7915构成输出① +30 V;② -30 V;③ ±15 V的稳定电路。

5.10　开关型直流稳压电路与线性串联稳压电路的主要区别是什么？它有什么优越性？

5.11　如下图所示,设 VD_Z 的最小稳定电流 $I_{Zmin}=5$ mA。

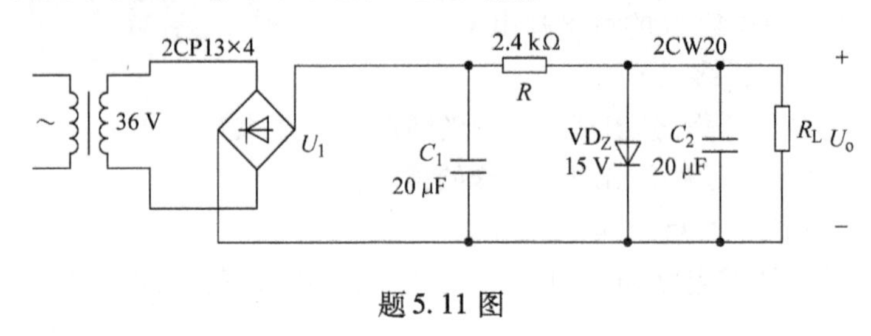

题5.11图

(1)U_o的极性和大小如何?

(2)C_1、C_2的极性应如何接?

(3)计算保持电路稳压的条件下,R_{Lmin}为多大?

(4)如果 VD_Z 反接,效果如何?

5.12　如下图所示,若W7815的最小压降 U_{1-2min}为4 V,试求:

(1)输出电压 U_o的可调范围;

(2)稳压电路的输入电压 U_{Zmin};

(3)变压器二次电压有效值 U_2。

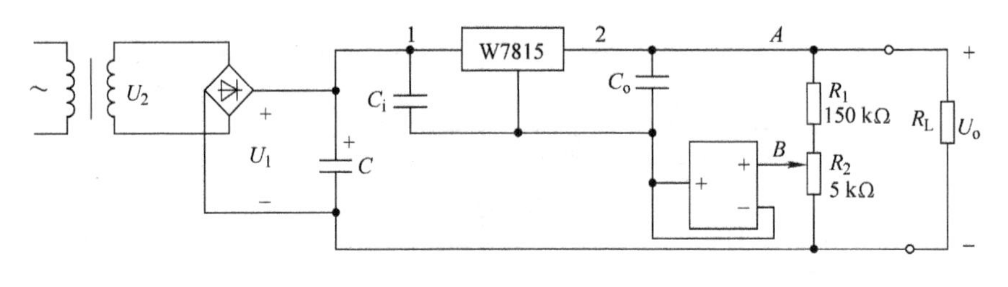

题5.12图

本单元实验

实验10　整流、滤波及稳压电路的研究

1. 实验目的

(1)学会对整流扩滤波电路的分析与研究。

(2)稳压管稳压电路的研究。

(3)串联型稳压电源的研究。

2. 实验电路和工作原理

(1)实验图10.1为组合模块AX1,在它上面可以实现上述三种电路的研究。图中 C_1 和 C_2 为滤波电路(滤中低频谐波),C_3 亦为滤波电容(滤高频谐波)。

(2)实验图10.2为桥式整流和 $LC-\pi$ 型滤波电路。

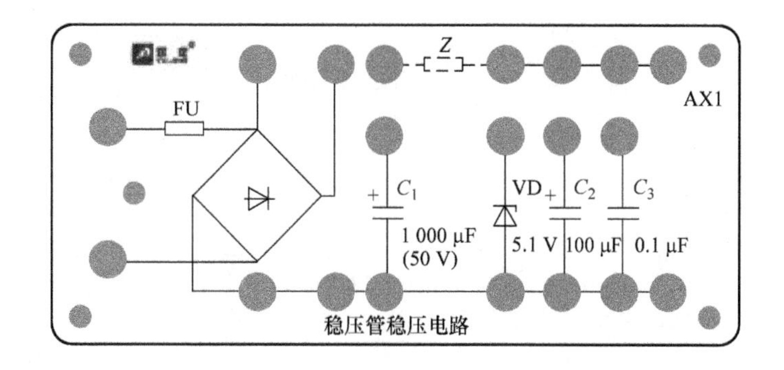

实验图 10.1　AX1 组合模块

复式滤波器是由电感、电容或电阻、电容组合起来的多节滤波器，它们的滤波效果要比单电容或单电感滤波好。常见的有 $LC-\pi$ 和 $RC-\pi$ 型两类复式滤波器。$LC-\pi$ 型滤波器的电路如实验图 10.2 所示。$LC-\pi$ 型滤波器能使输出直流电的纹波更小，因为脉动直流电先经电容 C_1 滤波，然后再经 L 和 C_2 滤波，使交流成分大大降低，在负载 R_L 上得到平滑的直流电压。$LC-\pi$ 型滤波器的滤波效果好，但电感的体积较大、成本较高。

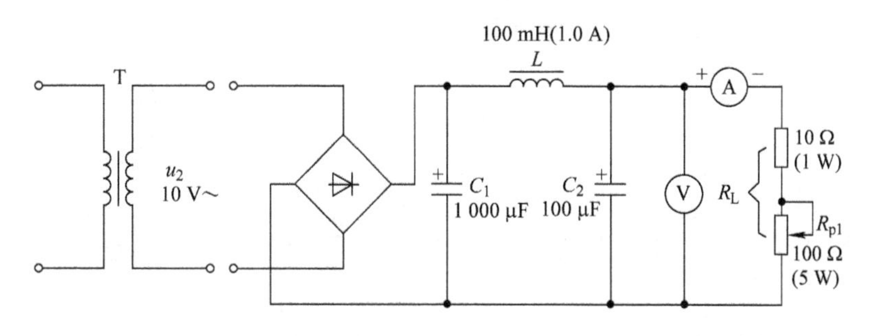

实验图 10.2　$LC-\pi$ 型滤波器

(3)实验图 10.3 为桥式整流与 $RC-\pi$ 型滤波电路。

在电流较小、滤波要求不高的情况下，常用电阻 R 代替 $LC-\pi$ 型滤波器的电感 L，构成 $RC-\pi$ 型滤波器。$RC-\pi$ 型滤波器成本低、体积小、滤波效果较好。但由于电阻 R 的存在，会使输出电压降低。

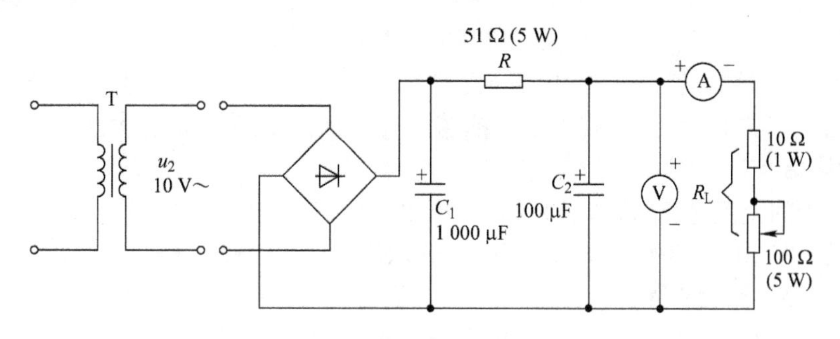

实验图 10.3　$RC-\pi$ 型滤波器

(4)实验图 10.4 为稳压二极管并联型稳压电路。

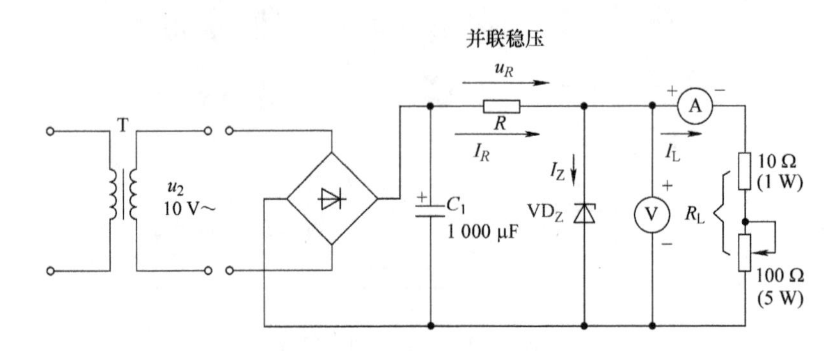

实验图 10.4　稳压二极管并联型稳压电路

稳压原理:若负载 R_L 阻值变小而使电流增大时,电阻 R 上的压降 U_R 将增加,从而造成输出电压 U_L 下降。这时稳压二极管的电压 U_Z 也下降,这导致稳压二极管电流 I_Z 显著减小,这样流过限流电阻 R 的电流 I_R 将减小,导致电阻 R 上的压降 U_R 也减小,从而抵消了输出电压 U_L 的波动。由以上分析可见,流过稳压管的电流 I_Z 犹如一个蓄水库,当外界取用电流增加,而使电压略有下降时,I_Z 显著减小,原先 I_Z 中的一部分补充了负载取用的电流。

(5)实验图 10.5 为三极管串联型直流稳压电路。

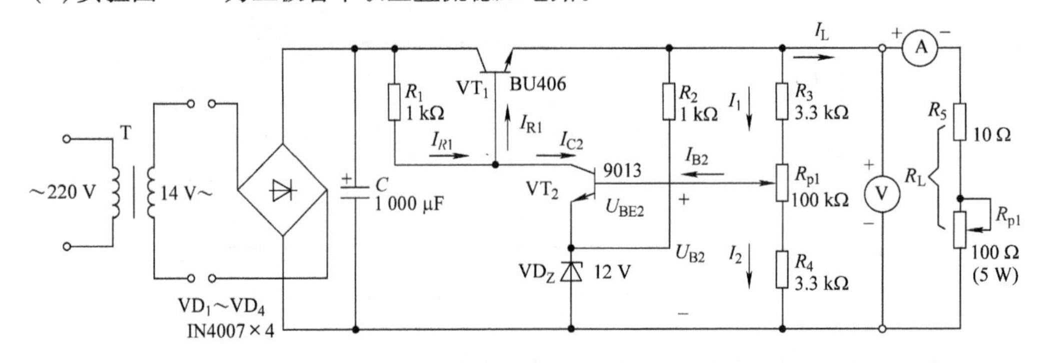

实验图 10.5　三极管串联型直流稳压电路

串联型稳压电路的工作原理为:设 u_i↓(或 R_L↓、I_L↑)→负载电压 U_L↓,取样电压 U_{B2}↓→VT_2管的 U_{BE2}↓,VT_2集电极电流 I_{C2}↓→VT_2集电极电位 U_{C2}↑(即 VT_1基极 U_{B2}↑),VT_1管 U_{BE1}↑、I_{C1}↑→U_{CE1}↓、U_L↑(从而保持负载电压基本不变)。

由以上稳压过程可见,输出电压的稳定是依靠调整管 VT_1 的管压降改变来进行补偿的。调整管的管压降落差范围越大,则稳压性能越好,但调整管的功耗也越大。

3. 实验设备

(1)装置中的交流电源(10 V、14 V)、电压表、电流表、示波器、数字万用表。

(2)单元 AX1、R01、R04、R05、R08、R12、RP1、RP10、VS2、VS3、VT1、VT3、L02。

4. 实验内容与实验步骤

(1)在 AX1 模块基础上,添加所需单元,按实验图 10.2 完成接线。

调节负载电阻 R_L(调节可变电阻 R_{p1}),使电流由小到大(从最小到最大,分 5 挡,取整数)，记录对应的负载电压，并由示波器观察，且记录电压波形填入实验表 10. 1。

实验表 10. 1　*LC* 滤波对负载电压的影响

负载电流 I_L/mA					
负载电压 U_L/V					
负载电压滤形					

(2)按实验图 10. 3 完成接线，可在上述实验中将 51 Ω 电阻 *R* 取代电感 *L* 即可。重做上述实验，并将相应数据与波形填入实验表 10. 2 中。

(3)按实验图 10. 4 完成接线，可在上述实验中将稳压管 VD_Z[单元 VS 中的 IN4738A(8. 2 V)]取代电容 C_2 即可。重做上述实验，并将相应数据与波形填入实验表 10. 3 中。

(4)按实验图 10. 5 完成接线，可在 AX1 的基础上，增添一些单元即可完成。其中 VT_1 为单元 VT1 中的 BU406，VT_2为单元 VT2 中的 9013，VD_Z 为单元 VS3 中的 12 V 稳压管，R_p 为单元 RP9，负载可变电阻为单元 RP1。完成接线后，将交流电源电压调为 14 V，重复上述实验，并将相关数据填入实验表 10. 4 中。

实验表 10. 2　*RC* 滤波对负载电压的影响

负载电流 I_L/mA					
负载电压 U_L/V					
负载电压滤形					

实验表 10. 3　采用稳压管稳压加 *RC* 滤波后，负载电流对负载电压的影响

负载电流 I_L/mA					
负载电压 U_L/V					
负载电压滤形					

实验表 10. 4　采用串联型稳压电源，负载电流对负载电压的影响

负载电流 I_L/mA					
负载电压 U_L/V					
负载电压滤形					

5. 实验注意事项

(1)负载电阻 R_L 中串入 10 Ω 电阻,是为了防止调节时不小心造成短路。

(2)实验时,注意电阻元件与调整管是否会过热。

6. 实验报告要求

(1)完成实验表 10.1 至实验表 10.4 的数据和波形。

(2)分析这四种常用的直流整流滤波和稳压电路的优点与缺点。

实验 11 直流稳压正、负电源电路的研究

1. 实验目的

(1)学会 78 系列和 79 系列三端稳压集成电路的应用。

(2)掌握直流稳压正、负电源电路的接线与调试。

2. 实验电路与工作原理

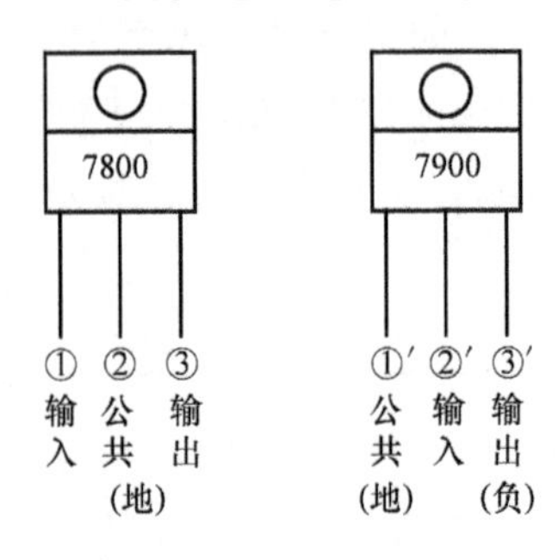

实验图 11.1 78、79 系列管脚图

(1)三端集成稳压器是将串联型稳压电路中的调整电路、取样电路、基准电路、放大电路、启动及保护电路集成在一块芯片上的集成模块。其中有三端固定式的,如 7800 系列(正电源)和 7900 系列(负电源)。后两位数即代表输出电压数,如 7812 代表输出 +12 V,7905 代表输出 −5 V。此外还有三端可调集成稳压器,如 117 与 317(可输出 −1.25 ~ +37 V 可调)及 137 与 337(可输出 −1.25 ~ −37 V 可调)。

实验图 11.1 为 7800 系列与 7900 系列集成电路的引脚。

(2)实验图 11.2 为正、负对称输出两组电源的稳压电路。

用 7800 和 7900 的三端集成稳压器可组成正、负对称输出两组电源的稳压电路,如实验图 11.2 所示。图中二极管 VD_5 和 VD_6 用于保护稳压器。在输出端接负载情况下,如果其中一路稳压器输入 U_i 断开,如图中 A 点所示,则 $+U_o$ 通过 R_L 作用于输出端,使该稳压器输出端对地承受反压而损坏。如今有了 VD_6 限幅,反压仅为 0.7 V 左右,从而保护了集成稳压器(7915)。VD_5 和 VD_6 通常为开关二极管 IN4148。

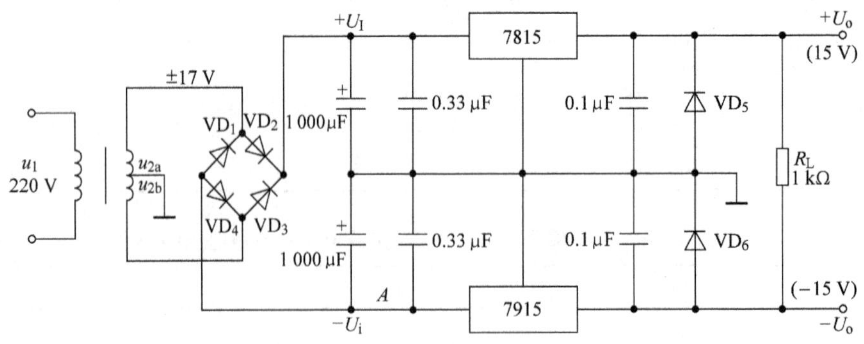

实验图 11.2 正、负对称输出两组电源的稳压电路

3. 实验设备

(1)装置中带中心抽头的 ±17 V 电源(或 220 V/ ±17 V 带中心抽头的 10 V 的变压器)。

(2)单元 AX1(利用它上面的桥式整流与熔断器),AX12、AX13、R01、三端集成稳压器

7815 和 7915、VD2 中的两只 IN4148。

4. 实验内容与实验步骤

(1)对照实验图 11.1 识别 7815 与 7915 的引脚,将 7815 与 7915 接入 AX12 及 AX13。

(2)按照实验图 11.2 完成接线,并用万用电压表测量输出端间的电压及它们对地间的电压,并作记录。

(3)将负载 R_{L1}(330 Ω、2 W)接在正电源上对地,将负载 R_{L2}(51 Ω、5 W)接在负电源上对地,分别测量负载上的电压 U_{L1} 及 U_{L2}。

5. 实验注意事项

(1)正确识别 7815 与 7915 引脚(它们两个并不相同),并正确插入(请注意 AX12 与 AX13 印刷电路板上接插件的连接线是不同的)。

(2)稳压源输出端负载不能短路。

6. 实验报告要求

在实验图 11.2 上画出负载 R_{L1} 和 R_{L2} 的电流 I_{L1} 和 I_{L2} 的通路(完整的路线)。

实验 12 LM386 集成音响功率放大电路及其应用

1. 实验目的

(1)学会对集成功率放大电路的应用。

(2)掌握音乐(或语言)专用芯片的选用。

2. 实验电路及工作原理

(1)实验图 12.1 为 LM386 集成音响功率放大电路。

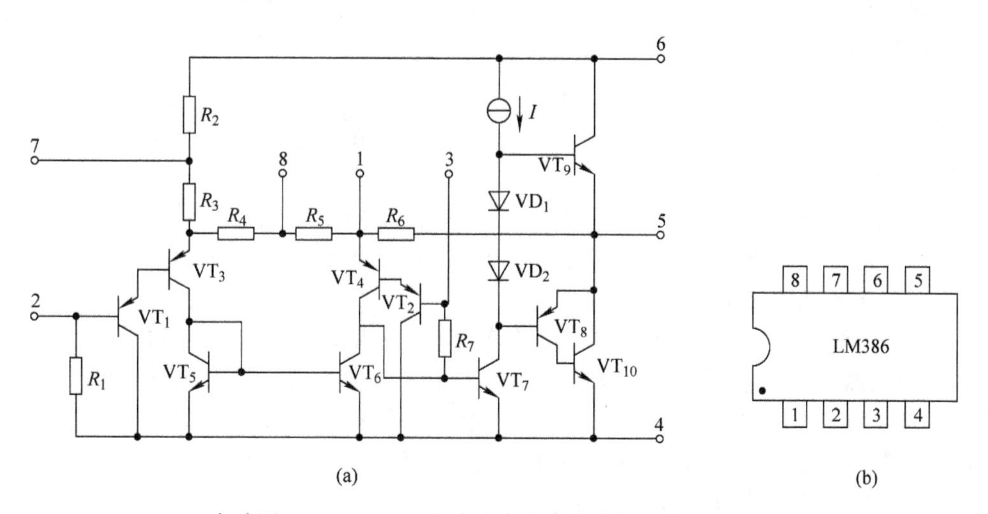

实验图 12.1 LM386 集成功率放大器内部电路和引脚图

(a)电路 (b)引脚图

(2)集成功率放大器的种类很多,如 LM380、LM386、CD4140 等。集成功率放大器一般由输入级、中间级和输出级三部分组成。本次实验使用的是 LM386 低电压音频功率放大器,输入级是复合管差动放大电路,有同相和反相两个输入端,它的单端输出信号传送到中间共发射极放大级,以提高电压放大倍数。输出级是 OTL 互补对称放大电路,LM386 的内部电路和引脚排列如实验图 12.1(b)所示。

(3)实验图 12.2 为应用 LM386 集成模块作音响功率放大的典型电路。

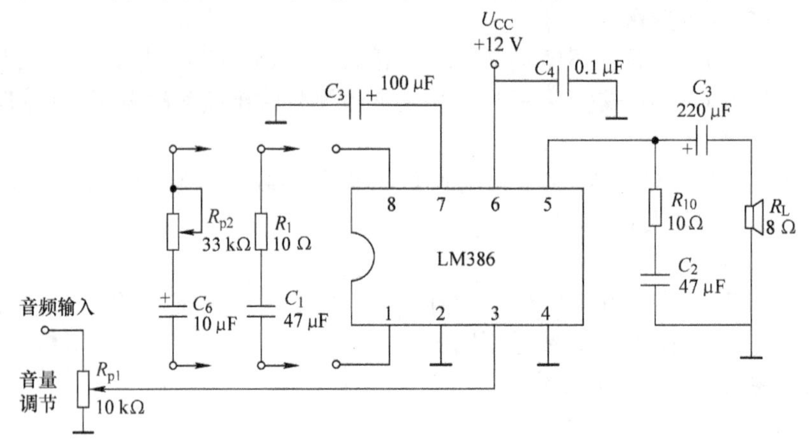

实验图 12.2 应用 LM386 集成模块的音响功率放大电路

在实验图 12.2 中 1 脚与 8 脚间可以开路,这时整个电路的放大倍数为 20 倍左右。若在 1 脚与 8 脚间外接旁路电容与电阻(如 R_1 及 C_1),则可提高放大倍数。也可在 1 脚与 8 脚间接电位器与电容(如 R_{p2} 及 C_6),则其放大倍数可以进行调节(20 ~ 200 倍)(R_{p2} 整定功放电路放大倍数)。R_{p1} 调节输入的音频电压的大小,用来调节输出的音量。

(4)实验图 12.3 为音乐专用芯片单元,它所加的电源电压为 2.5 ~5 V,此处取 3.0 V。中央的接线端为音乐信号输出端(另一输出端为地端)。单元中的开关 K,为了短接信号输出。

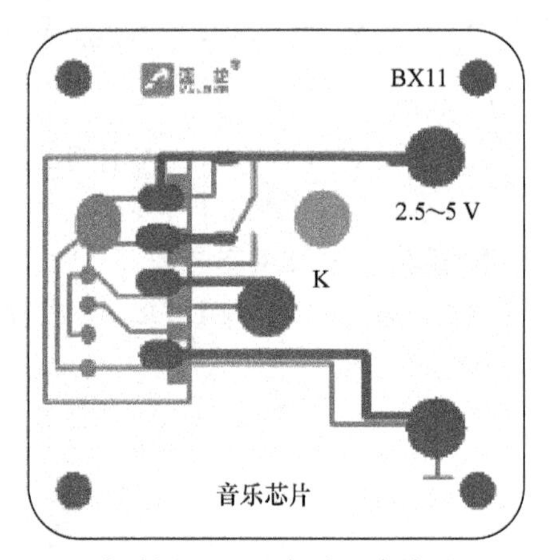

实验图 12.3 音乐芯片单元

3. 实验设备

(1)装置中的直流电源(+12 V 和 +3 V)、函数信号发生器、示波器、数字万用表。

(2)单元、组合模块 AX16、BX11(音乐芯片)、BX06(扬声器)、RP6、RP8。

4. 实验内容与实验步骤

(1)在组合模块 AX16 的基础上,接入所需单元,完成实验图 12.2 所示的接线。

(2)检查接线无误后接通电源。从输入端输入正弦信号 $f=1\ 000$ Hz,用示波器观察输出电压波形。逐渐增大输入信号 u_i,使输出波形为最大不失真电压,记下 U_{ippm} 及 U_{oppm}。

测量集成功率放大器的电压放大倍数 A 和输出功率 P_o。

① 放大器电压放大倍数

$$A=U_{oppm}/U_{ippm}$$

式中 U_{oppm}——输出电压信号峰峰值;

U_{ippm}——输入电压信号峰峰值。

② 输出功率 P_o

$$P_o=U_o^2/R_L$$

(3)以音乐芯片的输出取代函数信号发生器的信号,检听扬声器的音响品质。调节音量调节旋钮,检听对音质的影响。信号线通常采用屏蔽双绞线。

屏蔽双绞线如实验图 12.4 所示。

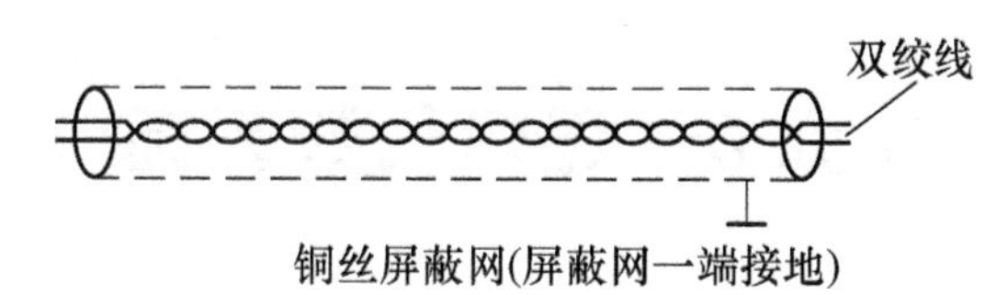

实验图 12.4　屏蔽双绞线

屏蔽双绞线由两根相互绞拧在一起的绝缘塑胶线构成，在双绞线外面包裹了一层由铝箔及镀锡铜丝编织的网筒。屏蔽线通常一端（不是两端）接地，作电屏蔽用（阻挡外界电磁场对信号线的干扰）。采用双绞线，一方面，一来一回（方向相反）的信号电流对外界产生的扰动会抵消；另一方面，外界电磁场对一来一回信号线产生的干扰也可以相互抵消。因此，在易受干扰的场合（如 MOSFET、IGBT 输入信号线），常采用屏蔽双绞线（装置中配有屏蔽双绞线）。

（4）倘若希望增加低频音响，考虑可能采取的措施。

5. 实验注意事项

（1）不使扬声器发生短接，否则会烧坏功放芯片。

（2）对 LM386 芯片内部的构造和工作过程，可不必去探究。对专用芯片，主要注意它的功能、引脚的接线和使用注意事项。

6. 实验报告要求

（1）计算功率放大器的电压放大倍数和对 8 Ω 扬声器的输出功率。

（2）提出改进音质的措施。

单元6　逻辑代数基础

学习目标

(1)了解模拟信号、数字信号、数字电路的分类及特点。

(2)掌握数制及数制之间的相互转换。

(3)了解码制和常用代码、二—十进制码(BCD码)。

(4)了解射极输出器的特点及应用。

(5)掌握逻辑代数的基本运算、逻辑函数的表示方法、逻辑代数的基本定律和规则、逻辑函数的公式化简法。

(6)掌握卡诺图化简法。

处理数字信号的电路称为数字电路。本章介绍了各种进制及它们之间的相互转换,然后介绍了逻辑代数的基本概念、基本公式和常用定理、逻辑函数的表示方法及逻辑函数的化简方法。

6.1　概述

6.1.1　信号与电路

电子线路中的工作信号可以分为两大类:模拟信号和数字信号。

模拟信号是指时间和数值都连续变化的信号,如压力、速度、温度等。处理模拟信号的电路为模拟电路。数字信号是指在时间和数值上都不连续变化的信号,数字信号是离散的。典型的数字信号波形如图6.1.1所示。对数字信号进行传输、处理的电子线路称为数字电路,它主要是研究输出和输入信号之间的对应逻辑关系,其主要分析工具为逻辑代数,所以数字电路也叫逻辑电路。

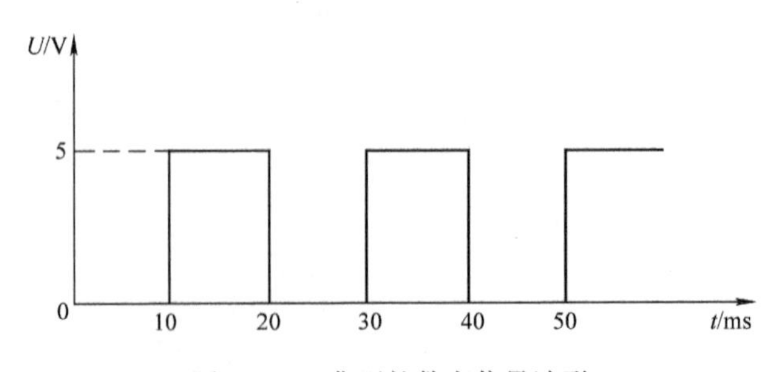

图6.1.1　典型的数字信号波形

6.1.2　数字电路的分类及特点

数字电路可以分为分立元件和集成电路两大类。根据集成密度的不同,数字集成电路分为小规模集成电路、中规模集成电路、大规模集成电路和超大规模集成电路。表 6.1.1 所示为按集成度分类的数字电路。根据半导体导电类型的不同,集成电路又可分为双极型电路和单极型电路。按照电路的结构和工作原理的不同,数字电路可分为组合逻辑电路和时序逻辑电路两类。组合逻辑电路没有记忆功能,其输出信号只与当时的输入信号有关,而与电路以前的状态无关;时序逻辑电路具有记忆功能,其输出信号不仅和当时的输入信号有关,而且与电路以前的状态有关。

表 6.1.1　集成电路的分类

集成电路分类	集成度	电路规模与范围
小规模集成电路 SSI	1 ~ 10 门/片 或 10 ~ 100 个元件/片	逻辑单元电路 包括:逻辑门电路、集成触发器等
中规模集成电路 MSI	10 ~ 100 门/片 或 100 ~ 1 000 个元件/片	逻辑部件 包括:计数器、译码器、编码器、数据选择器、加法器、比较器等
大规模集成电路 LSI	100 ~ 1 000 门/片 或 100 ~ 100 000 个元件/片	数字逻辑系统 包括:中央控制器、存储器、各种接口电路等
超大规模集成电路 VLSI	大于 1 000 门/片 或大于 10 万个元件/片	高集成度的数字逻辑系统 包括:各种型号的单片机等

与模拟电路相比,数字电路具有以下几方面的特点。

(1)研究电路输入与输出信号间的因果关系,也称逻辑关系。

(2)用 0 和 1 两个数字符号分别表示数字信号的两个离散状态,反映在电路上通常是高电平和低电平。

(3)电路中的半导体器件一般工作在开(导通)、关(截止)状态,对于半导体三极管,不是工作在截止状态就是工作在饱和状态。

(4)研究数字电路的主要任务是进行逻辑分析和设计,运用的数学工具是逻辑代数。数字电路还有利于高度集成化、工作可靠性高、抗干扰能力强、信息容易保存等优点。

6.2　数制及数制之间的相互转换

6.2.1　数制

数制是一种计数方法,它是计数进位制的简称。在数字电路中常用的数制除了十进制外,还有二进制、八进制和十六进制。

在分析进制之前,先来了解几个概念。

(1)进位制:表示数时,仅用一位数码往往不够,必须用进位计数的方法组成多位数码。多位数码每一位的构成以及从低位到高位的进位规则称为进位计数制,简称进位制。

(2)基数:进位制的基数就是在该进位制中可能用到的数码个数。

(3)位权(位的权数):在某一进位制的数中,每一位的大小都对应着该位上的数码乘上一个固定的数,这个固定的数就是这一位的权数。权数是一个幂。

1. 十进制

十进制是最常用的数制。在十进制中,共有 0 ~ 9 十个数码,所以低位向相邻高位的进位原则是“逢十进一”,故为十进制。同一数字符号在不同的数位,代表的数值不同。设某十进制数有 n 位整数,m 位小数,则任何一个十进制数均可表示为

$$N_{10} = \sum_{i=-m}^{n-1} k_i 10^i \tag{6.2.1}$$

其中,k_i 为第 i 位的系数,可取 0,1,2,3,…,9;10^i 为第 i 位的权;10 为进位基数,N 为十进制数。

例 6.2.1 写出十进制数 505.6 的大小。

解 $(505.6)_{10} = 5\times10^2 + 0\times10^1 + 5\times10^0 + 6\times10^{-1}$

2. 二进制

二进制数中只有 0、1 两个数字符号,所以进位原则是“逢二进一”,各位的权为 2^i,k_i 为第 i 位的系数。设某二进制数有 n 位整数,m 位小数,则任何一个二进制数均可表示为

$$N_2 = \sum_{i=-m}^{n-1} k_i 2^i \tag{6.2.2}$$

例 6.2.2 将二进制数 101.1 转换为十进制数。

解 $(101.1)_2 = 1\times2^2 + 0\times2^1 + 1\times2^0 + 1\times2^{-1} = (5.5)_{10}$

3. 八进制和十六进制

八进制有 0 ~ 7 八个数字,进位原则是“逢八进一”,各位的权为 8^i。表示方法类似于十进制。

十六进制有 0、1、2、3、4、5、6、7、8、9、A(10)、B(11)、C(12)、D(13)、E(14)、F(15)十六个数字,进位原则是“逢十六进一”。十六进制数可表示为

$$N_{16} = \sum_{i=-m}^{n-1} k_i 16^i \tag{6.2.3}$$

例 6.2.3 将十六进制数 4E6 转换为十进制数。

解 $(4E6)_{16} = 4\times16^2 + 14\times16^1 + 6\times16^0 = (1\,254)_{10}$。

6.2.2 各种进制之间的相互转换

1. 各种进制转换成十进制

二进制、八进制、十六进制转换成十进制时,只要按权展开,求出这个加权系数的和就可以。如

$$(176.5)_8 = 1\times8^2 + 7\times8^1 + 6\times8^0 + 5\times8^{-1} = 64 + 56 + 6 + 0.625 = (126.625)_{10}$$

2. 十进制转换成其他进制

十进制数转换为其他进制数分为整数部分和小数部分,因此需要将整数部分和小数部分分别转换,再将转换结果按顺序排列起来就得到其他进制数。

1)十进制转换成二进制

(1)整数部分:可采用除 2 取余法,即用 2 不断去除十进制整数,直到最后商为 0 为止,将所得到的余数以最后一个余数为最高位,第一个余数为最低位,即顺序为从下往上依次排列,便得到相应的二进制数。

(2)小数部分:可采用乘 2 取整法,即用 2 去乘所要转换的十进制小数,并得到一个新的小数,然后再用 2 去乘这个小数,一直进行到小数部分为 0 或达到转换所要求的精度为止,最

后取整数的部分作为二进制的小数部分，其顺序与整数部分取余数顺序正好相反。

例 6.2.4　将$(23.625)_{10}$转换为二进制数。

解　（1）整数部分的转换：

除数	被除数		余数	位	
2	23	………	余1	b_0	第一个余数为最低位
2	11	………	余1	b_1	↑ 读取次序
2	5	………	余1	b_2	
2	2	………	余0	b_3	
2	1	………	余1	b_4	最后一个余数为最高位
	0				

（2）小数部分的转换：

$0.625\times2=1.250$	………	整数部分=1	第一个整数为最高位
$0.250\times2=0.500$	………	整数部分=0	↓
$0.500\times2=1.000$	………	整数部分=1	最后一个整数为最低位

由此可得，$(23.625)_{10}=(10111.101)_2$。

2）十进制转换成八进制

十进制转换成八进制的方法与十进制转换成二进制相同，也是分整数部分和小数部分分别转换。如将十进制数$(126.625)_{10}$转换成八进制数，整数部分的转换为

除数	被除数		余数
8	126	………	余6
8	15	………	余7
8	1	………	余1
	0		

小数部分的转换为

$$0.625\times8=5.000\ \cdots\cdots\cdots\cdots\ \text{整数部分}=5$$

所以$(126.625)_{10}=(176.5)_8$。

3）十进制转换成十六进制

方法同十进制转换成二进制。如将十进制数$(268.312\,5)_{10}$转换成十六进制数，整数部分的转换为

除数	被除数		余数
16	268	………	余12
16	16	………	余0
16	1		余1
	0		

小数部分的转换为

$$0.312\,5\times16=5.0000\ \cdots\cdots\cdots\cdots\ \text{整数部分}=5$$

所以$(268.312\,5)_{10}=(10C.5)_{16}$。

3. 二进制和八进制及十六进制之间的转换

1）二进制和八进制之间的转换

（1）因为 8 是 2 的整次幂（$8=2^3$），所以每位八进制数可由三位二进制数构成。二进制数转换成八进制数的方法是：整数部分从低位开始，每三位二进制数为一组，最后不足三位的则在高位前加 0 补足三位；小数部分从高位开始，每三位二进制数为一组，最后不足三

位的在低位补0，然后用对应的八进制数来代替即可。

例 6.2.5 将二进制数 $(11010110.01101)_2$转换为八进制数。

解

011	010	110	.	011	010
↓	↓	↓		↓	↓
3	2	6	.	3	2

所以

$$(11010110.01101)_2 = (326.32)_8$$

（2）八进制转换成二进制：将每位八进制数用三位二进制数来代替，再按原来的顺序排列起来即可。

例 6.2.6 将八进制数 $(657.13)_8$转换为二进制数。

解

6	5	7	.	1	3
↓	↓	↓		↓	↓
110	101	111	.	001	011

所以

$$(657.13)_8 = (110101111.001011)_2$$

2）二进制和十六进制之间的转换

二进制和十六进制之间的转换方法与二进制和八进制之间的转换方法相似，只不过是四位归为一组，其他均相同。

例 6.2.7 将二进制数 $(1101110001110.111)_2$转换为十六进制数。

解

0001	1011	1000	1110	.	1110
↓	↓	↓		↓	↓
1	B	8	E	.	E

所以

$$(1101110001110.111)_2 = (1B8E.E)_{16}$$

例 6.2.8 将十六进制数 $(4B6.3F)_{16}$转换为二进制数。

解

4	B	6	.	3	F
↓	↓	↓		↓	↓
0100	1011	0110	.	0011	1111

故

$$(4B6.3F)_{16} = (010010110110.00111111)_2$$

6.3 码制和常用代码

在数字电路中，常用一定位数的二进制数码表示不同的事物或信息，这些数码称为代码。编制代码时要遵循一定的规则，这些规则叫作码制。

6.3.1 二—十进制码（BCD 码）

二—十进制码又称 BCD（Binary Coded Decimal）码，它是用 4 位二进制数组成一组代码，表示 0 ~9 十个十进制数。由于编制代码时遵循的规则不同，同是二—十进制代码，但可有多种不同的码制。几种常见的 BCD 码见表 6. 3. 1。

表 6. 3. 1 几种常见的 BCD 码

十进制数	有权码				无权码
	8421 码	5421 码	2421（A）码	2421（B）码	余 3 码
0	0000	0000	0000	0000	0000
1	0001	0001	0001	0001	0100
2	0010	0010	0010	0010	0101
3	0011	0011	0011	0011	0110
4	0100	0100	0100	0100	0111
5	0101	1000	0101	1011	1000
6	0110	1001	0110	1100	1001
7	0111	1010	0111	1101	1010
8	1000	1011	1110	1110	1011
9	1001	1100	1111	1111	1100

1. 8421 BCD 码

8421 BCD 码是一种应用十分广泛的代码，这种代码每位的权是不变的，称为有权码，从高位到低位的权依次是 8、4、2、1，这种代码去掉了自然二进制数的后六种组合。8421 BCD 码每组二进制代码各位加权系数的和便为它所代表的十进制数。如 8421 BCD 码 0111 按权展开式为

$$0 \times 8 + 1 \times 4 + 1 \times 2 + 1 \times 1 = 7$$

注意：8421 BCD 码是用四位二进制数表示一位十进制数，在转换的时候需要注意。如把 8421 BCD 码 01011001 转换成十进制数是 59，但如果 01011001 是二进制数的话，则转换成十进制数为 89，这一点是不一样的。

2. 2421 BCD 码和 5421 BCD 码

它们也是一种有权码，权值分别为 2、4、2、1 和 5、4、2、1，也是用四位二进制数表示一位十进制数，转换方法与 8421 BCD 码相同。如把 2421（A）BCD 码 1110 按权展开式为

$$1 \times 2 + 1 \times 4 + 1 \times 2 + 0 \times 1 = 8$$

2421（A）BCD 码和 2421（B）BCD 码的编码状态不完全一样，2421（B）BCD 码具有互补性，0 和 9、1 和 8、2 和 7、3 和 6、4 和 5 这 5 对代码互为反码。

3. 余 3 码

这种代码没有固定的权值，称为无权码。它是 8421 BCD 码加 3 得来的，所以称为余 3 码。如 8421 BCD 码 0111（7）加上 0011（3）后，在余 3 码中就为 1010，其表示十进制数的 7。它也是用四位二进制数表示一位十进制数。另外，这种码中也具有互补性，0 和 9、1 和 8、2 和 7、3 和 6、4 和 5 这 5 对代码也互为反码。

6.3.2 可靠性编码

代码在产生和传输过程中难免发生错误，为减少错误发生，或者在发生错误时能迅速地发现和纠正，在工程应用中普遍采用了可靠性编码。利用该技术编出的代码叫可靠性代码，格雷码和奇偶校验码是其中最常用的两种。

1. 格雷码

格雷码有多种编码形式，但所有格雷码都有两个显著特点：一是相邻性，二是循环性。相邻性是指任意两个相邻的代码间仅有 1 位的状态不同；循环性是指首尾的两个代码也具有相邻性。因此，格雷码也称循环码。这种特性使得格雷码在形成和传输过程中引起的误差较小。表 6.3.2 列出了典型的格雷码与十进制码及二进制码的对应关系。

由于格雷码具有以上特点，因此时序电路中采用格雷码编码时，能防止波形出现“毛刺”，并可提高工作速度。这是因为其他编码方法表示的数码，在递增或递减过程中可能发生多位数码的变化。例如，8421 BCD 码表示的十进制数，从 7（0111）递增到 8（1000）时，4 位数码均发生了变化。但事实上数字电路（如计数器）的各位输出不可能完全同时变化，这样在变化过程中就可能出现其他代码，造成严重错误。如第 1 位先变为 1，然后其他位再变为 0，就会出现从 0111 变到 1111 的错误。而格雷码由于其任何两个代码（包括首尾两个）之间仅有 1 位状态不同，所以用格雷码表示的数在递增或递减过程中不易产生差错。

表 6.3.2 格雷码与十进制码和二进制码关系对照表

十进制数	二进制码	格雷码
0	0000	0000
1	0001	0001
2	0010	0011
3	0011	0010
4	0100	0110
5	0101	0111
6	0110	0101
7	0111	0100
8	1000	1100
9	1001	1101
10	1010	1111
11	1011	1110
12	1100	1010
13	1101	1011
14	1110	1001
15	1111	1000

2. 奇偶校验码

数码在传输、处理过程中,难免发生一些错误,即有的1错成0,有的0错成1。奇偶校验码是一种能够检验出这种差错的可靠性编码。表6.3.3所列为8421 BCD码的奇校验码和偶校验码。

奇偶校验码由信息位和校验位两部分组成,信息位是要传输的原始信息,校验位是根据规定算法求得并添加在信息位后的冗余位。奇偶校验码分奇校验和偶校验两种。以奇校验为例,校验位产生的规则是:若信息位中有奇数个1,校验位为0,若信息位中有偶数个1,校验位为1。偶校验正好相反。也就是说,通过调节校验位的0或1使传输出去的代码中1的个数恒为奇数或偶数。接收方对收到的加有校验位的代码进行校验。信息位和校验位中1的个数的奇偶性符合约定的规则,则认为信息没有发生差错,否则可以确定信息已经出错。

这种奇偶校验只能发现错误,但不能确定是哪一位出错,而且只能发现代码的1位出错,不能发现2位或更多位出错。但由于其实现起来容易,信息传送效率也高,而且由于2位或2位以上出错的概率相当小,所以奇偶校验码用来检测代码在传送过程中的出错是相当有效的,被广泛应用于数字系统中。

表6.3.3　8421 BCD码的奇偶校验码

十进制数	奇校验码		偶校验码	
	信息位	校验位	信息位	校验位
0	000	1	0000	0
1	0001	0	0001	1
2	0010	0	0010	1
3	0011	1	0011	0
4	0100	0	0100	1
5	0101	1	0101	0
6	0110	1	0110	0
7	0111	0	0111	1
8	1000	0	1000	1
9	1001	1	1001	0
10	1010	1	1010	0
11	1011	0	1011	1
12	1100	1	1100	0
13	1101	0	1101	1
14	1110	0	1110	1
15	1111	1	1111	0

6.4　逻辑代数

逻辑代数是一种描述事物因果关系(也称逻辑关系)的数学方法,又叫布尔代数(布尔是著名的英国数学家)。逻辑代数的基本运算有与、或、非三种。

6.4.1　基本逻辑运算

1. 与逻辑

如图6.4.1(a)所示简单的与逻辑电路,只有当开关A和B全部闭合时,灯泡Y才会亮,若有一个或两个开关断开，灯泡 Y 都不会亮。从这个电路可以总结出这样的逻辑关系：只有当一件事（灯亮）的几个条件全部具备（开关 A 与 B 都接通）时，这件事才发生，这种关系称为与逻辑。与运算的表达式为

$$Y = A \cdot B \tag{6.4.1}$$

式中："·"表示 A 和 B 的与运算，读作"与"，也叫作逻辑乘，"·"可省略。

图 6.4.1(b)所示是与逻辑符号。对于与逻辑关系，变量 A、B 称作输入变量，变量 Y 称作输出变量（或者称作逻辑函数）。

若用二值逻辑 0 和 1 来表示：设 A、B 为 1，表示开关闭合，A、B 为 0，表示开关断开；Y 为 1，表示灯亮，Y 为 0 表示灯灭。把条件和结果对应关系的各种可能全部求得并列出表格，这种表格称为真值表。图 6.4.1 所示与逻辑关系的真值表见表 6.4.1。

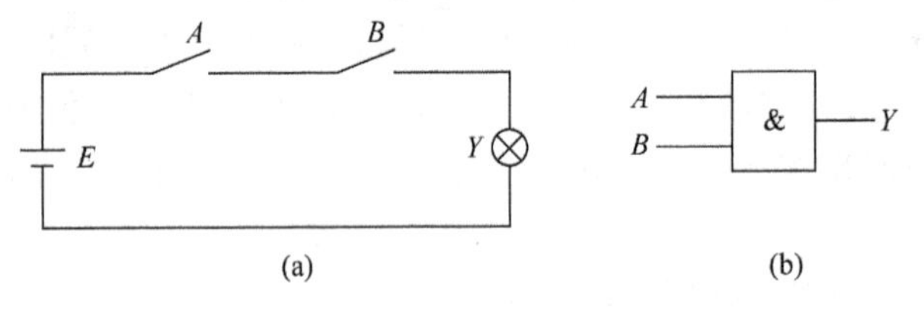

图 6.4.1　与逻辑电路及符号
（a）电路图　（b）与符号

表 6.4.1　与逻辑真值表

A	B	Y
0	0	0
0	1	0
1	0	0
1	1	1

2. 或逻辑

图 6.4.2(a)表示一个简单的或逻辑电路，当开关 A 和 B 中至少有一个闭合时，灯泡 Y 就会亮。由此可总结出另一种逻辑关系：当一件事情的几个条件中只要有一个条件得到满足，这件事就会发生，这种关系称为或逻辑。或运算的表达式为

$$Y = A + B \tag{6.4.2}$$

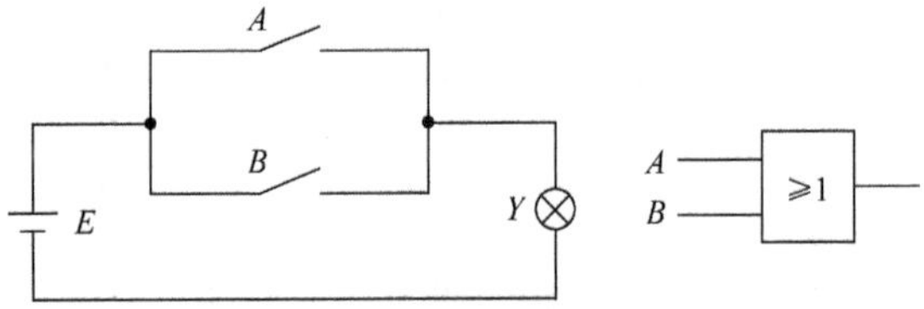

图 6.4.2　或逻辑电路及符号
（a）电路图　（b）或符号

表 6.4.2　或逻辑真值表

A	B	Y
0	0	0
0	1	1
1	0	1
1	1	1

式中："+"表示 A 和 B 的或运算，读作"或"，也叫作逻辑加。其符号如图 6.4.2(b)所示。或逻辑的真值表见表 6.4.2。

3. 非逻辑

非逻辑电路如图 6.4.3(a)所示，当开关 A 闭合时，灯泡 Y 不亮，只有当开关 A 断开时，灯泡 Y 才会亮。由此可总结出第三种逻辑关系，即一件事情的发生是以其相反的条件为依据，这种逻辑关系称为非逻辑。非运算的表达式为

$$Y = \overline{A} \tag{6.4.3}$$

式中："－"表示非运算，读作"非"或"反"。其符号如图 6.4.3(b)所示，真值表见表6.4.3。

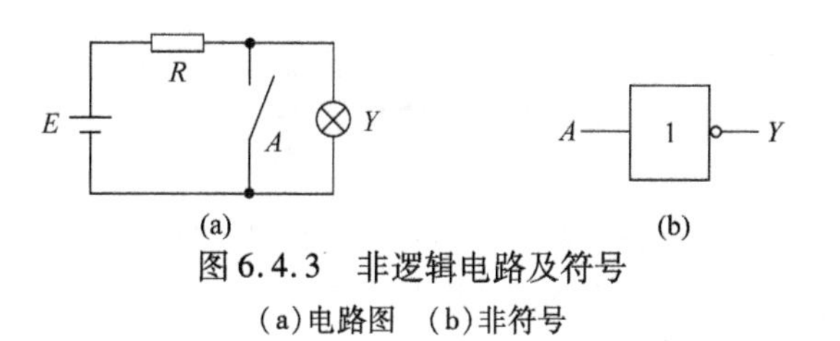

图6.4.3 非逻辑电路及符号

(a)电路图 (b)非符号

表6.4.3 非逻辑真值表

A	Y
0	1
1	0

6.4.2 复合逻辑运算

1. 与非、或非、与或非

先与运算再非运算为与非运算，先或运算再非运算为或非运算，与或非运算为先与运算后或运算最后非运算。其符号如图6.4.4所示。三种运算的表达式分别为

$$Y = \overline{AB} \tag{6.4.4}$$

$$Y = \overline{A + B} \tag{6.4.5}$$

$$Y = \overline{AB + CD} \tag{6.4.6}$$

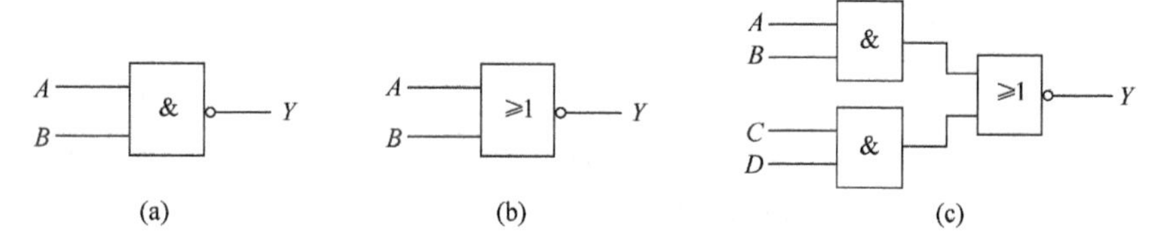

图6.4.4 与非、或非、与或非逻辑符号

(a)与非符号 (b)或非符号 (c)与或非符号

2. 异或运算和同或运算

异或运算为当输入的 A、B 相异时，输出为1；当输入的 A、B 相同时，输出为0。异或运算的表达式为

$$Y = \overline{A}B + A\overline{B} = A \oplus B \tag{6.4.7}$$

其中的"⊕"表示异或运算。其符号如图6.4.5所示。

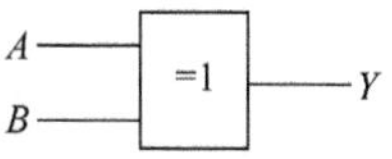

同或运算为当输入的 A、B 相同时，输出为1；当输入的 A、B 相异时，输出为0。同或运算的表达式为

A
B
=1
Y

图6.4.5 异或符号

$$Y = AB + \overline{A}\,\overline{B} = A \odot B \tag{6.4.8}$$

其中的"⊙"表示同或运算。异或运算和同或运算互为反运算。

$$\overline{A \oplus B} = A \odot B \tag{6.4.9}$$

6.4.3 逻辑函数的表示方法

逻辑函数有真值表、逻辑表达式、逻辑图、卡诺图和波形图这五种表示方法。

1. 真值表

输入、输出变量之间各种取值的逻辑关系经过状态赋值后，用0、1两个数字符号列成的表格叫真值表，以表示逻辑函数与逻辑变量各种取值之间的一一对应关系。逻辑函数的真值表

具有唯一性。如果两个逻辑函数具有相同的真值表,则这两个函数是相等的。当函数有 n 个变量时,就有 2^n 个不同的变量取值组合。如前面的与、或、非运算的真值表。

2. 逻辑表达式

逻辑表达式是由逻辑变量和与、或、非三种运算符连接起来的,表示输入和输出函数间因果关系的逻辑关系式。由真值表可以写出标准的逻辑表达式,方法如下。

(1)把任意一组变量取值中的1代以原变量,0代以反变量,由此得到一组变量的与组合。如 A、B、C 三个变量的取值为011时,则得到的与组合为 $\overline{A}BC$。

(2)把逻辑函数值为1所对应的各变量的与组合进行逻辑加,就得到标准的逻辑表达式。

例6.4.1 已知逻辑函数的真值表如表6.4.4所示,写出其逻辑表达式。

解 在真值表中 Y 的输出有三项为1,其中第一项对应的 A 为0,可以写成 $\overline{A}$ 的形式,B、C 都为1,写成原变量的形式就可以,三个变量为与逻辑关系,这样第一个与项就为 $\overline{A}BC$。同理可以写出另外两个与项的表达式分别为 $AB\overline{C}$ 和 ABC。三个与项之间为或逻辑关系,最后可以写出函数表达式为

$$Y = \overline{A}BC + AB\overline{C} + ABC$$

3. 逻辑图

逻辑图是用逻辑符号表示逻辑关系的电路图。逻辑图的优点是与器件有明显的对应关系,便于制成实际的电路,但不能直接进行运算。

例6.4.2 已知 $Y = AB + BC$,画出其对应的逻辑图。

解 此函数用到三个门电路:两个与门和一个或门。电路如图6.4.6所示。

表6.4.4 例6.4.1真值表

A B C	Y
0 0 0	0
0 1 0	0
0 1 1	1
1 0 0	0
1 0 1	0
1 1 0	1
1 1 1	1

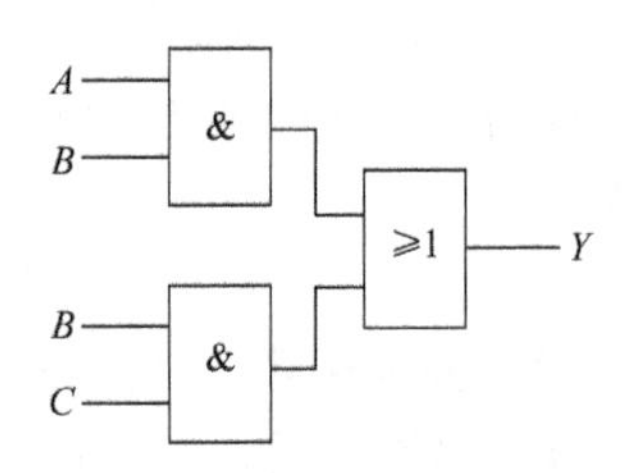

图6.4.6 例6.4.2的逻辑图

4. 卡诺图

卡诺图是由表示变量的所有可能取值组合的小方格所构成的图形。在6.7节中会详述。

5. 波形图

波形图是由输入变量的所有可能取值组合的高、低电平及其对应的输出函数值的高、低电平所构成的图形。波形图的优点是便于电路的调试和检测,实用性强,但不能像逻辑表达式那样直观地描述逻辑关系。

例6.4.3 画出 $Y = AB + BC$ 的波形图。

解 此逻辑函数有三个变量,三个变量的所有组合有八种,把这八种组合分别带入,得到相应的输出值。这里高电平用1表示,低电平用0表示。当 AB 的乘积为1时,或者 BC 的乘

积为1时,或者 A、B、C 同时为1时,输出的函数值为1。可以得到波形图如图6.4.7所示。

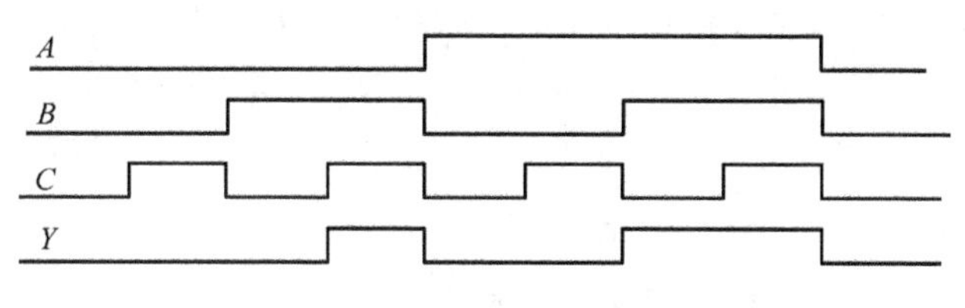

图6.4.7 例6.4.3的波形图

6.5 逻辑代数的基本定律和规则

6.5.1 逻辑代数的基本公式

1. 逻辑常量运算公式

(1)与运算:$0 \cdot 0 = 0$, $0 \cdot 1 = 0$, $1 \cdot 0 = 0$, $1 \cdot 1 = 1$。

(2)或运算:$0 + 0 = 0$,$0 + 1 = 1$,$1 + 0 = 1$,$1 + 1 = 1$。

(3)非运算:$\overline{1} = 0$,$\overline{0} = 1$。

2. 逻辑变量、常量运算公式

(1)0-1律:$A + 0 = A$,$A + 1 = 1$,$A \cdot 1 = A$,$A \cdot 0 = 0$。

(2)互补律:$A + \overline{A} = 1$,$A \cdot \overline{A} = 0$。

(3)等幂律:$A + A = A$,$A \cdot A = A$。

(4)双重否定律:$\overline{\overline{A}} = A$。

6.5.2 逻辑代数的基本定律

逻辑代数的基本定律是分析、设计逻辑电路以及化简和变换逻辑函数式的重要工具。这些定律与普通代数定律相似,但也不完全相同,要注意区分。

(1)交换律:$A \cdot B = B \cdot A$, $A + B = B + A$。

(2)结合律:$(A \cdot B) \cdot C = A \cdot (B \cdot C)$, $(A + B) + C = A + (B + C)$。

(3)分配律:$A \cdot (B + C) = A \cdot B + A \cdot C$, $A + B \cdot C = (A + B) \cdot (A + C)$。

对分配律 $A + B \cdot C = (A + B) \cdot (A + C)$ 的证明如下。

证明 $(A + B) \cdot (A + C) = AA + AB + AC + BC = A + AB + AC + BC$

$= A(1 + B + C) + BC = A + BC$

(4)反演律(摩根定律):$\overline{A \cdot B} = \overline{A} + \overline{B}$, $\overline{A + B} = \overline{A} \cdot \overline{B}$。

反演律可以用真值表证明。

(5)吸收律:$A + A \cdot B = A$,$A + \overline{A} \cdot B = A + B$,$A \cdot B + A \cdot \overline{B} = A$,$A \cdot (A + B) = A$,$(A + B)(A + \overline{B}) = A + B$,$A \cdot \overline{A \cdot B} = A \cdot \overline{B}$,$\overline{A} \cdot \overline{AB} = \overline{A}$。

(6)冗余律:$AB + \overline{A}C + BC = AB + \overline{A}C$。

对冗余律的证明如下。

证明 $AB+\overline{A}C+BC=AB+\overline{A}C+(A+\overline{A})BC=AB+\overline{A}C+ABC+\overline{A}BC$

$$=AB(1+C)+\overline{A}C(1+B)=AB+\overline{A}C$$

冗余律公式还可以扩展为 $AB+\overline{A}C+BCD=AB+\overline{A}C$。这个扩展可以表述为:如果一个逻辑式含有三个与项,其中一个含有原变量 A,另一个含有反变量 $\overline{A}$ 。如果这两个与项中的其余因子都是第三个与项中的因子,则第三个与项是冗余项。

6.5.3 逻辑代数的三个重要规则

1. 代入规则

任何一个含有变量 A 的等式,如果将所有出现 A 的位置都用同一个逻辑函数代替,则等式仍然成立,这个规则称为代入规则。

例如, $\overline{AB}=\overline{A}+\overline{B}$, 用函数 $Y=AC$ 代替等式中的 A,根据代入规则,等式仍然成立,即有 $\overline{(AC)B}=\overline{AC}+\overline{B}=\overline{A}+\overline{B}+\overline{C}$ 成立。

2. 反演规则

对于任何一个逻辑表达式 Y,如果将表达式中的所有“·”换成“+”,“+”换成“·”,“0”换成“1”,“1”换成“0”,原变量换成反变量,反变量换成原变量,那么所得到的表达式就是函数 Y 的反函数 $\overline{Y}$(或称补函数),这个规则称为反演规则。注意:运用反演规则时,变换后的运算顺序要保持变换前的运算优先顺序不变,必要时可加括号表明运算的先后顺序;在规则中的反变量要变换成原变量,原变量变换成反变量只对单个变量有效,而对于与非、或非等运算的长非号则保持不变。

例 6.5.1 已知函数 $Y=A\overline{B}+C\overline{D}E$,用反演规则求反函数 $\overline{Y}$ 。

解 根据反演规则,可写出

$$\overline{Y}=(\overline{A}+B)(\overline{C}+D+\overline{E})$$

注意:加括号是为了保持原式运算的优先顺序。

例 6.5.2 已知函数 $Y=A+\overline{B+\overline{C}+\overline{D+\overline{E}}}$, 用反演规则求其反函数。

解 $\overline{Y}=\overline{A}\cdot\overline{\overline{B}\cdot C\cdot\overline{\overline{D}\cdot E}}$

注意:长非号保持不变。

3. 对偶规则

对于任何一个逻辑表达式 Y,如果将表达式中的所有“·”换成“+”,“+”换成“·”,“0”换成“1”,“1”换成“0”,而变量保持不变,则可得到一个新的函数表达式 Y', Y' 称为函数 Y 的对偶函数,这个规则称为对偶规则。注意:在运用反演规则和对偶规则时,必须按照逻辑运算的优先顺序进行,先算括号,接着与运算,然后或运算,最后非运算。

例 6.5.3 已知函数 $Y_1=A\overline{B}+C\overline{D}E$, $Y_2=A+\overline{B+\overline{C}+\overline{D+\overline{E}}}$, 用对偶规则求 Y'_1 和 Y'_2。

解 根据对偶规则,可得到对偶函数分别为

$$Y'_1=(A+\overline{B})(C+\overline{D}+E)$$

$$Y'_2=A\cdot\overline{B\cdot\overline{C}\cdot\overline{D\cdot\overline{E}}}$$

对偶规则有两个重要的意义:如果两个函数相等,则它们的对偶函数也相等;利用对偶规

则,可以使要证明及要记忆的公式数目减少一半。

6.6 逻辑函数的公式化简法

6.6.1 函数的几种表示形式

逻辑函数表达式越简单,实现这个逻辑函数的逻辑电路所需要的门电路数目就越少,就可以设计出最简洁的逻辑电路。这样可以节省元器件,优化生产工艺,降低成本,提高系统的可靠性。

1.“最简”的概念

所谓逻辑函数的最简表达式,必须同时满足以下两个条件:

(1)与项(乘积项)的个数最少,这样可以保证所需门电路数目最少;

(2)在与项个数最少的前提下,每个与项中包含的因子数最少,这样可以保证每个门电路输入端的个数最少。

2. 最简逻辑函数的几种表示形式

(1)与或表达式:$Y = A\overline{B} + BC$。

(2)或与表达式:$Y = (A + B)(\overline{A} + C)$。

(3)或非-或非表达式:$Y = \overline{\overline{A + B} + \overline{\overline{A} + C}}$。

(4)与非-与非表达式:$Y = \overline{\overline{A\overline{B}} \cdot \overline{BC}}$。

(5)与或非表达式:$Y = \overline{\overline{A}B + B\overline{C}}$。

3. 逻辑函数形式之间的转换

(1)最简与或表达式:乘积项最少,并且每个乘积项中的变量也最少的与或表达式。如

$$\begin{aligned} Y &= \overline{A}B\overline{E} + \overline{A}B + A\overline{C} + A\overline{C}E + B\overline{C} + B\overline{C}D \\ &= \overline{A}B + A\overline{C} + B\overline{C} \\ &= \overline{A}B + A\overline{C} \qquad \text{(最简与或表达式)} \end{aligned}$$

(2)最简与非-与非表达式:非号最少,并且每个非号下面乘积项中的变量也最少的与非-与非表达式。

在最简与或表达式的基础上两次取反,然后用摩根定律去掉下面的非号,就得到最简与非-与非表达式。如把函数 $Y = \overline{A}B + A\overline{C}$ 化简成最简与非-与非表达式为

$$Y = \overline{A}B + A\overline{C} = \overline{\overline{\overline{A}B + A\overline{C}}} = \overline{\overline{\overline{A}B} \cdot \overline{A\overline{C}}}$$

(3)最简或与表达式:括号最少,并且每个括号内相加的变量也最少的或与表达式。

先求出反函数的最简与或表达式,然后利用反演规则写出函数的最简或与表达式。如把函数 $Y = \overline{A}B + A\overline{C}$ 化简成最简或与表达式为

$$\begin{aligned} \overline{Y} &= \overline{\overline{A}B + A\overline{C}} = (A + \overline{B})(\overline{A} + C) \\ &= \overline{A}\,\overline{B} + AC + \overline{B}C = \overline{A}\,\overline{B} + AC \end{aligned}$$

则

$$Y = (A + B)(\overline{A} + \overline{C})$$

(4)最简或非-或非表达式:非号最少,并且每个非号下面相加的变量也最少的或非-或非表达式。

在或与表达式的基础上两次取反，然后用摩根定律去掉下面的非号就得到最简或非－或非表达式。如利用上面的结果，把函数 $Y = \bar{A}B + A\bar{C}$ 化成最简或非－或非表达式为

$$Y = \bar{A}B + A\bar{C} = (A + B)(\bar{A} + \bar{C})$$
$$= \overline{\overline{(A + B)(\bar{A} + \bar{C})}} = \overline{\overline{A + B} + \overline{\bar{A} + \bar{C}}}$$

(5)最简与或非表达式：非号下面相加的乘积项最少，并且每个乘积项中相乘的变量也最少的与或非表达式。

在最简或非－或非表达式的基础上，去掉大非号下面的小非号，就得到最简与或非表达式。如把上式的 $Y = \bar{A}B + A\bar{C}$ 化简成最简与或非表达式为

$$Y = \bar{A}B + A\bar{C} = \overline{\overline{A + B} + \overline{\bar{A} + \bar{C}}} = \overline{\bar{A}\,\bar{B} + AC}$$

6.6.2 函数的公式化简法

逻辑函数的公式化简法就是运用逻辑代数的基本公式、定理和规则来化简逻辑函数。

1. 并项法

运用 $A + \bar{A} = 1$，将两项合并为一项，消去一个变量。如

$$Y = A(BC + \bar{B}\,\bar{C}) + A(B\bar{C} + \bar{B}C) = ABC + A\bar{B}\,\bar{C} + AB\bar{C} + A\bar{B}C$$
$$= AB(C + \bar{C}) + A\bar{B}(C + \bar{C}) = AB + A\bar{B} = A(B + \bar{B}) = A$$

2. 吸收法

运用吸收律 $A + AB = A$，消去多余的与项。如

$$Y = A\bar{B} + A\bar{B}(C + DE) = A\bar{B}$$

3. 消因子法

运用吸收律 $A + \bar{A}B = A + B$，消去多余因子。如

$$Y = \bar{A} + AB + \bar{B}E = \bar{A} + B + \bar{B}E = \bar{A} + B + E$$

$$Y = A\bar{B} + C + \bar{A}\,\bar{C}D + B\bar{C}D$$
$$= A\bar{B} + C + \bar{C}(\bar{A} + B)D$$
$$= A\bar{B} + C + (\bar{A} + B)D$$
$$= A\bar{B} + C + \overline{A\bar{B}}D$$
$$= A\bar{B} + C + D$$

4. 配项法

先通过乘以 $A + \bar{A}$ 或加上 $A\bar{A}$，增加必要的乘积项。如

$$Y = A\bar{B} + AC + ADE + \bar{C}D$$
$$= A\bar{B} + (AC + \bar{C}D + ADE)$$
$$= A\bar{B} + AC + \bar{C}D$$

6.6.3 公式化简法举例

例 6.6.1 化简逻辑函数 $Y = AD + A\bar{D} + AB + \bar{A}C + BD + A\bar{B}EF + \bar{B}EF$。

解 $Y = A + AB + \bar{A}C + BD + A\bar{B}EF + \bar{B}EF$ （利用 $A + \bar{A} = 1$）

$= A + \bar{A}C + BD + \bar{B}EF$ （利用 $A + AB = A$）

$= A + C + BD + \bar{B}EF$ （利用 $A + \bar{A}B = A + B$）

例 6.6.2 化简逻辑函数 $Y = AB + A\bar{C} + \bar{B}C + \bar{C}B + \bar{B}D + \bar{D}B + ADE(F+G)$。

解 $Y = A\overline{\bar{B}C} + \bar{B}C + \bar{C}B + \bar{B}D + \bar{D}B + ADE(F+G)$ （利用反演律）

$= A + \bar{B}C + \bar{C}B + \bar{B}D + \bar{D}B + ADE(F+G)$ （利用 $A + \bar{A}B = A + B$）

$= A + \bar{B}C + \bar{C}B + \bar{B}D + \bar{D}B$ （利用 $A + AB = A$）

$= A + \bar{B}C(D+\bar{D}) + \bar{C}B + \bar{B}D + \bar{D}B(C+\bar{C})$ （配项法）

$= A + \bar{B}CD + \bar{B}C\bar{D} + \bar{C}B + \bar{B}D + \bar{D}BC + \bar{D}B\bar{C}$

$= A + \bar{B}C\bar{D} + \bar{C}B + \bar{B}D + \bar{D}BC$ （利用 $A + AB = A$）

$= A + C\bar{D}(\bar{B}+B) + \bar{C}B + \bar{B}D$

$= A + C\bar{D} + \bar{C}B + \bar{B}D$

例 6.6.3 化简逻辑函数 $Y = (\bar{B}+D)(\bar{B}+D+A+G)(C+E)(\bar{C}+G)(A+E+G)$。

解 利用对偶规则，求出对偶式为

$$Y' = \bar{B}D + \bar{B}DAG + CE + \bar{C}G + AEG$$
$$= \bar{B}D + CE + \bar{C}G$$

再对 Y' 利用对偶规则，就可求出 Y 的最简式为

$$Y = (\bar{B}+D)(C+E)(\bar{C}+G)$$

6.7 卡诺图法化简逻辑函数

卡诺图是逻辑函数的图解化简法，它解决了公式化简法对最终化简结果不能确定的缺点。卡诺图化简法有确定的化简步骤，可以得出最简与或表达式。

6.7.1 最小项与卡诺图

1. 最小项

1）最小项的定义

如果一个函数的某个乘积项包含了函数的全部变量，其中每个变量都以原变量或反变量的形式出现，且仅出现一次，则这个乘积项称为该函数的一个标准积项，通常称为最小项。

如3个变量 A、B、C 可组成8个最小项，有

$$\bar{A}\bar{B}\bar{C}、\bar{A}\bar{B}C、\bar{A}B\bar{C}、\bar{A}BC、A\bar{B}\bar{C}、A\bar{B}C、AB\bar{C}、ABC$$

2）最小项的表示方法

通常用符号 m_i 来表示最小项。下标 i 的确定方法是：把最小项中的原变量记为1，反变量记为0，当变量顺序确定后，可以按顺序排列成一个二进制数，则与这个二进制数相对应的十进制数就是这个最小项的下标 i。

如3个变量 A、B、C 的8个最小项可以分别表示为 $m_0 = \bar{A}\bar{B}\bar{C}$、$m_1 = \bar{A}\bar{B}C$、$m_2 = \bar{A}B\bar{C}$、$m_3 = \bar{A}BC$、$m_4 = A\bar{B}\bar{C}$、$m_5 = A\bar{B}C$、$m_6 = AB\bar{C}$、$m_7 = ABC$。

2. 卡诺图

1）相邻最小项

如果两个最小项中只有一个变量互为反变量，其余变量均相同，则称这两个最小项为逻辑相邻项，简称相邻项。

如 $AB\bar{C}$ 和 ABC 只有一个变量 C 不同，其余变量都相同，这两个与项逻辑相邻。两个相邻

最小项可以相加、合并为一项,同时消去互反变量,即

$$AB\overline{C} + ABC = AB(C + \overline{C}) = AB$$

2)最小项的卡诺图

卡诺图是一种最小项方格图。每一个小方格对应一个最小项,因此 n 变量卡诺图中共有 2^n个小方格。另外,小方格在排列时应保证几何位置相邻的小方格在逻辑上也相邻。几何相邻是指空间位置上的相邻以及相对(卡诺图中某一行或某一列的两头)。按照这种相邻性原则排列的最小项方格图叫卡诺图。n 变量的最小项有 n 个相邻项。

图 6.7.1 所示分别为 2 变量、3 变量和 4 变量的卡诺图。在 4 变量卡诺图中,行的表示变量 A、B,列的表示变量 C、D。可以把最小项分别用 m_i的形式来标注。在写变量取值的时候一定要注意,变量的取值不是按自然顺序 00、01、10、11 来写的,而是按 00、01、11、10 的顺序,这一点一定要注意。5 变量卡诺图很复杂,化简函数就很麻烦,所以这里不再列出。

卡诺图中只要小方格在几何位置上相邻(不管上下左右),它代表的最小项在逻辑上一定是相邻的。另外,与中心轴对称的左右两边和上下两边的小方格也具有相邻性。如图 6.7.2(a)所示的卡诺图中的最小项也可以简写成如图 6.7.2(b)所示的形式。直接用最小项对应的十进制数值来表示。如卡诺图方格内的 2 就代表最小项 m_2。在图 6.7.2 中,最小项 5(简写)的相邻项有 1、4、7 和 13,10 的相邻项有 11、14、8 和 2,4 的相邻项有 0、12、5 和 6。

A B
0 1
0 $\overline{A}\overline{B}$ m_0 $\overline{A}B$ m_1
1 $A\overline{B}$ m_2 AB m_3
(a)
A BC
00 01 11 10
0 m_0 m_1 m_3 m_2
1 m_4 m_5 m_7 m_6
(b)
AB CD
00 01 11 10
00 m_0 m_1 m_3 m_2
01 m_4 m_5 m_7 m_6
11 m_{12} m_{13} m_{15} m_{14}
10 m_8 m_9 m_{11} m_{10}
(c)

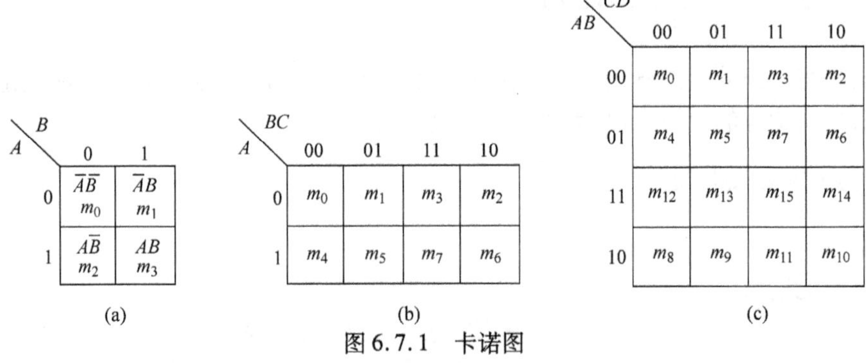

图 6.7.1　卡诺图

(a)2 变量的卡诺图　(b)3 变量的卡诺图　(c)4 变量的卡诺图

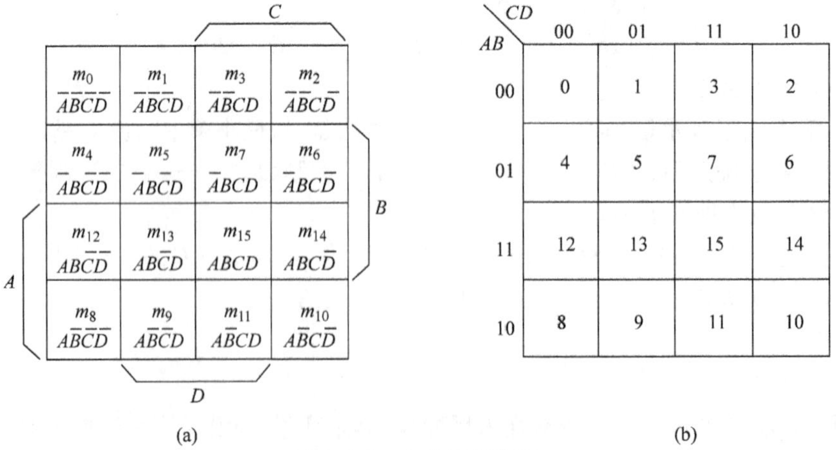

C
m_0 $\overline{A}\overline{B}\overline{C}\overline{D}$ m_1 $\overline{A}\overline{B}\overline{C}D$ m_3 $\overline{A}\overline{B}CD$ m_2 $\overline{A}\overline{B}C\overline{D}$
m_4 $\overline{A}B\overline{C}\overline{D}$ m_5 $\overline{A}B\overline{C}D$ m_7 $\overline{A}BCD$ m_6 $\overline{A}BC\overline{D}$
m_{12} $AB\overline{C}\overline{D}$ m_{13} $AB\overline{C}D$ m_{15} $ABCD$ m_{14} $ABC\overline{D}$
m_8 $A\overline{B}\overline{C}\overline{D}$ m_9 $A\overline{B}\overline{C}D$ m_{11} $A\overline{B}CD$ m_{10} $A\overline{B}C\overline{D}$
A
B
D
(a)
AB CD
00 01 11 10
00 0 1 3 2
01 4 5 7 6
11 12 13 15 14
10 8 9 11 10
(b)

图 6.7.2　4 变量卡诺图

(a)方格内最小项　(b)方格内最小项编号

6.7.2　逻辑函数的卡诺图表示法

任何逻辑函数都等于它的卡诺图中填入 1 的那些最小项之和。如果一个与或表达式中的每一个与项都是最小项,则该逻辑表达式称为标准与或表达式,又称最小项表达式。对于不是最小项表达式的与或表达式,可利用公式 $A+\bar{A}=1$ 和 $A(B+C)=AB+AC$ 来配项展开成最小项表达式。

例 6.7.1　把 $Y=\bar{A}+BC$ 变换为最小项表达式。

解

$$
\begin{aligned}
Y &= \bar{A}+BC \\
&= \bar{A}(B+\bar{B})(C+\bar{C})+(A+\bar{A})BC \\
&= \bar{A}BC+\bar{A}B\bar{C}+\bar{A}\bar{B}C+\bar{A}\bar{B}\bar{C}+ABC+\bar{A}BC \\
&= \bar{A}\bar{B}\bar{C}+\bar{A}\bar{B}C+\bar{A}B\bar{C}+\bar{A}BC+ABC \\
&= m_0+m_1+m_2+m_3+m_7 \\
&= \sum m(0,1,2,3,7)
\end{aligned}
$$

用卡诺图表示逻辑函数的步骤是:

(1)根据逻辑式中的变量数 n,画出 n 变量的最小项卡诺图;

(2)将卡诺图中有最小项的方格内填 1,没有最小项的方格内填 0 或者不填。

例 6.7.2　将函数 $Y=m_1+m_4+m_6+m_8+m_9+m_{10}+m_{11}+m_{15}$ 填入卡诺图。

解　(1)先画出四变量的卡诺图。

(2)填卡诺图:把函数中的最小项分别填入卡诺图即可,如图 6.7.3 所示。

如果函数不是最小项表达式,可以先把函数转换为最小项表达式后,再填入卡诺图。

例 6.7.3　把函数 $Y=\bar{A}B+B\bar{C}\bar{D}+B\bar{C}D+BC\bar{D}$ 填入卡诺图。

解　先把函数转化为最小项表达式,转换后的最小项表达式为

$$
\begin{aligned}
Y &= \bar{A}B+B\bar{C}\bar{D}+B\bar{C}D+BC\bar{D} \\
&= \bar{A}B(C+\bar{C})(D+\bar{D})+(A+\bar{A})B\bar{C}\bar{D}+(A+\bar{A})B\bar{C}D+(A+\bar{A})BC\bar{D} \\
&= m_4+m_5+m_6+m_7+m_{12}+m_{13}+m_{14}
\end{aligned}
$$

换成最小项表达式以后就可以直接填入卡诺图,如图 6.7.4 所示。

AB \ CD	00	01	11	10
00	0	1	0	0
01	1	0	0	1
11	0	0	1	0
10	1	1	1	1

图 6.7.3　例 6.7.2 卡诺图

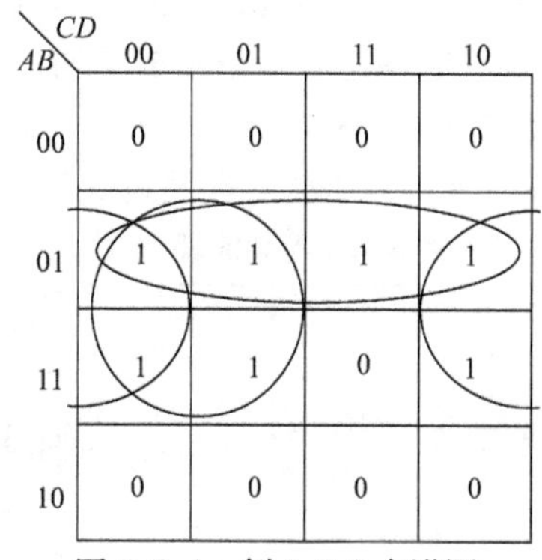

图 6.7.4　例 6.7.3 卡诺图

例 6.7.4　已知真值表如表 6.7.1 所示,画出其对应的卡诺图。

解　真值表和逻辑函数的标准与或表达式是对应的关系,所以可以根据表 6.7.1 的真值

表直接填写卡诺图,如图 6.7.5 所示。

表 6.7.1 例 6.7.4 的真值表

A B C	*Y*
0 0 0	0
0 0 1	0
0 1 0	0
0 1 1	1
1 0 0	0
1 0 1	1
1 1 0	1
1 1 1	1

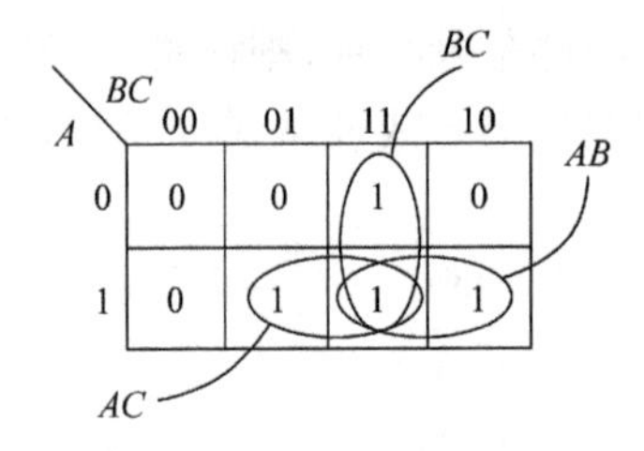

图 6.7.5 例 6.7.4 卡诺图

6.7.3 用卡诺图化简逻辑函数

用卡诺图化简逻辑函数,是利用卡诺图的相邻性消去互反变量,达到化简的目的。化简的步骤和规则如下。

(1)画出逻辑函数的卡诺图。

(2)合并卡诺图中的相邻最小项。

在合并的过程中,要注意以下规则:

① 每个圈中只能包含 2^n 个"1 格",被合并的"1 格"应该排成正方形或矩形;

② 圈的个数应尽量少,圈越少,与项越少;

③ 圈应尽量大,圈越大,消去的变量越多;

④ 有些"1 格"可以多次被圈,但每个圈中应至少有一个"1 格"没有被圈过,如果圈中的每个"1 格"都被圈过的话,则这个圈是多余的;

⑤ 要保证所有"1 格"全部圈完,无几何相邻项的"1 格"独立构成一个圈;

⑥ 圈"1 格"的方法不止一种,因此化简的结果也就不同,但它们之间可以转换。

最后需注意一点:卡诺图中四个角上的最小项是几何相邻最小项,可以圈在一起合并。

(3)写出函数。每一个圈可以写一个最简与项。其规则为:如果一个变量在一个圈中的取值都相同,则保留,取值都是 1 的,写成这个变量的原变量,取值是 0 的,写成反变量。如果取值不都相同,则这个变量去掉不写。将合并化简后的各与项进行逻辑加,便为所求的逻辑函数的最简与或表达式。

例 6.7.5 已知真值表见表 6.7.2,用卡诺图写出它的最简式。

表 6.7.2 例 6.7.5 的真值表

A B C	*Y*
0 0 0	0
0 0 1	1
0 1 0	1
0 1 1	1
1 0 0	1
1 0 1	1
1 1 0	1
1 1 1	0

解 从真值表看这是一个 3 变量的函数,可以画出 3 变量的卡诺图,并且把取值为 1 的最小项填入卡诺图。此卡诺图有两种圈法,如图 6.7.6 所示。按照最简式的写法,如图(a)中最上面的圈,变量 A 对应的取值都是 0,则写成反变量可以写成 $\overline{A}$, B 的取值有 0 有 1,则去掉这个变量,C 的取值都是 1,则写成原变量 C,这样此圈就可以写成 $\overline{A}C$。其他的圈也可以这样写。按照这样写最简式的方法,可以分别写出

$$Y_a = A\overline{B} + B\overline{C} + \overline{A}C\ ,\ Y_b = \overline{A}B + \overline{B}C + A\overline{C}$$

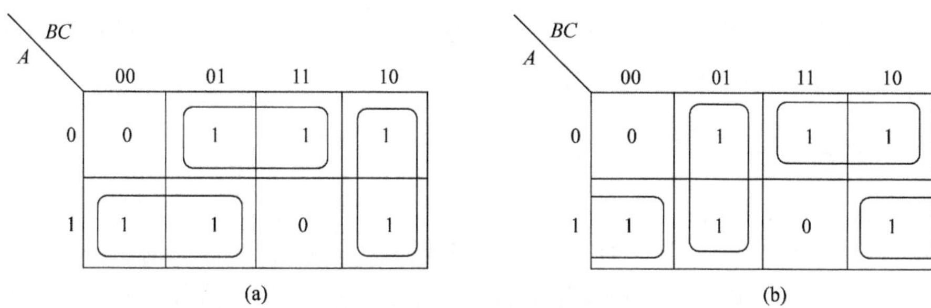

图 6.7.6　例 6.7.5 的卡诺图

(a)圈法 1　(b)圈法 2

例 6.7.6　已知函数 $Y = \overline{A}\,\overline{D} + \overline{A}C\overline{D} + AB + A\overline{B}$，试用卡诺图化简。

解　在填卡诺图的时候，可以不把函数化成最小项的形式，也可以直接填入，在卡诺图上与每一个乘积项所包含的那些最小项（该乘积项就是这些最小项的公因子）相对应的方格内填入 1，其余的方格内填入 0 或不填。

如图 6.7.7 所示，$\overline{A}\,\overline{D}$ 满足 $\overline{A}$ 的是第一、第二行，满足 $\overline{D}$ 的是第一、第四列，则交叉的就是最小项 0、2、4 和 6；再如满足 AB 的就是第三行，则在第三行都填 1。其余都这样填就可以了。

填完卡诺图后，根据前面的写函数的方法，可以得出化简后的公式为

$$Y = A + \overline{D}$$

如果一个卡诺图中方格 1 的个数比较少，0 的个数比较多，或者圈 0 方格的更容易些，也可以圈 0 的方格，但写出来的逻辑表达式为逻辑函数的反函数。写出函数的反函数后，再用前面学的反演规则对反函数求一次反，便可得到原函数。

例 6.7.7　已知函数 Y 是关于变量 X_1、X_2、X_3、X_4 的函数，函数 Y 为

$$Y(X_1、X_2、X_3、X_4) = m_0 + m_2 + m_3 + m_8 + m_9 + m_{10} + m_{11} + m_{12} + m_{13} + m_{14} + m_{15}$$

试化简此函数。

解　现将此函数填入卡诺图，如图 6.7.8 所示，从图 6.7.8 中可以看出方格为 1 的比较多，可以圈方格为 0 的部分，所圈的圈如图所示。这时可以写出函数 Y 的反函数

$$\overline{Y} = \overline{X_1}X_2 + \overline{X_1}\,\overline{X_3}X_4$$

把反函数再求一次反，就得到原函数为

$$Y = (X_1 + \overline{X_2})(X_1 + X_3 + \overline{X_4})$$

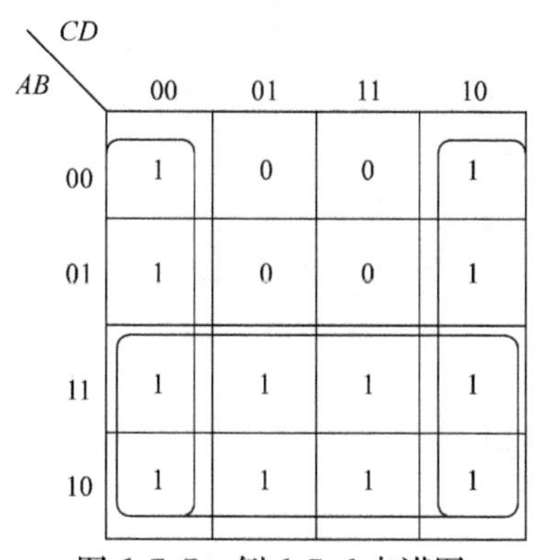

图 6.7.7　例 6.7.6 卡诺图

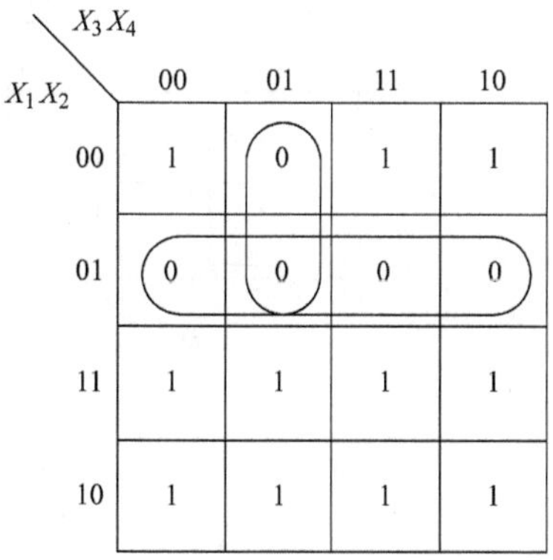

X_1X_2 \ X_3X_4	00	01	11	10
00	1	0	1	1
01	0	0	0	0
11	1	1	1	1
10	1	1	1	1

图 6.7.8　例 6.7.7 卡诺图

也可以用圈 1 的方法写出此函数的最简式，只不过用圈 1 的方法写出的最简式为最简与或式。该例子说明，当相邻 0 方格较少时，采用圈 0 的方法来求逻辑函数的最简式可能更方便、简单些。在实际化简时，应灵活应用。

6.7.4 具有无关项逻辑函数的化简

无关项是指那些与所讨论的逻辑问题没有关系的变量的取值组合所对应的最小项。这些最小项有两种：一种是某种取值组合是不允许出现的，是受到约束的，称为约束项，如 8421 BCD 码中的 1010 ~ 1111 这 6 种代码是不允许出现的，就是约束项；另外一种是某些变量取值组合在客观上不会出现，如交通信号灯同时出现红灯和绿灯。

在卡诺图中，无关项对应的方格常用“×”来标记。在表达式中，用 $\sum d$ 来表示无关项之和。约束项的值可为 1，也可为 0。尽量将圈画得少、画得大，这样可以使逻辑函数更简。画入圈中的约束项作为 1 处理，没画入的约束项作为 0 处理。无关项可以看作 1，也可以看作 0，具体看作什么，就看化简的方便。带有无关项的逻辑函数的最小项表达式为

$$Y = \sum m(\quad) + \sum d(\quad)$$

例 6.7.8 已知 $Y(A,B,C,D) = \sum m(1,4,5,6,7,9) + \sum d(10,11,12,13,14,15)$，用卡诺图写出函数的最简式。

解 将函数填入卡诺图，化简时考虑到无关项，可以如图 6.7.9(a)一样画圈，如果不考虑无关项，可以如图(b)一样画圈。

考虑无关项时，可得到函数表达式为

$$Y = B + \overline{C}D$$

不考虑无关项时，可得到函数表达式为

$$Y = \overline{A}B + \overline{B}\,\overline{C}D$$

从以上两个式子可以看出，一般考虑了无关项的卡诺图化简会使函数变得简单一些，如果不考虑无关项，不会得到如此简化的与或式。

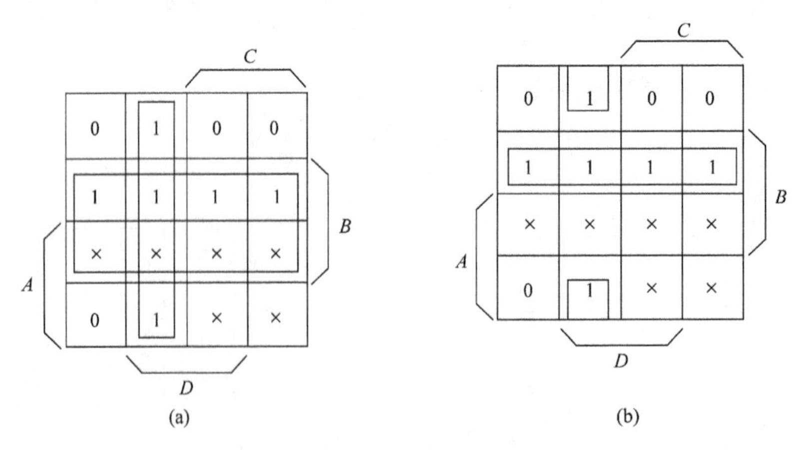

图 6.7.9 例 6.7.8 卡诺图

(a)考虑无关项 (b)不考虑无关项

单元小结

(1)电子线路中的工作信号可以分为两大类:模拟信号和数字信号。

(2)模拟信号:指时间和数值都连续变化的信号,如压力、速度、温度等。处理模拟信号的电路为模拟电路。

(3)数字信号:指在时间和数值上都不连续变化的信号,数字信号是离散的。

(4)数制:一种计数方法,它是计数进位制的简称。在数字电路中常用的数制除了十进制外,还有二进制、八进制和十六进制。

(5)码制和常用代码:在数字电路中,常常用一定位数的二进制数码表示不同的事物或信息,这些数码称为代码。编制代码时要遵循一定的规则,这些规则叫作码制。

(6)二—十进制码(BCD码):二—十进制码又称BCD码,它是用4位二进制数组成一组代码,表示0~9十个十进制数。由于编制代码时遵循的规则不同,同是二—十进制代码可有多种不同的码制。

(7)逻辑代数:一种描述事物因果关系(也称逻辑关系)的数学方法,又叫布尔代数(布尔是著名的英国数学家)。逻辑代数的基本运算有与、或、非三种。

(8)逻辑函数表示的方法:有真值表、逻辑表达式、逻辑图、卡诺图和波形图。

(9)卡诺图:逻辑函数的图解化简法,它解决了公式化简法对最终化简结果不能确定的缺点。卡诺图化简法有确定的化简步骤,可以得出最简与或表达式。

习 题 6

6.1 将下列十进制数转换成二进制数:

(1)$(145)_{10}$; (2)$(36.25)_{10}$; (3)$(45.257)_{10}$。

6.2 将下列二进制数转换成十进制数:

(1)$(1101010111)_2$; (2)$(1011101.1)_2$; (3)$(101011.011)_2$。

6.3 将下列十进制数转换成十六进制数:

(1)$(236)_{10}$; (2)$(79.625)_{10}$; (3)$(0.345)_{10}$。

6.4 将下列十六进制数分别转换成二进制数、八进制数和十进制数。

(1)$(2E)_{16}$; (2)$(4D.5)_{16}$; (3)$(77.36)_{16}$。

6.5 将下列二进制数转换成八进制数和十六进制数:

(1)$(101110110)_2$; (2)$(110111.011)_2$; (3)$(1110001.1101)_2$。

6.6 将下列8421 BCD码转换成十进制数:

(1)$(01110101)_{8421\ BCD}$; (2)$(100100010110)_{8421\ BCD}$; (3)$(01010111.0011)_{8421\ BCD}$。

6.7 用代数法证明下列等式:

(1)$Y = A\overline{C} + ABC + AC\overline{D} + CD$; (2)$Y = ABC + \overline{A}BC + B\overline{C}$;

(3)$Y = \overline{A}B\overline{E} + \overline{A}B + A\overline{C} + A\overline{C}E + B\overline{C} + B\overline{C}D$; (4)$Y = ABC + A\overline{B} + A\overline{C}$;

(5)$Y = AB + A\overline{C} + \overline{B}C + B\overline{C} + \overline{B}D + B\overline{D} + ADE(F + G)$;

(6)$Y = \overline{\overline{AB + \overline{A}\,\overline{B}} \cdot \overline{BC + \overline{B}\,\overline{C}}}$。

6.8 证明下列异或运算公式：

(1) $A\oplus 0=A$；　(2) $A\oplus 1=\overline{A}$；

(3) $A\oplus A=0$；　(4) $A\oplus\overline{A}=1$；

(5) $A\oplus B=\overline{A}\oplus\overline{B}$；　(6) $(A\oplus B)\oplus C=A\oplus(B\oplus C)$；

(7) $A\cdot(B\oplus C)=AB\oplus AC$；　(8) $A\oplus\overline{B}=\overline{A\oplus B}=A\oplus B\oplus 1$。

6.9 证明下列逻辑等式(证明方法不限)：

(1) $Y=A+\overline{\overline{B}}+\overline{\overline{CD}}+\overline{\overline{AD}\,\overline{B}}$；　(2) $Y=A\overline{B}+C+\overline{A}\,\overline{C}D+B\overline{C}D$；

(3) $Y=A\overline{B}+B\overline{C}+\overline{B}C+\overline{A}B$；　(4) $Y=ABC+AB\overline{C}+A\overline{B}C+\overline{A}BC$；

(5) $Y=A+A\overline{B}\,\overline{C}+\overline{A}CD+(\overline{C}+\overline{D})E$；

(6) $Y=\overline{A}\,\overline{C}+AC+A\overline{B}\,\overline{C}\,\overline{D}+\overline{A}B\,\overline{C}\,\overline{D}$。

6.10 求下列各式的对偶式：

(1) $Y=\overline{A+A\overline{B}\,\overline{C}}+\overline{A}CD+\overline{C}\cdot\overline{D}$；　(2) $Y=\overline{A}\,\overline{C}D+\overline{A}BD+A\overline{C}\,\overline{D}+ABD$；

(3) $Y=\overline{\overline{AB}+C+D}+E$；　(4) $Y=\overline{D}\cdot\overline{A\overline{B}\,\overline{D}+\overline{A}B\overline{D}}$。

6.11 用反演规则求下列各式的反函数：

(1) $Y=\overline{A}\,\overline{C}+AC+\overline{B}\,\overline{D}$；　(2) $Y=\overline{(AB+\overline{C}+\overline{A}\,\overline{B})\cdot\overline{AB}}$；

(3) $Y=(A+B+C)(A+B+\overline{C})(\overline{A}+B+C)(\overline{A}+B+\overline{C})$；

(4) $Y=A(\overline{C}+BC)+C(A\overline{D}+D)$。

6.12 用卡诺图化简下列函数：

(1) $Y=\overline{A}C+\overline{A}C+B\overline{C}+\overline{B}C$；　(2) $Y=\overline{A}\,\overline{B}+AC+\overline{B}C$；

(3) $Y=ABC+ABD+\overline{C}\,\overline{D}+A\overline{B}C+\overline{A}C\overline{D}+A\overline{C}D$；

(4) $Y=\overline{\overline{A}\,\overline{B}+ABD}\cdot(B+\overline{C}D)$；

(5) $Y(A,B,C,D)=\sum m(1,2,3,5,6,7,8,9,12,13)$；

(6) $Y(A,B,C,D)=\sum m(3,5,7,8,11,12,13,15)$；

(7) $Y(A,B,C,D)=\sum m(1,7,9,10,11,12,13,15)$；

(8) $Y(A,B,C,D)=\sum m(2,4,6,9,13,14)+\sum d(0,1,3,11,15)$；

(9) $Y(A,B,C,D)=\sum m(1,5,7,9,15)+\sum d(3,8,11,14)$；

(10) $Y(A,B,C,D)=\sum m(2,3,4,7,12,13,14)+\sum d(5,6,8,9,10,11)$。

6.13 试画出下列函数的逻辑图：

(1) $Y=AB+AC$；　(2) $Y=A\overline{BC}+\overline{\overline{\overline{AB}}+BC+\overline{A}\,\overline{B}}$。

6.14 写出下列函数的真值表：

(1) $Y=\overline{A}\,\overline{B}+\overline{B}\,\overline{C}+\overline{A}\,\overline{C}$；

(2) $Y=\overline{\overline{AB}+(C\oplus D)}$。

单元 7　基本逻辑门电路

学习目标

(1)掌握基本逻辑门电路工作原理。

(2)掌握集成逻辑门电路的组成及工作原理以及集成逻辑门电路的一些应用和使用注意事项。

在数字电路中,实现逻辑运算的电路叫作逻辑门电路。最基本的逻辑门电路有二极管与门、或门和三极管非门。本章主要介绍三种基本逻辑门电路和几种常用的门电路。最后介绍了集成逻辑门电路的组成及工作原理以及集成逻辑门电路的一些应用和使用注意事项。

7.1　基本逻辑门电路

在前面所学的模拟电路中,三极管都是工作在放大状态。而在数字电路里,只研究三极管的开关状态,也就是工作在截止区和饱和区,相当于开关的断开和闭合。

逻辑运算变量只有 1 和 0,在逻辑电路中,它们对应的是高电平和低电平。其实电平就是电位,高电平、低电平都是一定的电压范围,而不是一个固定不变的数值。例如在 TTL 电路中,常规定高电平的额定值为 3 V,低电平的额定值为 0.2 V,其实 0 ~ 0.8 V 都算作低电平,2 ~ 5 V 都算作高电平。如果超出规定的范围,则不仅会破坏电路的逻辑功能,而且还可能造成器件性能下降甚至损坏。若用 1 表示高电平,0 表示低电平,则称为正逻辑;反之,称为负逻辑。若不特别指明,在讨论各种逻辑关系时,均采用正逻辑。

逻辑门电路是用以实现基本和常用逻辑运算的电子电路,简称门电路。基本和常用的门电路有与门、或门、非门(反相器)、与非门、或非门、与或非门和异或门等。门电路有分立元件门电路和集成门电路。

7.1.1　与门电路

与门的电路和符号如图 7.1.1 所示。此电路充分利用了二极管的单向导电性,二极管加正偏压导通,加反偏压截止。

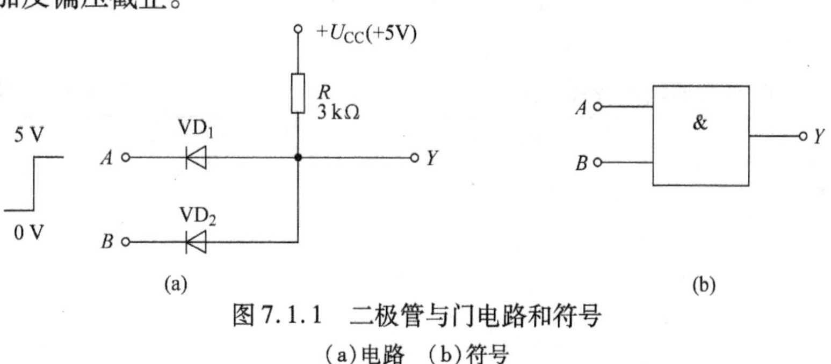

图 7.1.1　二极管与门电路和符号

(a)电路　(b)符号

电路的输入高电平为5 V,低电平为0 V,管压降为0.7 V。下面分析一下它的逻辑功能:

(1)当输入$A=B=0$ V时,两个二极管都导通,输出$Y=0.7$ V,为低电平;

(2)当输入$A=0$ V、$B=5$ V时,二极管VD_1优先导通,二极管VD_1的导通,使VD_2承受反偏压而截止,输出$Y=0.7$ V,为低电平;

(3)当输入$A=5$ V、$B=0$ V时,二极管VD_2优先导通,则VD_1截止,输出$Y=0.7$ V,为低电平。

(4)当输入$A=5$ V、$B=5$ V时,两个二极管都截止,输出$Y=5$ V,为高电平。

各管的导通情况见表7.1.1。如果把高电平用1表示,低电平用0表示,可得表7.1.2所示的真值表。可见当输入有一个为低的时候,输出就为低;只有输入都为高的时候,输出才为高,实现了与逻辑运算,其表达式为

$$Y = AB$$

表7.1.1 与门的输入、输出情况

u_A	u_B	u_Y	VD_1	VD_2
0 V	0 V	0.7 V	导通	导通
0 V	5 V	0.7 V	导通	截止
5 V	0 V	0.7 V	截止	导通
5 V	5 V	5 V	截止	截止

表7.1.2 与门的真值表

A	B	Y
0	0	0
0	1	0
1	0	0
1	1	1

7.1.2 或门电路

或门的电路和符号如图7.1.2所示,功能如下:

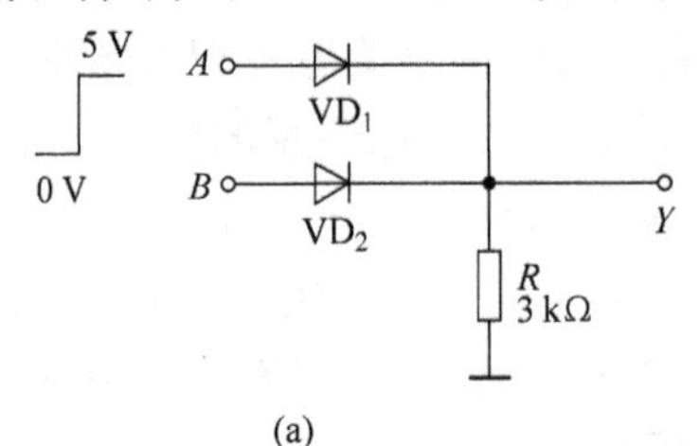

(a)

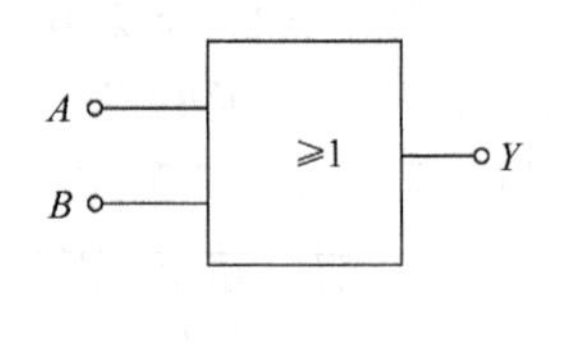

(b)

图7.1.2 二极管或门电路和符号

(a)电路 (b)符号

(1)当输入$A=B=0$ V时,两个二极管都截止,输出$Y=0$ V,为低电平;

(2)当输入$A=0$ V、$B=5$ V时,二极管VD_2优先导通,VD_1截止,输出$Y=4.3$ V,为高电平;

(3)当输入$A=5$ V、$B=0$ V时,二极管VD_1优先导通,VD_2截止,输出$Y=4.3$ V,为高电平;

(4)当输入$A=5$ V、$B=5$ V时,两个二极管都导通,输出$Y=4.3$ V,为高电平。

各管的导通情况见表7.1.3,对应真值表见表7.1.4。

表7.1.3 或门的输入、输出情况

u_A	u_B	u_Y	VD_1	VD_2
0 V	0 V	0 V	截止	截止
0 V	5 V	4.3 V	截止	导通
5 V	0 V	4.3 V	导通	截止
5 V	5 V	4.3 V	导通	导通

表7.1.4 或门的真值表

A	B	Y
0	0	0
0	1	1
1	0	1
1	1	1

从真值表可见，此电路实现了或逻辑运算，输出与输入之间的逻辑关系为

$$Y = A + B$$

7.1.3　非门电路

图7.1.3所示电路为三极管组成的非门电路和符号。当输入 A 为低电平时，三极管截止，输出 Y 为高电平5 V；当输入 A 为高电平5 V时，三极管饱和导通，这时输出 Y 为低电平0.3 V。其真值表见表7.1.5。

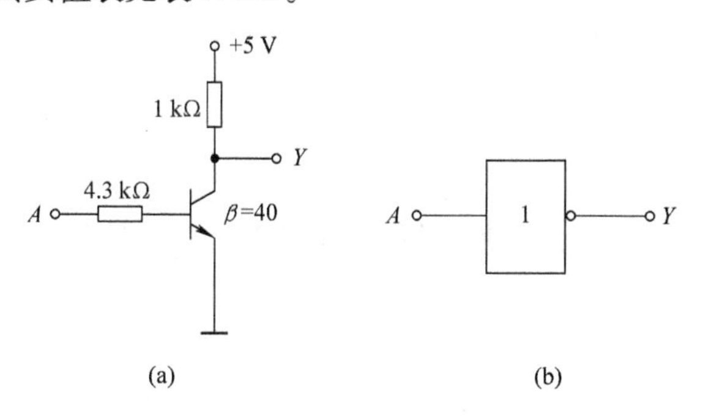

图7.1.3　三极管非门电路和符号
(a)电路　(b)符号

表7.1.5　非门的真值表

A	Y
0	1
1	0

这时输出和输入之间的逻辑关系为

$$Y = \overline{A}$$

除了用三极管组成非门，也可以用场效应管组成非门，其电路和符号如图7.1.4所示。

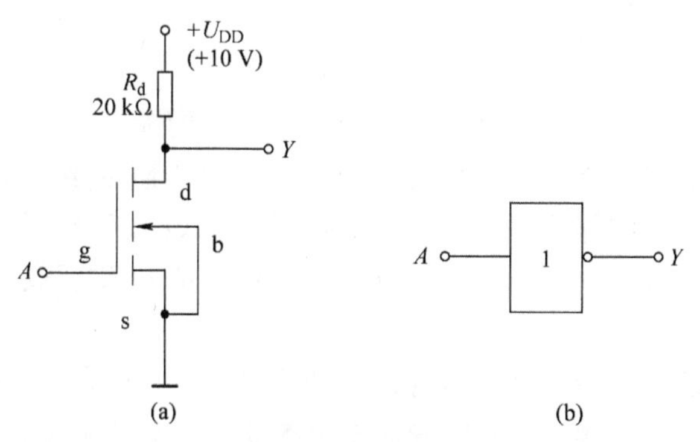

图7.1.4　场效应管组成的非门电路和符号
(a)电路　(b)符号

当 $u_A = 0$ V时，由于 $u_{GS} = u_A = 0$ V，小于开启电压 U_T，所以MOS管截止，输出电压为 $u_Y = U_{DD} = 10$ V。

当 $u_A = 10$ V时，由于 $u_{GS} = u_A = 10$ V，大于开启电压 U_T，所以MOS管导通，且工作在可变电阻区，导通电阻很小，只有几百欧姆，输出电压为 $u_Y \approx 0$ V。故

$$Y = \overline{A}$$

除了三种基本门电路外，还有其他一些常用的门电路，如与非门是由与门和非门组合而成的，还有或非门、与或非门、异或门和同或门等。

7.2 TTL 集成逻辑门电路

现代数字电路广泛采用了集成电路。根据半导体器件的类型,数字集成门电路分为 MOS 集成门电路和双极型(晶体三极管)集成门电路。MOS 集成门电路中,使用最多的是 CMOS 集成门电路。双极型集成门电路中,使用最多的是 TTL 集成门电路。TTL 门电路的输入、输出都是由晶体三极管组成,所以人们称它为晶体管 - 晶体管逻辑门电路(Transistor Transistor Logic),简称 TTL 门电路。

7.2.1 TTL 与非门电路

1. 电路组成

TTL 与非门电路如图 7.2.1(a)所示,其中 VT_1 管的等效电路如图 7.2.1(b)所示。

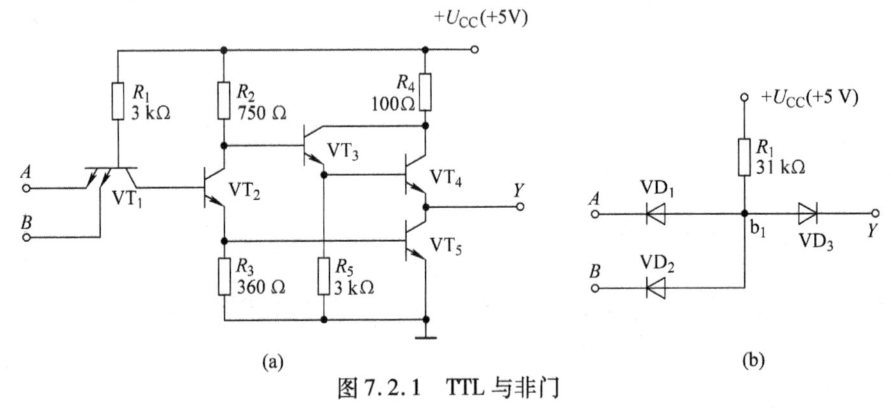

图 7.2.1 TTL 与非门

(a)TTL 与非门电路图 (b)VT_1 管的等效电路

电路内部分为三级:输入级,由多发射极三极管 VT_1 和电阻 R_1 组成,多发射极三极管 VT_1 有多个发射极作为门电路的输入端;中间放大级,由 VT_2、R_2、R_3 组成,VT_2 集电极输出驱动 VT_3、VT_4,发射极输出驱动 VT_5;输出级,由 VT_3、VT_4、VT_5、R_4 和 R_5 组成。

2. 工作原理

(1)输入信号不全为 1:如 $u_A=0.3\ V$、$u_B=3.6\ V$,则 $u_{B1}=0.3\ V+0.7\ V=1\ V$,1 V 的电位不能使 VT_2、VT_5 导通,因为 VT_2、VT_5 都导通至少需要 1.4 V 的电位,故 VT_2、VT_5 截止;因为 VT_2 截止,所以三极管 VT_3 的基极电位为 $U_{CC}-i_{B3}R_2\approx 5\ V$,故 VT_3、VT_4 导通。忽略 i_{B3},输出端的电位为

$$u_Y \approx 5\ V - 0.7\ V - 0.7\ V = 3.6\ V$$

输出 Y 为高电平。这时电路中各管的情况如图 7.2.2(a)所示。

(2)输入信号全为 1:如 $u_A=u_B=3.6\ V$,则 $u_{B1}=2.1\ V$,VT_2、VT_5 导通,VT_3、VT_4 截止,输出端的电位为

$$u_Y = u_{CES} = 0.3\ V$$

输出 Y 为低电平。这时电路中各管的情况如图 7.2.2(b)所示。

TTL 与非门的功能表见表 7.2.1,如果用 1 表示高电平,用 0 表示低电平,则可以写出 TTL 与非门的真值表见表 7.2.2。

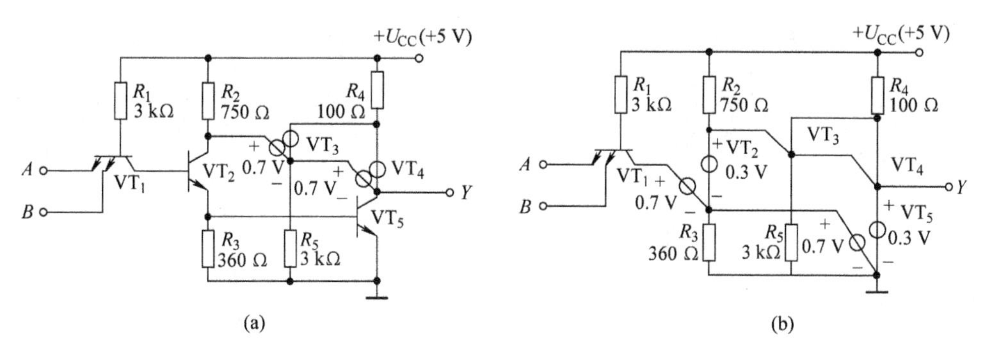

图 7.2.2　TTL 与非门各管的导通情况
(a)输入不全为 1　(b)输入全为 1

从表 7.2.2 可见,输入有低,输出为高;输入全高,输出为低。其逻辑表达式为

$$Y = \overline{A \cdot B} \tag{7.2.1}$$

表 7.2.1　TTL 与非门的功能表

u_A	u_B	u_Y
0.3 V	0.3 V	3.6 V
0.3 V	3.6 V	3.6 V
3.6 V	0.3 V	3.6 V
3.6 V	3.6 V	0.3 V

表 7.2.2　TTL 与非门的真值表

A	B	Y
0	0	1
0	1	1
1	0	1
1	1	0

常用的 TTL 集成与非门电路有 74LS00 和 74LS20。74LS00 内含 4 个 2 输入与非门,74LS20 内含 2 个 4 输入与非门。其引脚排列分别如图 7.2.3(a)和(b)所示。

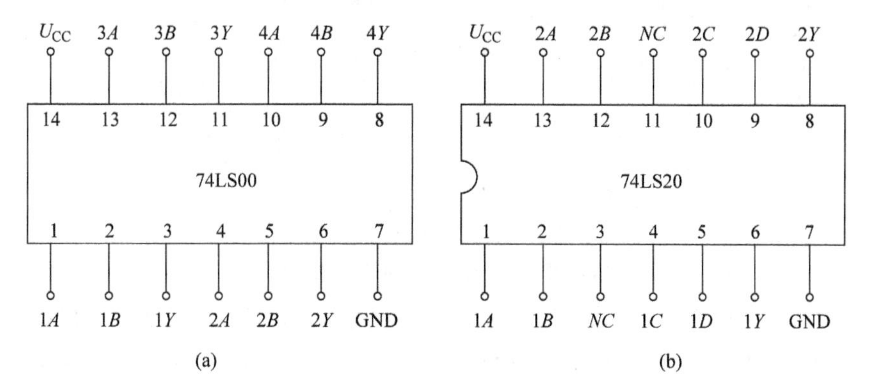

图 7.2.3　74LS00 和 74LS20 的引脚排列图
(a)74LS00　(b)74LS20

7.2.2　其他 TTL 门电路

1. TTL 非门

TTL 非门电路及 74LS04 引脚排列分别如图 7.2.4(a)和(b)所示,电路结构与 TTL 与非门相似,只是 VT_1 只有一个输入端,原理和与非门也差不多:$A=0$ 时,VT_2、VT_5 截止,VT_3、VT_4 导通,$Y=1$;$A=1$ 时,VT_2、VT_5 导通,VT_3、VT_4 截止,$Y=0$。可见实现的是非运算。

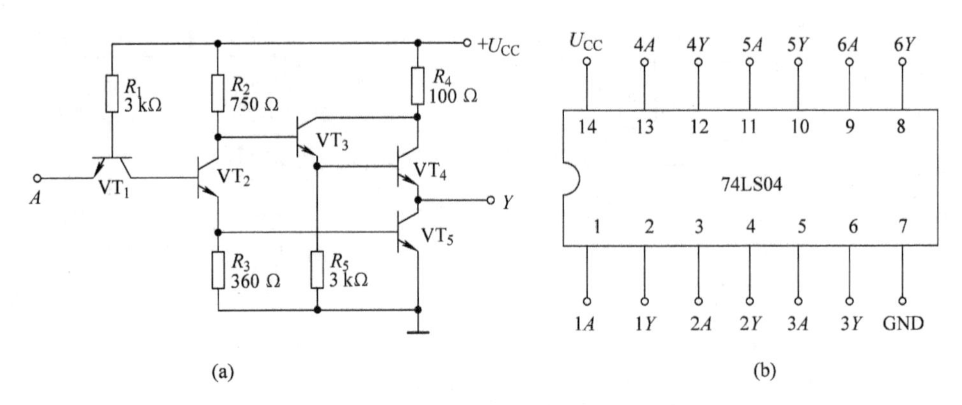

图 7.2.4　TTL 非门电路及 74LS04 引脚排列

(a) TTL 非门电路　(b) 74LS04 引脚排列

2. TTL 或非门

TTL 或非门电路及 74LS02 引脚排列分别如图 7.2.5(a)和(b)所示。A、B 中只要有一个为 1,即高电平,如 $A=1$,则 i_{B1} 就会经过 VT_1 集电极流入 VT_2 基极,使 VT_2、VT_5 饱和导通,输出为低电平,即 $Y=0$。$A=B=0$ 时,i_{B1}、i'_{B1} 均分别流入 VT_1、VT'_1 发射极,使 VT_2、VT'_2、VT_5 均截止,VT_3、VT_4 导通,输出为高电平,即 $Y=1$。可见实现的是或非运算。

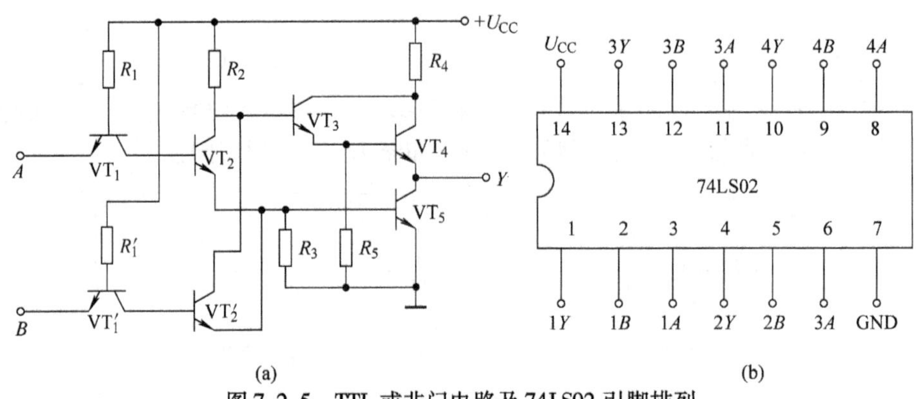

图 7.2.5　TTL 或非门电路及 74LS02 引脚排列

(a) TTL 或非门电路　(b) 74LS02 引脚排列

另外,还有 TTL 与或非门、TTL 或门、TTL 与门等,它们都是在 TTL 与非门的基础上稍加变化得到的,如图 7.2.6 所示为 TTL 与非门和 TTL 非门构成的 TTL 与门。

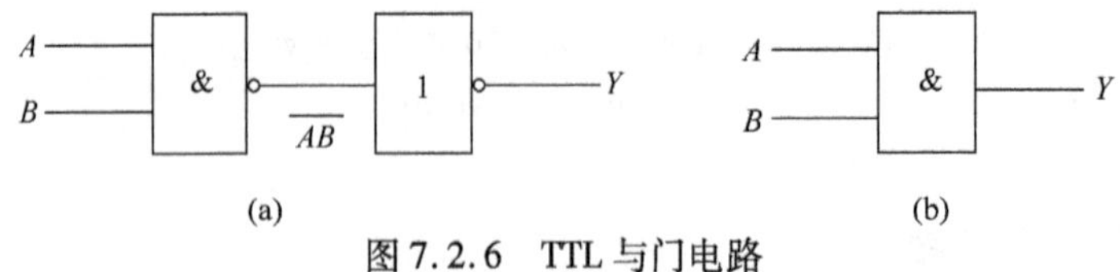

图 7.2.6　TTL 与门电路

(a) 与非门和非门组成的与门　(b) 与门等效电路

其他或门、与或非门也可以通过与非门、非门和或非门等电路组合而成。

3. 集电极开路与非门(OC 门)

在工程上往往需要将两个或多个逻辑门电路的输出端并联以实现与逻辑,称为线与。

但前面介绍的 TTL 门电路,其输出端不能直接并联使用,也就无法线与。因为如果直接将多个 TTL 门电路的输出端相连，如图 7.2.7 所示，与非门 G_1 的 VT_4 和二极管导通，且 G_2 门的 VT_5 导通时，就会有电流从 G_1 门流经 G_2 门，然后流入参考点，该电流值远远超出器件的额定值，很容易将器件烧坏。

为了解决这一问题，可以采用集电极开路门(OC 门)，OC 门的电路及 OC 门符号分别如图 7.2.8(a)和(b)所示。需要特别强调的是，OC 门必须外接负载 R_L 和电源 U_{CC} 才能正常工作，如图 7.2.9(a)所示。OC 门线与电路如图 7.2.9(b)所示。

图 7.2.9(b)中输出的逻辑表达式为

$$Y = Y_1 Y_2 = \overline{AB} \cdot \overline{CD} = \overline{AB + CD} \qquad (7.2.2)$$

可见多个 OC 门线与可以实现与或非运算。另外，还可以驱动显示器、继电器电路等。

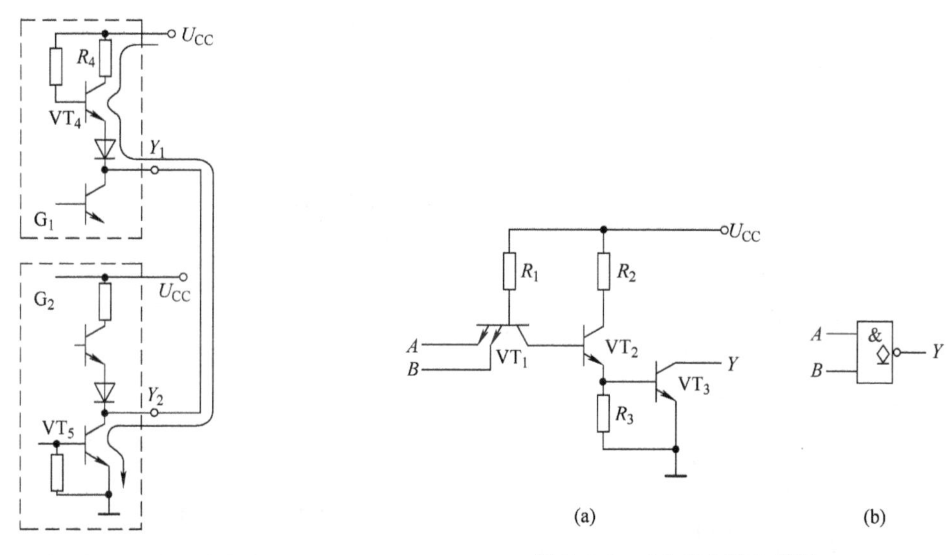

图 7.2.7　两个与非门输出端直接相连

图 7.2.8　OC 门电路和符号
(a)电路　(b)符号

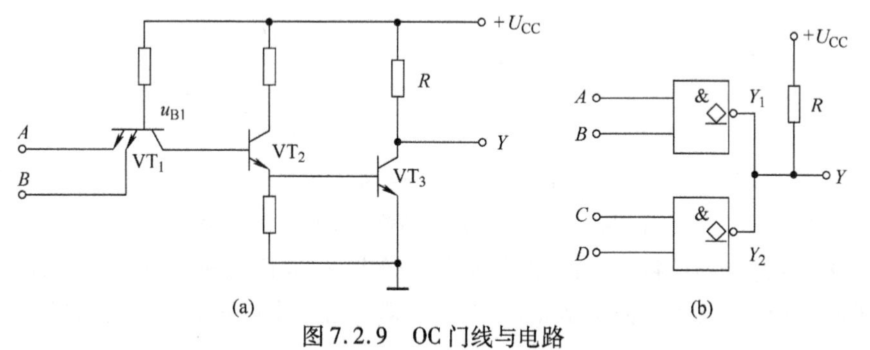

图 7.2.9　OC 门线与电路
(a)OC 门外接电阻和电源　(b)OC 门线与电路图

4. 三态输出门(TSL 门)

1)电路结构

三态输出门有三种输出状态：高电平、低电平、高阻态(禁止态)。其中，三态输出门处于高阻态下，输出端相当于开路。三态门是在普通门电路上加上使能控制信号和控制电路构成的，其电路和符号分别如图 7.2.10(a)和(b)所示。

$E=0$ 时,二极管 VD 导通,VT_1 基极和 VT_3 基极均被钳制在低电平,因而 $VT_2 \sim VT_5$ 均截止,输出端开路,电路处于高阻状态。

$E=1$ 时,二极管 VD 截止,TSL 门的输出状态完全取决于输入信号 A 的状态,电路输出与输入的逻辑关系和一般反相器相同,即 $Y=\overline{A}$。当 $A=0$ 时,$Y=1$,为高电平;当 $A=1$ 时,$Y=0$,为低电平。

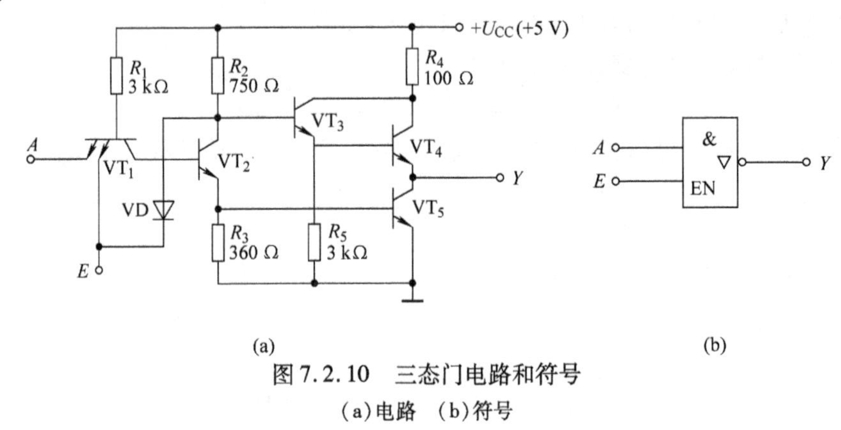

图 7.2.10 三态门电路和符号

(a)电路 (b)符号

2)三态门的应用

三态门的应用电路如图 7.2.11 所示。

(1)作多路开关:当 $\overline{E}=0$ 时,门 G_1 使能,G_2 禁止,$Y=A$;当 $\overline{E}=1$ 时,门 G_2 使能,G_1 禁止,$Y=B$。

(2)信号双向传输:当 $\overline{E}=0$ 时,信号向右传送,$B=A$;当 $\overline{E}=1$ 时,信号向左传送,$A=B$。

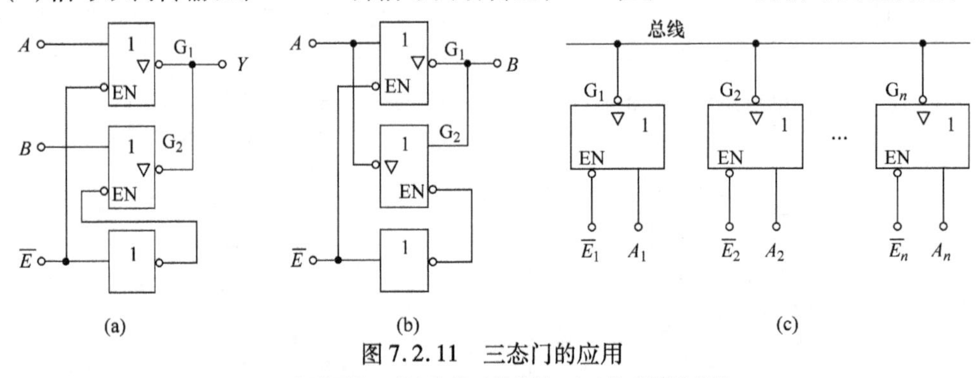

图 7.2.11 三态门的应用

(a)多路开关 (b)信号双向传输 (c)构成数据总线

(3)构成数据总线:让各门的控制端轮流处于低电平,即任何时刻只让一个 TSL 门处于工作状态,而其余 TSL 门均处于高阻状态,这样总线就会轮流接收各 TSL 门的输出。

7.2.3 TTL 系列集成电路及使用注意事项

1. TTL 系列集成电路

(1)74 系列:标准系列,前面介绍的 TTL 门电路都属于 74 系列。其典型电路与非门的平均传输时间 $t_{pd}=10$ ns,平均功耗 $P=10$ mW。

(2)74H 系列:高速系列,是在 74 系列基础上改进得到的。其典型电路与非门的平均传输时间 $t_{pd}=6$ ns,平均功耗 $P=22$ mW。

(3)74S 系列:肖特基系列,是在74H 系列基础上改进得到的。其典型电路与非门的平均传输时间 $t_{pd}=3$ ns,平均功耗 $P=19$ mW。

(4)74LS 系列:低功耗肖特基系列,是在74S 系列基础上改进得到的。其典型电路与非门的平均传输时间 $t_{pd}=9$ ns,平均功耗 $P=2$ mW。74LS 系列产品具有最佳的综合性能,是 TTL 集成电路的主流,也是应用最广的系列。

2. 使用注意事项

1)对电源的要求

TTL 集成电路对电源的要求比较严格:当电源电压超过5.5 V 时,将损坏器件;若电源电压低于4.5 V,器件的逻辑功能将不正常。因此,在以 TTL 门电路为基本器件的系统中,电源电压应满足(5 ±0.5)V。

2)对输入端的要求

(1)电路各输入端不能直接与高于+5.5 V 和低于-0.5 V 的低内阻电源连接,以免因过流而烧坏电路。

(2)若悬空正常时,可视作1,但易受干扰。多余输入端的处理原则是尽量不要悬空,以免干扰。不使用的输入端可并接到使用的输入端上(LSTTL 除外);如电源电压不超过5.5 V,可将不使用的与门及与非门的输入端直接接电源,或通过1 kΩ 电阻接到电源上;将不使用的或门及或非门输入端接地。

3)对输出端的要求

(1)TTL 集成电路的输出端不允许直接接地或接+5 V 电源,否则将导致器件损坏。

(2)TTL 集成电路的输出端不允许并联使用(集电极开路门和三态门除外),否则将损坏器件。

7.3 CMOS 门电路

MOS 集成电路是数字集成电路的一个重要系列,它具有低功耗、抗干扰性强、制造工艺简单、易于大规模集成等优点,因此得到广泛应用。MOS 集成电路有 N 沟道 MOS 管构成的 NMOS 集成电路、P 沟道 MOS 管构成的 PMOS 集成电路以及 N 沟道 MOS 管和 P 沟道 MOS 管共同组成的 CMOS 集成电路。CMOS 集成电路功耗小、工作速度快,应用尤为广泛。

7.3.1 CMOS 集成门电路

1. CMOS 非门

CMOS 非门电路如图7.3.1(a)所示。其中上面的 MOS 管为 P 型管,下面的 MOS 管为 N 型管。且

$$U_{DD} > |U_{TP}| + U_{TN}$$

其中,U_{TP}为 PMOS 管阈值电压,U_{TN}为 NMOS 管阈值电压,G_1、G_2栅极连在一起作为输入端,漏极连在一起作为输出端。

当输入 $u_A=U_{DD}=10$ V 的高电平时,VT_N 导通,VT_P 截止,输出低电平,如图7.3.1(b)所示;当输入 $u_A=0$ V 的低电平时,VT_N 截止,VT_P 导通,输出高电平,如图7.3.1(c)所示。因此,电路实现了非逻辑运算,是非门(反相器)。

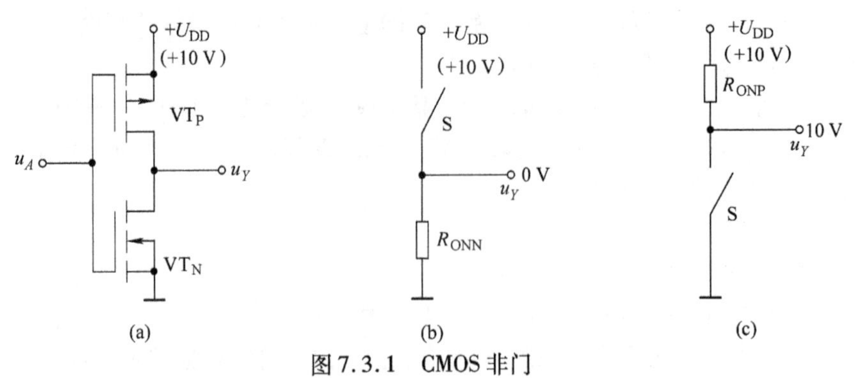

图 7.3.1　CMOS 非门

(a)电路　(b)VT_N 导通,VT_P 截止　(c)VT_N 截止,VT_P 导通

2. CMOS 与非门

其电路如图 7.3.2 所示,VT_{N1}、VT_{N2}是串联的驱动管,VT_{P1}、VT_{P2}是并联的负载管。A、B当中有一个或全为低电平时,VT_{N1}、VT_{N2}中有一个或全部截止,VT_{P1}、VT_{P2}中有一个或全部导通,输出 Y 为高电平。只有当输入 A、B 全为高电平时,VT_{N1}和 VT_{N2}才会都导通,VT_{P1}和 VT_{P2}才会都截止,输出 Y 才会为低电平。可见实现了与非功能。

3. CMOS 或非门

其电路如图 7.3.3 所示。VT_{N1}、VT_{N2}是并联的驱动管,VT_{P1}、VT_{P2}是串联的负载管。只要输入 A、B 当中有一个或全为高电平,VT_{P1}、VT_{P2}中有一个或全部截止,VT_{N1}、VT_{N2}中有一个或全部导通,输出 Y 为低电平。只有当 A、B 全为低电平时,VT_{P1}和 VT_{P2}才会都导通,VT_{N1}和 VT_{N2}才会都截止,输出 Y 才会为高电平。可见实现了或非功能。另外,还可以用 CMOS 非门、与非门和或非门构成其他的门电路,这里不再介绍。

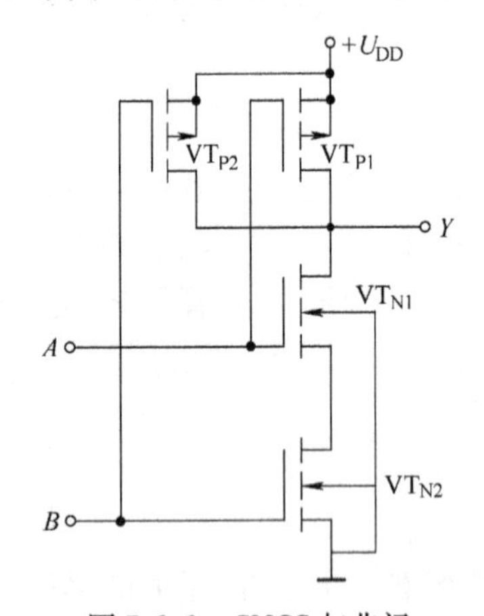

图 7.3.2　CMOS 与非门

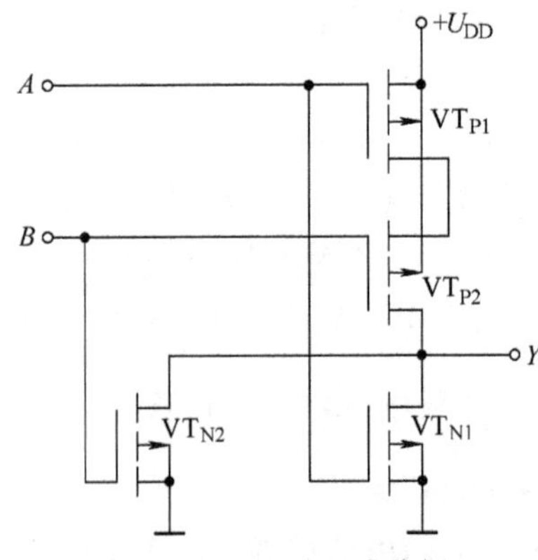

图 7.3.3　CMOS 或非门

4. 传输门

如图 7.3.4 所示,图(a)为 CMOS 传输门电路,图(b)为它的逻辑符号。图中 VT_N、VT_P 分别是 NMOS 管和 PMOS 管,它们的结构和参数均对称。两管的栅极引出端分别接高、低电平不同的控制信号 C 和$\overline{C}$,源极相连作输入端,漏极相连作输出端。

设控制信号的高、低电平分别为 U_{DD}和 0 V,$U_{TN}=|U_{TP}|$且 $U_{DD}>2U_{TN}$。当控制信号$U_C=0$、$U_{\overline{C}}=U_{DD}$(即 $C=0$、$\overline{C}=1$)时,在输入信号 u_i为 $0\sim U_{DD}$,$U_{GSN}<U_{TN}$,$U_{GSP}>U_{TP}$,两管均截

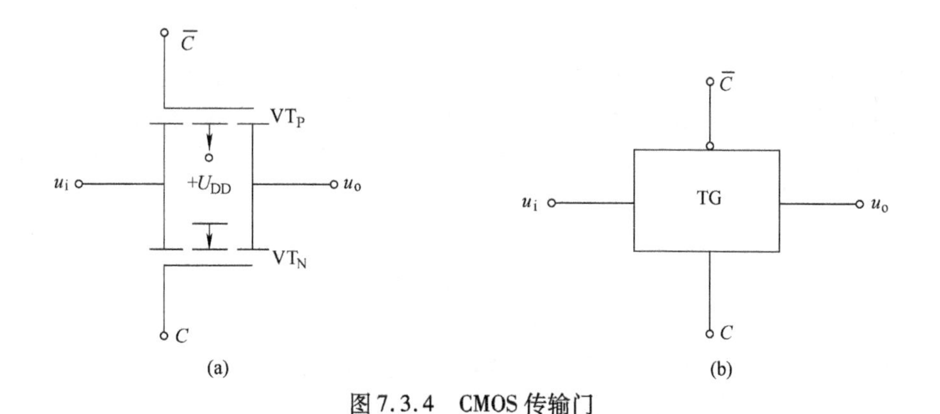

图7.3.4 CMOS传输门

(a)电路 (b)符号

止，输入和输出之间是断开的。

当控制信号 $C=1$、$\overline{C}=0$ 时，在输入信号 u_i 为 $0\sim U_{DD}$，至少有一只管子导通，即当 u_i 在 $0\sim(U_{DD}-U_{TN})$ 变化时，NMOS 管导通；当 u_i 在 $|U_{TP}|\sim U_{DD}$ 变化时，PMOS 管导通。因此，当 $C=1$、$\overline{C}=0$ 时，输入电压在 $0\sim U_{DD}$ 范围内变化，并将传输到输出端，即 $u_o=u_i$。

综上所述，通过控制 C、$\overline{C}$ 端的电平值，即可控制传输门的通断。另外，由于 MOS 管具有对称结构，源极和漏极可以互换，所以 CMOS 传输门的输入端、输出端可以互换，因此传输门是一个双向开关。

7.3.2 CMOS 数字电路的特点及使用注意事项

1. CMOS 数字电路的特点

(1)CMOS 电路的工作速度比 TTL 电路低，带负载的能力比 TTL 电路强。

(2)CMOS 电路的电源电压允许范围较大，在 3～18 V，抗干扰能力比 TTL 电路强。

(3)CMOS 电路的功耗比 TTL 电路小得多，门电路的功耗只有几微瓦，中规模集成电路的功耗也不会超过 100 μW。

(4)CMOS 集成电路的集成度比 TTL 电路高，其电路适合于在特殊环境下工作。

(5)CMOS 电路容易受静电感应而击穿，在使用和存放时应注意静电屏蔽，焊接时电烙铁应接地良好，尤其是 CMOS 电路多余不用的输入端不能悬空，应根据需要接地或接高电平。

2. CMOS 集成电路使用注意事项

1)对电源的要求

(1)CMOS 电路可以在很宽的电源电压范围内提供正常的逻辑功能，其电源电压范围一般在 8～12 V，通常选择 $U_{DD}=12$ V。

(2)U_{DD} 绝对不允许接反，否则无论是保护电路或是内部电路，都可能因过大电流而损坏。

2)对输入端的要求

(1)为保护输入级 MOS 管的氧化层不被击穿，一般 CMOS 电路输入端都有二极管保护网络，这就给电路的应用带来一些限制：输入信号必须在 $0\sim U_{DD}$ 取值，以防二极管因正偏电流过大而烧坏。每个输入端的典型输入电流为 10 pA，输入电流以不超过 1 mA 为佳。

(2)多余输入端不允许悬空。与门及与非门的多余输入端应接 U_{DD} 或接至高电平，或门和或非门的多余输入端应接地或接至低电平。

3)对输出端的要求

(1)CMOS 集成电路的输出端不允许直接接 U_{DD}或接地,否则将导致器件损坏。

(2)一般情况下不允许输出端并联。因为不同器件的参数不一致,有可能导致 NMOS 和 PMOS 同时导通,形成大电流。但为了增加驱动能力,可以将同一芯片上相同门电路的输入端、输出端分别并联使用。

单元小结

(1)逻辑门电路:用以实现基本和常用逻辑运算的电子电路,简称门电路。

(2)基本和常用的门电路有与门、或门、非门(反相器)、与非门、或非门、与或非门和异或门等。

(3)TTL 门:现代数字电路广泛采用了集成电路。根据半导体器件的类型,数字集成门电路分为 MOS 集成门电路和双极型(晶体三极管)集成门电路。MOS 集成门电路中,使用最多的是 CMOS 集成门电路。双极型集成门电路中,使用最多的是 TTL 集成门电路。TTL 门电路的输入、输出都是由晶体三极管组成,所以人们称它为晶体管 - 晶体管逻辑门电路(Transistor Transistor Logic),简称 TTL 门电路。

(4)CMOS 门电路:MOS 集成电路是数字集成电路的一个重要系列,它具有低功耗、抗干扰性强、制造工艺简单、易于大规模集成等优点,因此得到广泛应用。MOS 集成电路有 N 沟道 MOS 管构成的 NMOS 集成电路、P 沟道 MOS 管构成的 PMOS 集成电路以及 N 沟道 MOS 管和 P 沟道 MOS 管共同组成的 CMOS 集成电路。CMOS 集成电路功耗小、工作速度快,应用尤为广泛。

习　题　7

7.1　已知 Y_1、Y_2是关于 x_1、x_2的函数,根据如图所示的逻辑图和波形图写出 Y_1、Y_2的函数,并根据 x_1、x_2的波形画出 Y_1、Y_2的波形。

7.2　若与非门的输入 A、B、C 中的任意一个输入电平确定之后,能否决定其输出?对于或非门情况又如何?

7.3　试判断如图所示 TTL 门电路输出与输入之间的逻辑关系中哪些是正确的,哪些是错误的?并将接法错误的予以改正。

7.4　根据如图所示的 TTL 门电路,写出输出 Y 的表达式。

7.5　已知 TTL 门电路如图所示,试分析其逻辑功能,并写出输出端的表达式。

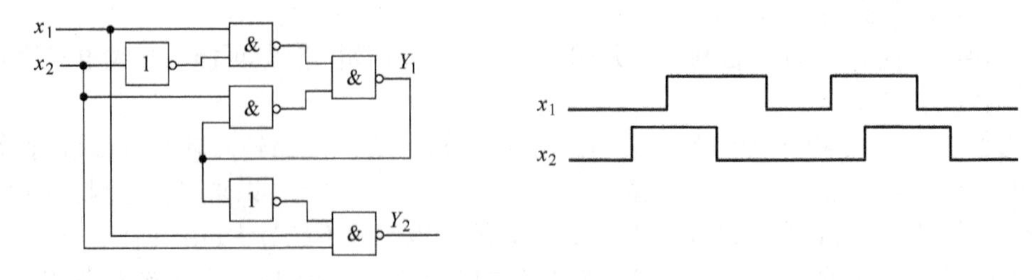

题 7.1 图

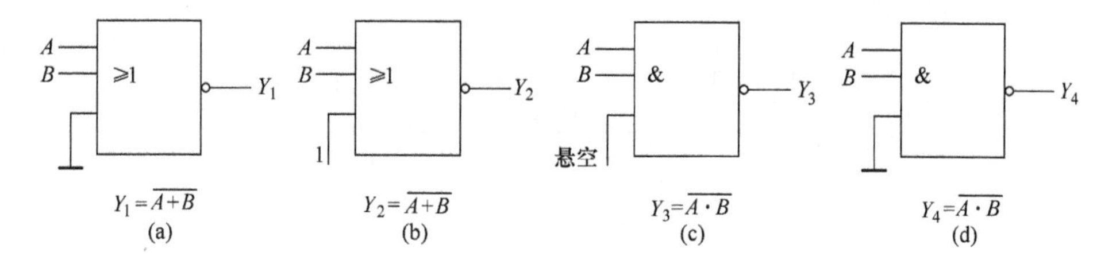

题7.3图

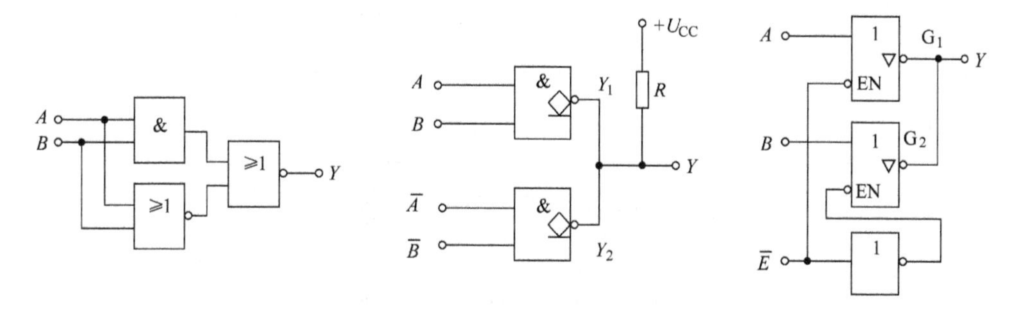

题7.4图

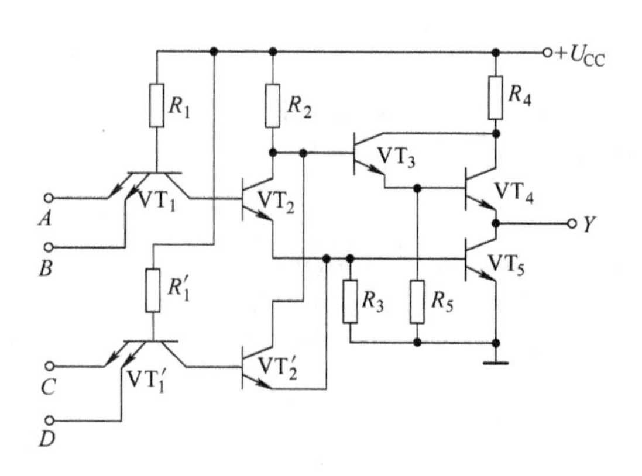

题7.5图

7.6 试说明 TTL 与非门输出端的下列接法会产生什么后果,并说明原因。

(1)多个 TTL 与非门的输出直接相连;(2)输出端接地。

7.7 试分析如图所示电路的功能。

7.8 试分析如图所示电路的功能。

本单元实验

实验13 基本逻辑门电路功能测试

1. 实验目的

(1)熟悉与非门、或非门、与或非门、异或门、OD 门的逻辑功能。

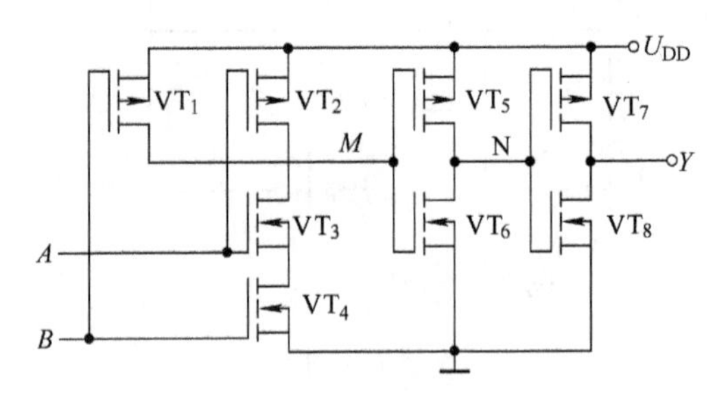

题 7.7 图

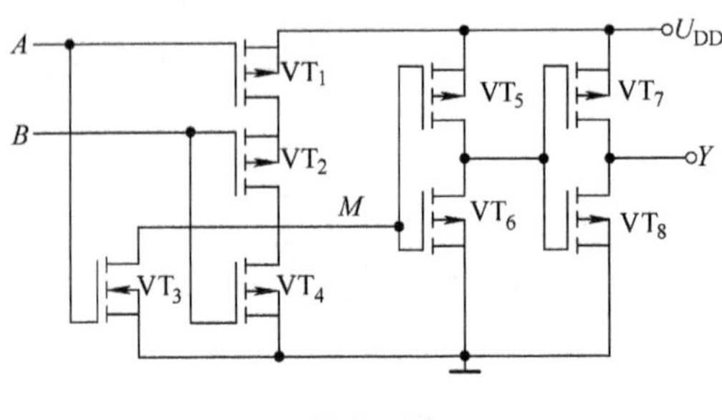

题 7.8 图

(2)测定 CMOS 和 TTL 系列逻辑门电路输出高电平、低电平的电压值。

(3)测定 CMOS 逻辑门输入端悬空对输出影响。

2. 实验电路和工作原理

1)实验电路

实验电路如实验图 13.1 至实验图 13.8 所示。

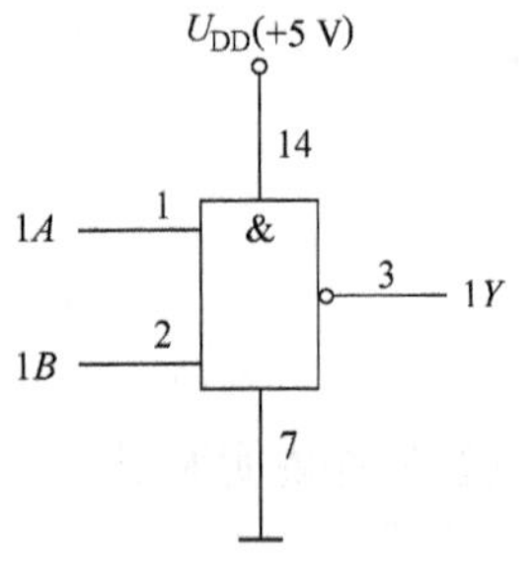

实验图 13.1　1/4 CD4011 与非门

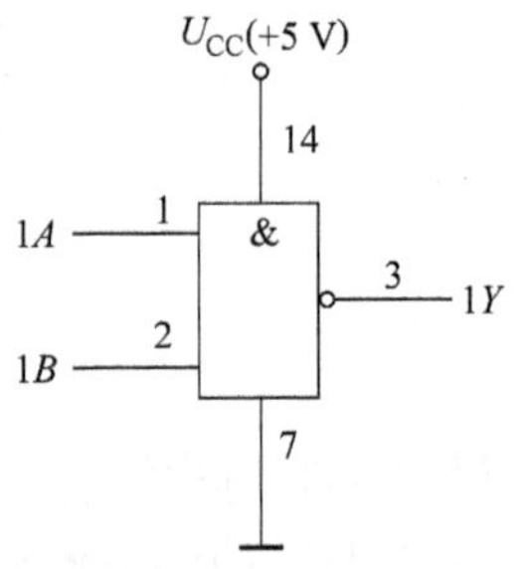

实验图 13.2　1/4 74LS00 与非门

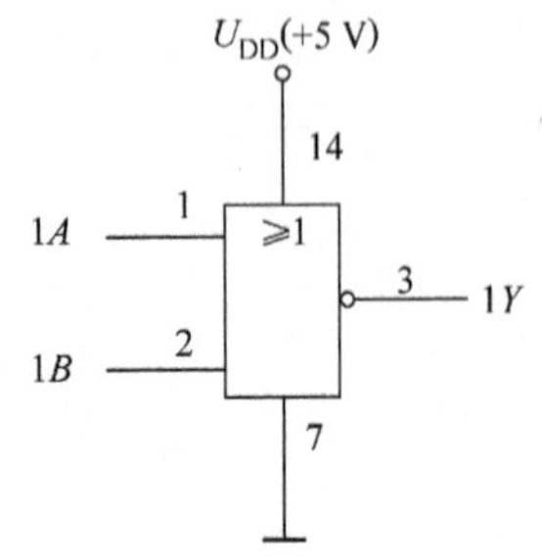

实验图 13.3　1/4 CD4001 或非门

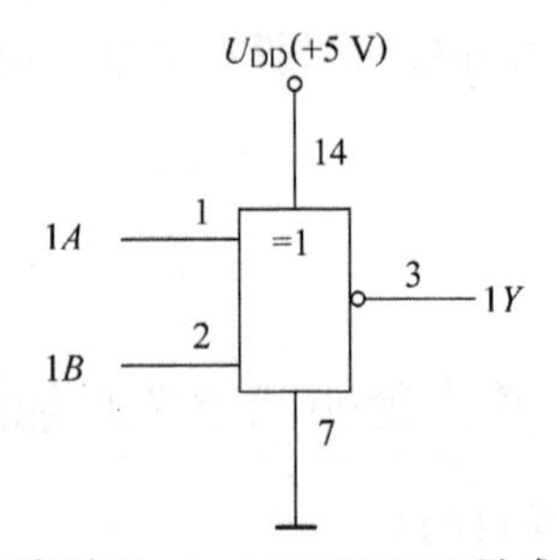

实验图 13.4　1/4 CD4070 异或门

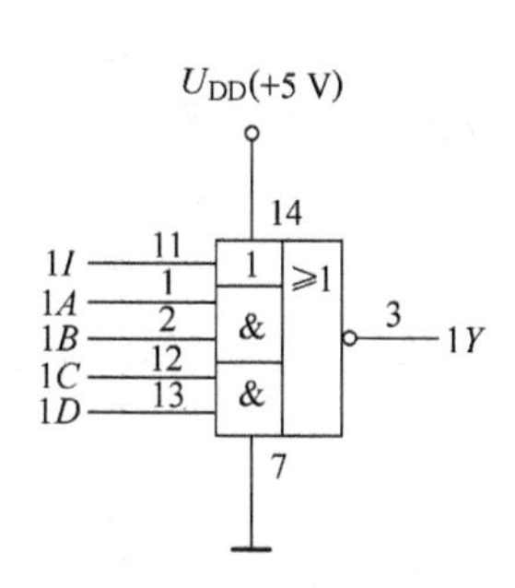

实验图 13.5　1/2 CD4085 与或非门

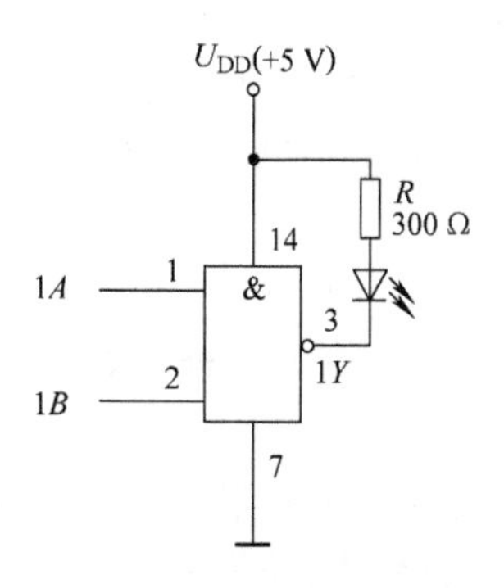

实验图 13.6　1/2 CD40107 2 输入双与非 OD 门驱动器

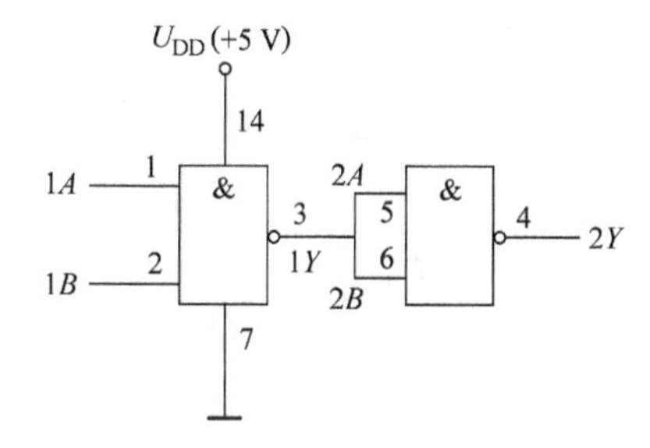

实验图 13.7　2×1/4 CD4011 与非门

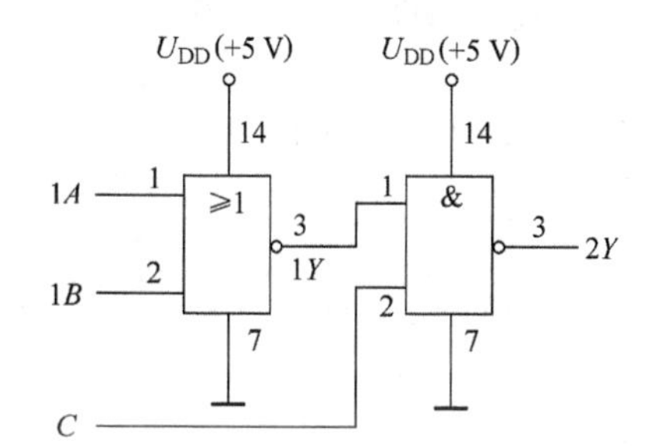

实验图 13.8　1/4 CD4001 与 1/4 CD4011

2）工作原理

集成逻辑门电路有两大类型，CMOS 和 TTL 系列，工作于正逻辑状态时，定义高电平为逻辑状态 1，低电平为逻辑状态 0。当输入 +5 V 为 1，输入 0 V 为 0 时，这两大系列输出高、低电平的电压值各不相同，若均采用 +5 V 电源电压，CMOS 系列输出逻辑状态 1 和 0 电压接近于 5 V 和 0 V，而 TTL 系列的输出逻辑状态 1 和 0 电压接近于 4.3 V 和 0.2 V。

逻辑门不论其输入变量 A、B、C…和输出变量 W、Y、Z…其取值只有 1 或 0，而基本逻辑运算为与、或、非。而与逻辑为 $1\cdot1=1$、$1\cdot0=0$、$0\cdot0=0$，或逻辑为 $1+1=1$、$1+0=1$、$0+0=0$，非逻辑为 $\overline{1}=0$、$\overline{0}=1$，而与非是与和非组合，或非是或和非组合，而异或逻辑为 $1\oplus0$ 相异出 1，$1\oplus1$ 和 $0\oplus0$ 相同出 0，CMOS 与非 OD 门驱动器为漏极开路与非门，其输出端要外接负载。

3. 实验设备

（1）实验仪器：万用表一只、0－1 状态单刀双掷开关模块 AX21×1、稳压电源一台、发光二极管及驱动电路模块 AX26×1、双列直插式模块 IC2×2、BX07 发光二极管、R10 模块、300 Ω 电阻。

（2）实验器件：CD4001×1、CD4011×1、CD4070×1、CD4085×1、CD40107×1、74LS00×1，引脚排列验见附录。

4. 实验内容与实验步骤

1）实验内容

按下列表格的输入逻辑状态（用 AX21 模块），测试输出逻辑状态（用 AX26 模块）。

2)实验步骤

(1)将实验器件插在双列直插式模块插座上,器件的引脚排列图从附录中对照型号查阅。

(2)将直流稳压电源调整为 +5 V 后,关掉稳压电源开关,再用连线接到实验器件的电源和接地端引脚插孔。

(3)将模块 AX21 和 AX26 接上电源 +5 V。

(4)将 AX21 输出用连线连到器件输入端,而器件输出端用连线连到 AX26 的任一输入孔。

(5)开启稳压电源开关,将 AX21 0-1 开关按表格内设置 0(0 V)、1(+5 V),观看输出端所连发光二极管的亮、灭,亮表示 1,灭表示 0,对 4011 和 LS00 的输出端用万用表直流电压挡测试其高、低电平电压值。

(6)对其他器件按实验表格(实验表 13.1 至实验表 13.8)输入状态进行输出状态测试。

实验表 13.1　CD4011 -2 输入与非门

输入		输出	
1A	1B	1Y	电平/V
0	0		
0	1		
1	0		
1	1		
1	悬空		

实验表 13.2　LS00 -2 输入与非门

输入		输出	
1A	1B	1Y	电平/V
0	0		
0	1		
1	0		
1	1		
1	悬空		

实验表 13.3　CD4001 -2 输入或非门

输入		输出	
1A	1B	1Y	电平/V
0	0		
0	1		
1	0		
1	1		
1	悬空		

实验表 13.4　CD4070 异或门

输入		输出
1A	1B	1Y
0	0	
0	1	
1	0	
1	1	
1	悬空	

实验表 13.5　CD4085 与或非门

输入					输入
1I	1A	1B	1C	1D	1Y
1	×	×	×	×	
0	1	1	×	×	
0	0	0	1	0	
0	1	0	0	0	
0	0	×	0	×	

实验表 13.6　CD40107

输入		输出		
1A	1B	1Y	电平/V	LED 亮或灭
0	0			
0	1			
1	0			
1	1			

实验表 13.7　CD4011 二级与非门

输入		输出	
1A	1B	1Y	2Y
0	0		
0	1		
1	0		
1	1		

实验表 13.8　CD4001 - CD4011

输入			输出	
1A	1B	1C	1Y	2Y
0	1	1		
1	0	0		
1	1	1		

5. 实验注意事项

(1)在器件插入插座之前或在器件从插座上取出之前均应关掉电源,要测试时才能开启电源。

(2)电源正端和接地端不能接错。

(3)器件插入插座或从插座上取出应水平插入或取出,绝不能单边撬出,以免损坏器件、引脚断裂,或采用专用工具取出器件。

6. 实验报告

(1)逐一分析表实验表 13.1 至实验表 13.8 实验内容各器件输入与输出逻辑功能规律的关系(如有 X 出 X,全 X 出 X 等)。

(2)分析 CMOS 与 TTL 门电路输出高、低电平的区别。

(3)总结 CMOS 门电路和 TTL 门电路的某一输入端悬空所出现的现象。

单元8　组合逻辑电路

学习目标

(1)了解组合逻辑电路的特点,掌握组合逻辑电路的分析方法。

(2)掌握组合逻辑电路的分析步骤,能设计出简单的组合逻辑电路。

(3)通过应用实例了解编码器的基本功能。

(4)了解译码器的基本功能,学习典型译码器的引脚功能并使用。

(5)通过搭接数码管显示电路,学会应用译码显示器。

8.1　组合逻辑电路的基础知识

组合逻辑电路是由基本逻辑门和复合逻辑门按照一定的要求直接连接组合而成的,并且赋予了某种专门逻辑功能的电路。组合逻辑电路的逻辑功能特点是任意时刻的逻辑输出仅由当时的逻辑输入状态决定,与电路原来的状态无关,电路无记忆功能。逻辑输入、输出关系遵循逻辑函数的运算法则。组合逻辑电路应用中常遇到两类问题,就是组合逻辑电路的分析和组合逻辑电路的设计。这两类问题都是通过逻辑表达式、逻辑电路图、真值表及相互之间的转化、替代这几种逻辑电路的表达形式来解决的。了解组合逻辑电路的基本知识是运用组合逻辑电路的基础。

8.1.1　组合逻辑电路的分析

组合逻辑电路的分析是在已知电路的前提下,研究输出与输入之间的逻辑关系,得出电路所实现的逻辑功能。分析的一般步骤如下:

(1)由已知的逻辑图写出逻辑式;

(2)将逻辑式化简;

(3)列出真值表;

(4)根据真值表和表达式确定其逻辑功能。

例8.1.1　试分析图8.1.1所示电路的逻辑功能。

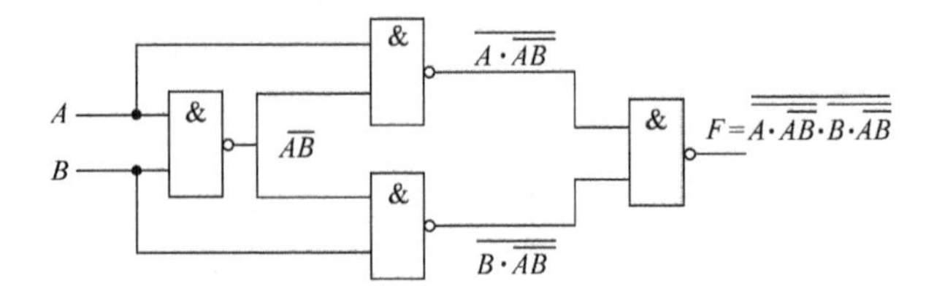

图8.1.1　组合逻辑电路

解

(1)写出表达式:由输入变量A、B开始,逐级写出各个门的输出表达式,最后导出输出结果。

$$F = \overline{\overline{A \cdot \overline{AB}} \cdot \overline{B \cdot \overline{AB}}}$$

(2)化简:将输出结果化为最简的与或式。

$$F = \overline{\overline{A \cdot \overline{AB}} \cdot \overline{B \cdot \overline{AB}}}$$

$$= A \cdot \overline{AB} + B \cdot \overline{AB} \quad \text{(运用反演律)}$$

$$= A(\overline{A} + \overline{B}) + B(\overline{A} + \overline{B}) \quad \text{(运用反演律)}$$

$$= A\overline{B} + \overline{A}B \quad \text{(运用分配律)}$$

(3)列表:将 A、B 分别用 0 和 1 代入最简式,根据运算规律计算出结果,并列出真值表(表 8.1.1)。

分析真值表可知,A、B 输入相同时,输出为 0;A、B 输入不相同时,输出为 1。具有这种逻辑功能的电路称为异或门。逻辑表达式简写为

$$F = A\overline{B} + \overline{A}B = A \oplus B$$

如果逻辑功能与异或门相反,见表 8.1.2,即 A、B 输入相同时,输出为 1;A、B 输入不相同时,输出为 0,具有这种逻辑功能的电路称为同或门。

表 8.1.1 异或门真值表

A	B	F
0	0	0
0	1	1
1	0	1
1	1	0

表 8.1.2 同或门真值表

A	B	F
0	0	1
0	1	0
1	0	0
1	1	1

同或门的逻辑表达式为

$$F = \overline{A \oplus B} = AB + \overline{A}\,\overline{B} = A \odot B$$

异或门和同或门也是比较常用的门电路,并有集成电路产品,其逻辑符号如图 8.1.2 所示。

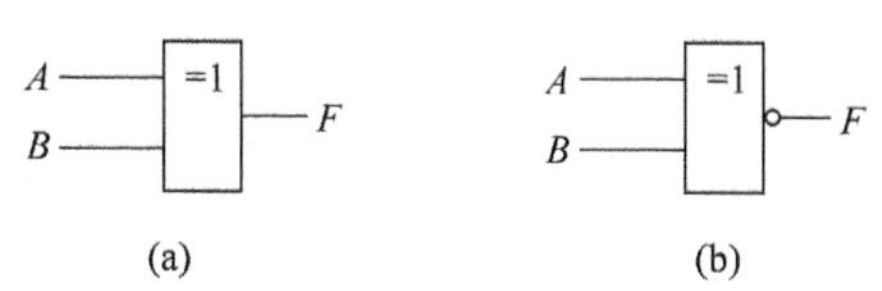

(a) (b)

图 8.1.2 逻辑符号

(a)异或门 (b)同或门

8.1.2 组合逻辑电路的设计

组合逻辑电路的设计是根据给定的逻辑要求,设计出最简单的逻辑图。设计的一般步骤如下:

(1)根据逻辑功能列出真值表;

(2)由真值表写出逻辑式;

(3)将逻辑式化简;

(4)由化简后的逻辑式画出逻辑图。

从上述步骤可见设计步骤与分析步骤相反。

例 8.1.2 设计一个只能对本位上的两个二进制数求和,而不考虑低位来的进位数的组

合逻辑电路,即半加器。

解 (1)列真值表:设 A 为被加数,B 为加数,S 为本位和,C 为向高位的进位数。根据二进制数加法运算规则可列出半加器的真值表,见表 8.1.3。

表 8.1.3 半加器真值表

输入变量		输出函数	
A	B	S	C
0	0	0	0
0	1	1	0
1	0	1	0
1	1	0	1

(2)写表达式:由真值表可见,A 和 B 相同时,S 为 0,A 和 B 不同时,S 为 1,这符合异或门的逻辑功能,而 C 和 A、B 之间符合与门的逻辑功能,即

$$S = \overline{A} \cdot B + A \cdot \overline{B} = A \oplus B$$

$$C = A \cdot B$$

由真值表写表达式时,一般找出使输出函数为 1 的输入变量组合,当变量为 0 时,写出变量的非,当变量为 1 时,写为原变量,变量之间为与的关系。

(3)化简:将设计步骤所写出的表达式化为最简式。

(4)画出逻辑图:由写出的表达式看出半加器是由一个异或门和一个与门组合而成,逻辑图如图 8.1.3 所示。

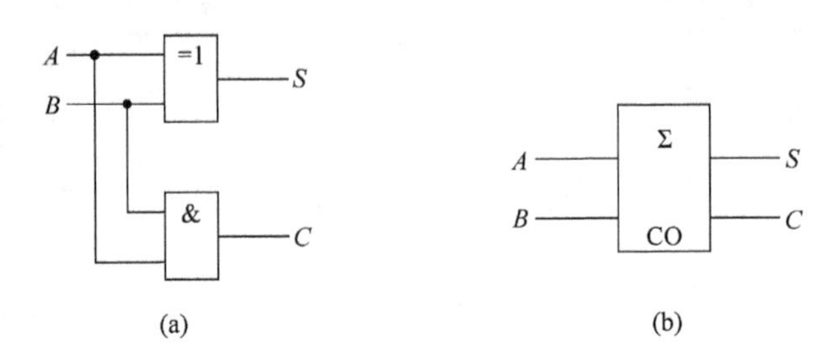

图 8.1.3 半加器

(a)逻辑图 (b)逻辑符号

8.2 编码器

逻辑电路的组合方式是多种多样的,经常出现在数字设备中的是一些常用组合逻辑功能电路,如编码器、译码器、加法器等。这些功能电路都有系列 TTL 及 CMOS 的中规模集成电路产品,可按需选用。在数字电路中,将输入的数字或信息变换成与之对应的二进制代码的过程,称为编码。而实现编码功能的组合逻辑电路称为编码器。

图 8.2.1 是一种常用的键控二—十进制编码器。它通过十个按键将十进制数 0 ~ 9 的 10 个信息输入,从输出端 A、B、C、D 输出相应的十个二—十进制代码,这里输出的代码采用 8421 BCD 码,故又称 8421 编码器。

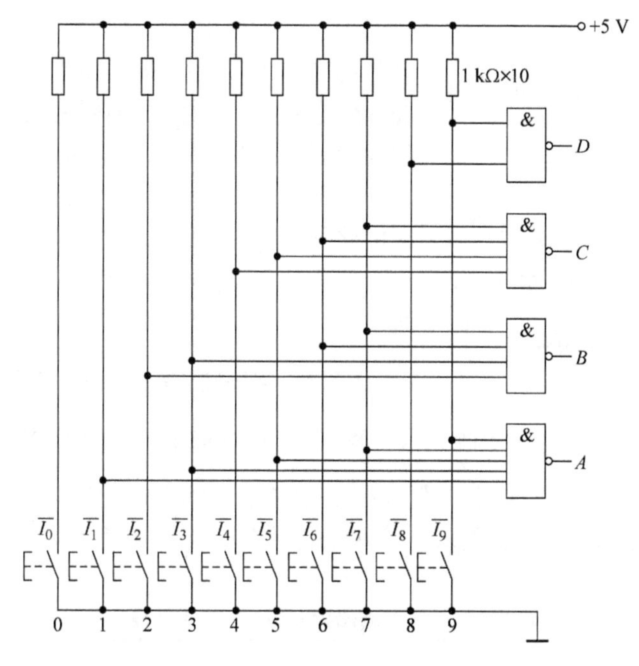

图 8.2.1 8421 编码器逻辑图

代表十进制数 0～9 的十个按键未按下时，四个与非门的输入都是高电平，按下后因接地变为低电平，四个与非门的输出端 A、B、C、D 即为编码器的输出端。输出与输入之间的编码关系见表 8.2.1。

表 8.2.1 8421 编码器真值表

输入	输出			
十进制数	D	C	B	A
0(I_0)	0	0	0	0
1(I_1)	0	0	0	1
2(I_2)	0	0	1	0
3(I_3)	0	0	1	1
4(I_4)	0	1	0	0
5(I_5)	0	1	0	1
6(I_6)	0	1	1	0
7(I_7)	0	1	1	1
8(I_8)	1	0	0	0
9(I_9)	1	0	0	1

由表 8.2.1 编码器真值表及图 8.2.1 编码器逻辑图都可写出输出与输入之间的逻辑式为

$$D = I_8 + I_9 = \overline{\overline{I_8} \cdot \overline{I_9}}$$

$$C = I_4 + I_5 + I_6 + I_7 = \overline{\overline{I_4} \cdot \overline{I_5} \cdot \overline{I_6} \cdot \overline{I_7}}$$

$$B = I_2 + I_3 + I_6 + I_7 = \overline{\overline{I_2} \cdot \overline{I_3} \cdot \overline{I_6} \cdot \overline{I_7}}$$

$$A = I_1 + I_3 + I_5 + I_7 + I_9 = \overline{\overline{I_1} \cdot \overline{I_3} \cdot \overline{I_5} \cdot \overline{I_7} \cdot \overline{I_9}}$$

例如，当按下输入数码键 1 时，使 $\overline{I_1} = 0$，电路四个输出端 $DCBA$ 为 0001，这就是用二进制

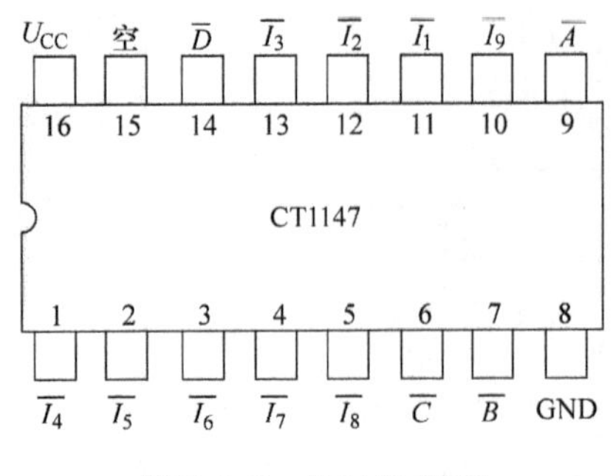

图 8.2.2 CT1147 引脚

代码表示的十进制数 1。

国产的 TTL 编码器大多都采用 8421 BCD 码,按输入信息数码大的优先编码的方式工作。所谓优先编码,是指如果同时有多个输入数码,输出代码与输入数码最大的那个对应。常见的优先编码器都是集成电路的,这里介绍集成优先编码器 CT1147。

集成优先编码器 CT1147 的引脚如图 8.2.2 所示。

CT1147 编码器有 $\overline{I}_1 \sim \overline{I}_9$ 共九个信号输入端,对应着十进制数码 1 ~9,当所有输入端无信号输入时,对应着十进制数的 0。输出端为 $\overline{D}$、$\overline{C}$、$\overline{B}$、$\overline{A}$ 共四个。输入信号以低电平编码,即低电平表示有信号输入。输出以反码形式表现输入信号的情况。CT1147 的真值表见表 8.2.2,表中的符号“×”表示该输入端的输入电平可为任意电平,亦称为无关项。

表 8.2.2 优先编码器 CT1147 的真值表

输入									输出				数码
$\overline{I_1}$	$\overline{I_2}$	$\overline{I_3}$	$\overline{I_4}$	$\overline{I_5}$	$\overline{I_6}$	$\overline{I_7}$	$\overline{I_8}$	$\overline{I_9}$	$\overline{D}$	$\overline{C}$	$\overline{B}$	$\overline{A}$	
1	1	1	1	1	1	1	1	1	1	1	1	1	0
×	×	×	×	×	×	×	×	0	0	1	1	0	9
×	×	×	×	×	×	×	0	1	0	1	1	1	8
×	×	×	×	×	×	0	1	1	1	0	0	0	7
×	×	×	×	×	0	1	1	1	1	0	0	1	6
×	×	×	×	0	1	1	1	1	1	0	1	0	5
×	×	×	0	1	1	1	1	1	1	0	1	1	4
×	×	0	1	1	1	1	1	1	1	1	0	0	3
×	0	1	1	1	1	1	1	1	1	1	0	1	2
0	1	1	1	1	1	1	1	1	1	1	1	0	1

8.3 译码器

译码器的作用与编码器相反,译码是将二进制代码变换成信息的过程,实现译码功能的组合逻辑电路称为译码器。

8.3.1 二进制译码器

如果译码器输入的信号是两位二进制数,它就有四种组合,对应着四种信息,即 00、01、10、11,也就是说它有两个逻辑变量,共有四种输出状态。变换成信息时,就需要译码器有 2 根输入线和 4 根输出线。通过 4 根输出线的输出电平来表示二进制代码。

2 线—4 线译码器电路如图 8.3.1 所示。其中 $\overline{S}$ 端为使能端,其作用是控制译码器的工作和扩展。当 $\overline{S}=1$ 时,四个与非门均被封锁,即不论 A_1、A_0 输入状态如何,译码器的所有输出均为高电平 1；当 $\overline{S}=0$ 时，四个与非门都处于开放状态，译码器可按 A_1、A_0 状态组合进行正常译码。

一般来说，一个 n 位的二进制数，就有 n 个逻辑变量，有 2^n 个输出状态，译码器就需要 n 根输入线，2^n 根输出线。因此，二进制译码器可分为 2 线 -4 线译码器、3 线 -8 线译码器、4 线 -16 线译码器等，它们的工作原理都是相同的。2 线 -4 线译码器逻辑状态见表 8.3.1。

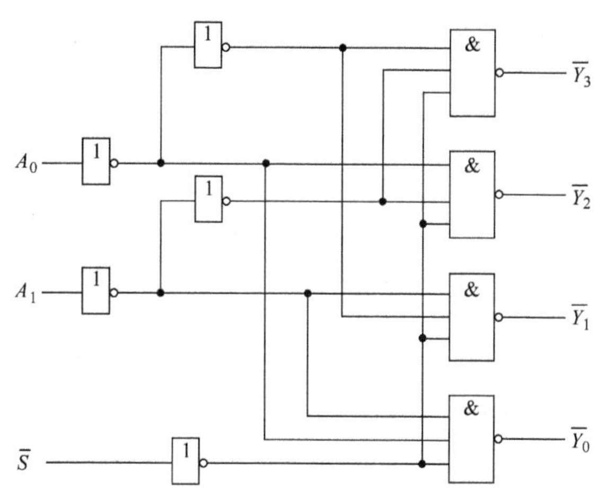

图 8.3.1　2 线 -4 线译码器逻辑电路

8.3.2　显示译码器

在数字电路中，还常常要将需要测量和运算的结果直接用十进制数的形式显示出来，这就是要把二—十进制代码通过显示译码器变换成输出信号再去驱动数码显示器。

1. 数码显示器

数码显示器简称数码管，是用来显示数字、文字或符号的电子元器件。常用的有液晶显示器、发光二极管（LED）显示器、荧光数码管等。不同的显示器对译码器各有不同的要求。下面以应用较多的 LED 显示器为例简述数字显示的原理。

发光二极管显示器又称半导体数码管，是一种能够将电能转换成光能的发光器件。它的基本单元是 PN 结，当外加正向电压时，能发出清晰的光亮。将七个 PN 结发光段组装在一起便构成了七段 LED 显示器。通过不同发光段的组合便可显示十进制数码 0～9。LED 显示器的结构及外引线排列如图 8.3.2 所示，其内部电路分为共阴极和共阳极两种接法。共阴极接法是七个二极管的阴极一起接地，阳极加高电平时发光；共阳极接法是七个发光二极管的阳极一起接正电源，阴极加低电平时发光。其中，一个下角点为圆形发光二极管。

表 8.3.1　2 线 -4 线译码器逻辑状态

输　入			输　出			
$\overline{S}$	A_1	A_0	$\overline{Y}_0$	$\overline{Y}_1$	$\overline{Y}_2$	$\overline{Y}_3$
1	×	×	1	1	1	1
0	0	0	0	1	1	1
0	0	1	1	0	1	1
0	1	0	1	1	0	1
0	1	1	1	1	1	0

2. 显示译码器

供 LED 显示器用的显示译码器有多种型号可供选用。显示译码器有四个输入端，七个输出端，它将 8421 代码译成七个输出信号以驱动七段 LED 显示器。图 8.3.3 是显示译码器和 LED 显示器的连接示意图。

g f a b
10 6
a
f b
g
e c
d
h
1 5
e d c h
(a)
a b c d e f g h
(b)
+U_{CC}
a b c d e f g h
(c)

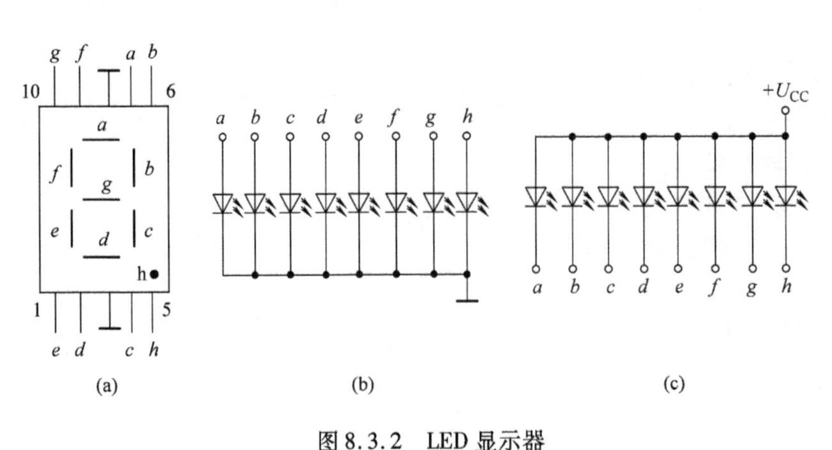

图 8.3.2 LED 显示器

(a)外引线排列图 (b)共阴极接法 (c)共阳极接法

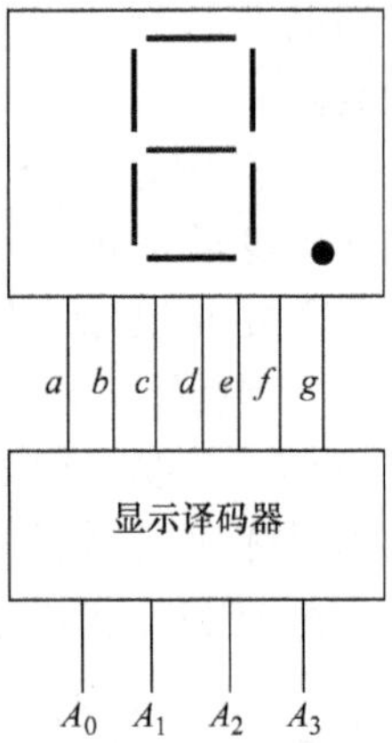

a b c d e f g
显示译码器
A_0 A_1 A_2 A_3

图 8.3.3 显示译码器

单元小结

(1)组合逻辑电路的分析步骤可简化为“图 → 式(简)→ 表 → 功能”;组合逻辑电路的设计步骤可简化为“功能 → 表 → 式(简)→ 图”。应掌握分析和设计的过程。

(2)编码器的功能是将信息编成二进制代码。而译码器的功能是将二进制代码译为信息。应了解优先编码器、显示译码器和 LED 数字显示器的工作原理。

习 题 8

8.1 什么是组合逻辑电路的分析?

8.2 什么是组合逻辑电路的设计?

8.3 试用 8 选 1 数据选择器 74LS151 实现四个开关控制一个灯的逻辑电路,要求改变任何一个开关的状态都能控制灯的状态(由灭到亮,或反之)。

8.4 试分析下图所示电路的逻辑功能。

A
B
=1
≥1
F
1

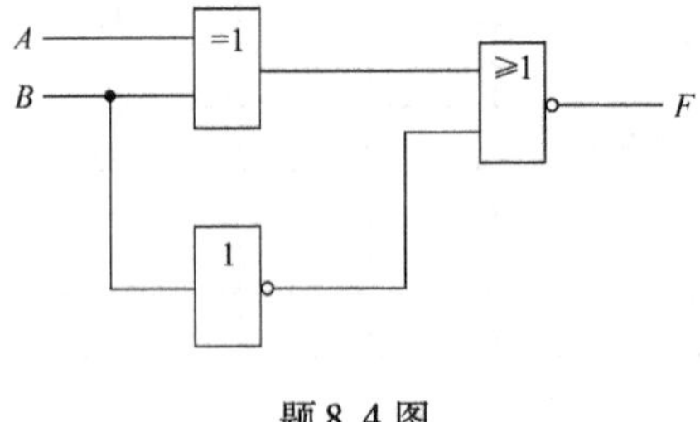

题 8.4 图

8.5 试分析下图所示电路的逻辑功能。

8.6 下图所示电路是一个三人表决电路,只有在两个或三个输入为 1 时,输出才是 1。试分析该电路能否实现这一功能,并画出改用与非门实现这一功能的逻辑电路。

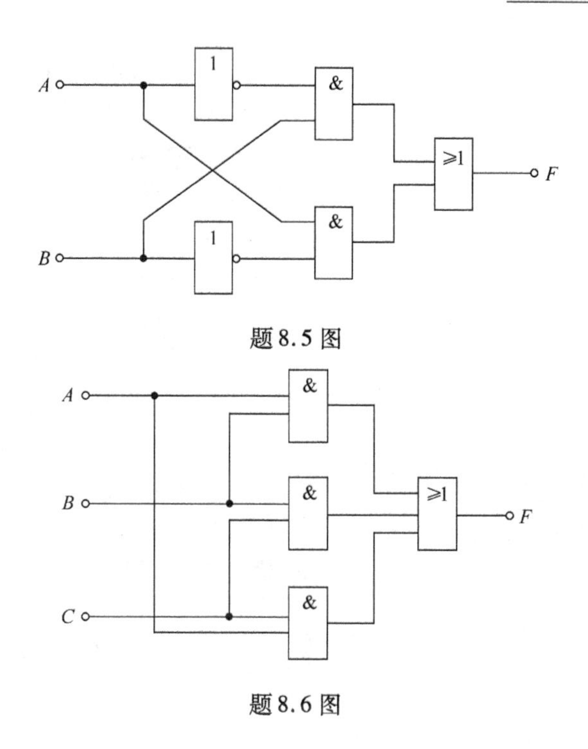

题8.5图

题8.6图

本单元实验

实验14 优先编码器功能测试

1. 实验目的

(1)通过CD4532优先编码器功能表测试其逻辑功能,从读懂功能表各引脚功能达到会使用集成器件。

(2)理解优先编码器的优先编码含义。

(3)理解CD4532优先编码器EI、GS、EO引脚的控制作用。

(4)理解CD4532优先编码器编码输入I_i与编码输出Y_2、Y_1、Y_0的数值关系。

2. 实验电路和工作原理

1)实验电路

CD4532优先编码器为16脚集成芯片,实验图14.1为逻辑符号,器件的16号脚U_{DD}为+5 V,8号脚接地。

2)工作原理

CD4532为组合逻辑电路,其内部均由门电路组成,其输出逻辑状态随输入逻辑状态而变。而逻辑功能均可用功能表来表示每一引脚功能,CD4532优先编码器要求输入编码引脚为I_7 ~ I_0,其编码优先权最高为I_7,最低为I_0,相应编码输出为Y_2、Y_1、Y_0,这也就是优先编码的含义,即用Y_2、Y_1、Y_0三位二进制代码表示优先I_i的特定信息。其功能表见实验表14.1。

现在如何来读懂功能表中各引脚的逻辑功能。一般集成组合逻辑器件均设有使能端引脚来控制器件是否能允许工作,这即EI作用。对芯片而言,它的优先权级别最高(并非编码优先权),即序号1所列,EI为0禁止工作;在序号2~10,$EI=1$为允许工作。在序号1中,I_7 ~

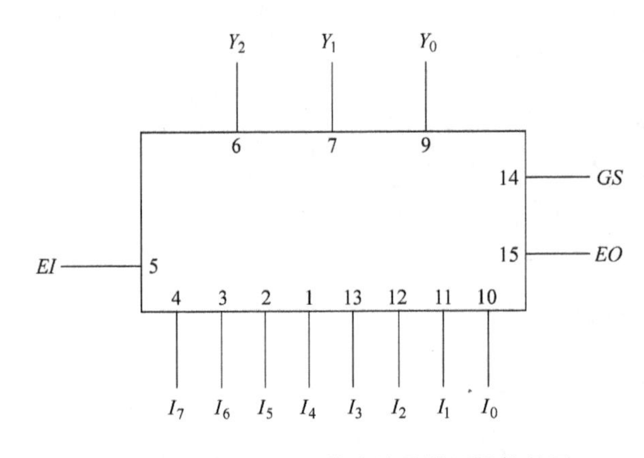

实验图 14.1 CD4532 优先编码器逻辑符号图

I_0，为全0，没有要求编码输入，$I_7=1$ 编码优先权最高，$I_6 \sim I_0$不论何种状态均不能编码，所谓优先权指其他在 I_{i+1}之前无要求编码均为0时，在轮到本位 $I_i=1$ 可编码，而比 I_i位低的输入无效。最后剩下输出 GS 和 EO 两个引脚。从 GS 状态分析，在序号1和2看出，在禁止编码和无要求编码时，GS 为0，这时表明 Y_2、Y_1、Y_0 为 000 的编码输出无效码。而 $GS=1$ 时，则 Y_2、Y_1、Y_0编码输出有效码，而 EO 仅在序号2时为1，其余为0，这主要用于级联控制低位芯片的 EI。即在本位片无要求编码时，才能允许低位片工作。

实验表 14.1 CD4532 优先编码器功能表

序号	输入									输出				
	EI	I_7	I_6	I_5	I_4	I_3	I_2	I_1	I_0	Y_2	Y_1	Y_0	GS	EO
1	0	×	×	×	×	×	×	×	×	0	0	0	0	0
2	1	0	0	0	0	0	0	0	0	0	0	0	0	1
3	1	1	×	×	×	×	×	×	×	1	1	1	1	0
4	1	0	1	×	×	×	×	×	×	1	1	0	1	0
5	1	0	0	1	×	×	×	×	×	1	0	1	1	0
6	1	0	0	0	1	×	×	×	×	1	0	0	1	0
7	1	0	0	0	0	1	×	×	×	0	1	1	1	0
8	1	0	0	0	0	0	1	×	×	0	1	0	1	0
9	1	0	0	0	0	0	0	1	×	0	0	1	1	0
10	1	0	0	0	0	0	0	0	1	0	0	0	1	0

3. 实验设备

(1)实验仪器：稳压电源一台，双列直插式模块 IC3 ×1，0－1 置数单刀双掷开关模块 AX21 ×1，发光二极管驱动电路模块 AX26 ×1。

(2)实验器件 CD4532 ×1。

4. 实验内容与实验步骤

1)实验内容

按实验表 14.2 所列各输入引脚的状态，测试其各输出引脚的逻辑状态。

实验表 14.2 实验测试内容表

序号	输入									输出				
	EI	I_7	I_6	I_5	I_4	I_3	I_2	I_1	I_0	Y_2	Y_1	Y_0	GS	EO
1	0	0	0	1	1	1	1	0	1					
2	1	0	0	0	0	0	0	0	0					
3	1	0	0	1	1	1	0	0	1					
4	1	0	0	0	0	1	0	1	0					

2)实验步骤

(1)将稳压电源输出直流电压调到 +5 V 后关掉电源开关。

(2)将 CD4532 器件水平插入 IC3 的 16 脚的插座，连接电源连线。

(3)将 AX21 模块的 0－1 开关用连线引入到 CD4532 的 EI 和 $I_0 \sim I_7$的引脚上，并接上电

源 +5 V 连线。

(4)将 CD4532 的五个输出端同连线引入到 AX26 的发光二极管的输入孔,并接上 AX26 电源 +5 V 连线。

(5)按"实验测试内容表"序号 1 设置好 AX21 的 0、1 状态。

(6)开启稳压电源,观察 CD4532 的五个输出引脚状态,并记录于"表 8.2.4"中,若 AX26 中的 LED 发光二极管"亮"即表示为 1 状态,"灭"表示为 0 状态。

(7)按"测试内容表"的序号 2 的输入状态相应改变 AX21 各 0-1 开关设置状态,再观察记录输出引脚状态并记录于表中。

(8)按上述(7)方法测试内容表中序号 3、4 内容。

(9)将任一输入引脚悬空和接触不良,观察输出状态所发生情况。

(10)测试完毕后,先关闭稳压电源开关,再拆除所有连线,并水平取出 CD4532 器件。

5. 实验注意事项

(1)CD4532 的引脚排列图可参阅附录的器件引脚排列。而在数字集成器中的逻辑符号图上均不标注电源脚号,这必须查阅引脚排列图。

(2)各连线要求接触可靠。

(3)不要在接通电源情况下,将器件引脚上连线拔出或改接。

6. 实验报告

(1)叙述编码器和优先编码器逻辑功能的含义。

(2)叙述二进制编码器的编码输入信息与输出编码数值的关系。

(3)归纳 CD4532 优先编码器的输出 GS 和 EO 的 0、1 代码所表示的含义。

实验 15　七段码锁存/译码/驱动器功能测试

1. 实验目的

(1)掌握共阴极发光二极管(LED)数码管的引脚排列及其使用方法。

(2)掌握 CMOS4513 七段码锁存/译码/驱动器各引脚功能,优先权排列及其使用方法。

(3)测试 4513 器件的逻辑功能。

(4)学会 4513 与七段码 LED 数码管连接和使用方法。

2. 实验电路

实验电路如实验图 15.1 至实验图 15.4 所示。

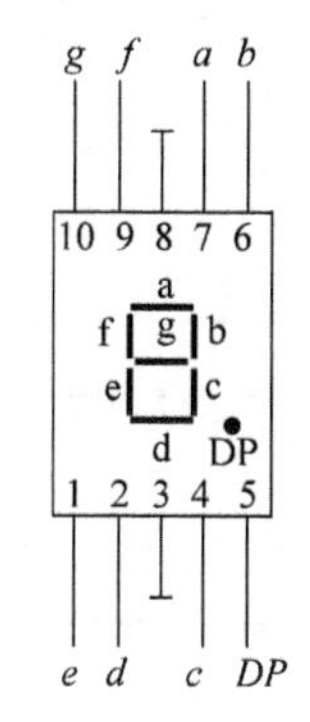

实验图 15.1　共阴极 LED 数码管引脚排列图

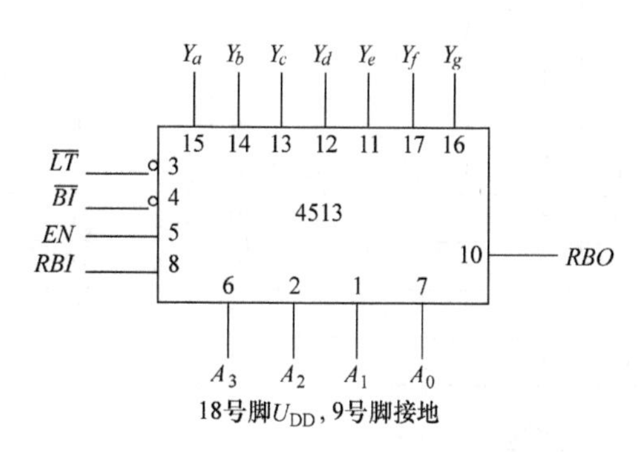

实验图 15.2　七段码锁存/译码/驱动器逻辑符号图

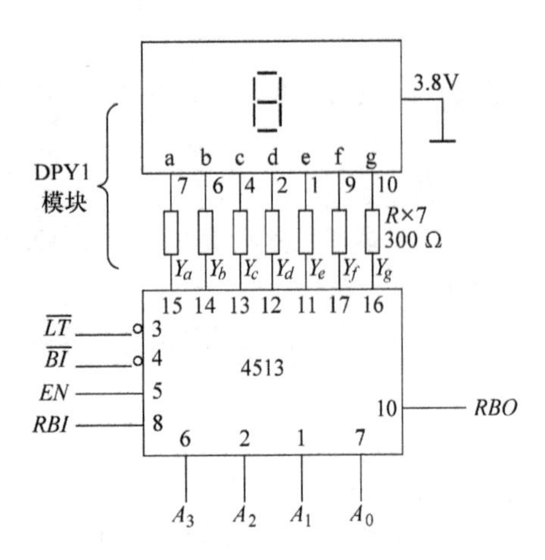

实验图 15.3　4513 - 5 数码管的连线图

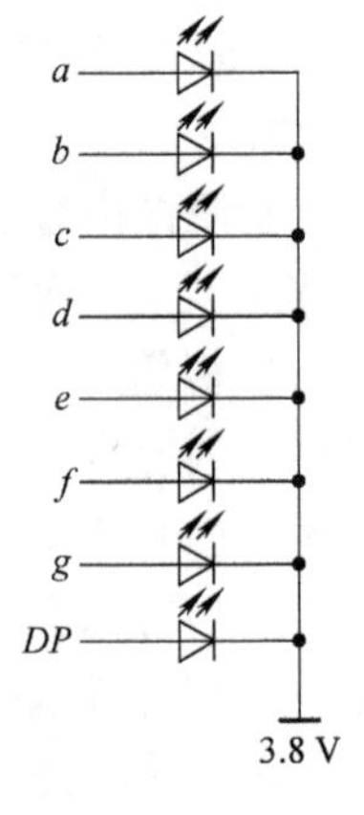

实验图 15.4　共阴极 LED 数码管结构图

3. 实验设备

直流稳压电源 1 台，0 - 1 置数单刀双掷开关 1 组，带限流电阻共阴极数码管 1 组。双列直插式 18 脚插座 1 个，发光二极管状态显示 1 组，4513 芯片一个。

4. 实验内容与实验步骤

1）实验内容

按实验表 15.1 各序号各引脚输入状态测试 4513 七段码锁存/译码/驱动器和逻辑功能，为了观察方便，4513 的输出通过限流电阻驱动共阴极发光二极管数码管显示数字来表示 4513 输出状态。

实验表 15.1　4513 七段码锁存/译码/驱动器逻辑功能测试

序号	输入								输出								功能
	LT	BI	EN	RBI	A_3	A_2	A_1	A_0	RBO	显示	Y_a	Y_b	Y_c	Y_d	Y_e	Y_f	
1	0	0	×	×	×	×	×	×									
2	0	1	×	×	×	×	×	×									
3	1	0	×	×	×	×	×	×									
4	1	1	0	0	0	1	0	1									
5	1	1	0	0	1	0	0	1									
6	1	1	0	0	0	0	1	1									
7	1	1	0	0	1	1	0	0									
8	1	1	0	0	1	0	1	0									
9	1	1	0	0	0	1	1	1									
10	1	1	1	0	0	1	0	0									
11	1	1	0	0	0	1	0	0									
12	1	1	0	1	0	0	0	0									
13	1	1	0	1	0	0	0	1									
14	1	1	1	1	0	0	1	0									

2）实验步骤

（1）开启直流稳压电源开关后，其输出电压调整到 +5 V，再关闭开关。

(2)按实验图15.3所示电路,将器件4513、LED数码管插入相应插座,并连接限流电阻,将4513输入控制端和数码输入端分别与单刀双掷开关0-1开关相连,$Y_a \sim Y_g$七端和RBO输出与LED状态显示器相连,将所有芯片模块分别连上电源线。

(3)开启稳压电源开关后,按实验表15.1所示,用单刀双掷开关按序号依次设置输入状态,观察数码管显示数字和$Y_a \sim Y_g$状态记录于实验表15.1内。

(4)实验完毕关闭稳压电源开关,拆除连线和器件。

5. 实验注意事项

(1)本实验连线相对较多,接线时要仔细,不要贪快,避免连线错误。

(2)连线时,其连线位置应按实验表15.1输入和输出前后次序依次连接,有利于读数和记录方便。

6. 实验报告

(1)根据实验表15.1实验输出结果分别总结逐一说明各控制引脚优先权排列及0、1状态和对输出的关系。

(2)根据实验表15.1的输出状态说明各序号实训的逻辑功能。

单元 9　时序逻辑电路

学习目标

(1)掌握 RS、JK、D、T 等几种类型触发器的逻辑功能,能够分析和实现不同功能触发器之间的转换。

(2)掌握时序逻辑电路分析的步骤,分析简单的计数器电路。

(3)掌握二进制计数器、二—十进制计数器的工作原理,理解同步计数器和异步计数器的区别。

在数字电路中,如要对二进制值(0、1)信号进行逻辑运算,常要将这些信号和运算结果保存起来,因此需要使用具有记忆功能的基本单元电路。上一章介绍的组合逻辑电路,输出状态只与当时的输入有关,与电路过去的输入状态无关。这一章介绍的时序逻辑电路,其电路某一时刻的输出状态不仅与当时的输入状态有关,还与电路原来的状态有关,具有记忆功能。这类电路一般由门电路和触发器组成,由组合逻辑电路和存储电路两部分组成。

能够存储一位二进制数字信号的基本逻辑电路单元称为触发器,触发器有两个稳定状态,用来表示逻辑 1 和逻辑 0,在触发信号作用下,两个稳定状态可以相互转换,当触发信号消失后,电路能将新建立的状态保存下来,因此这种电路可称为双稳态电路。

按触发器的逻辑功能,可将其分为 RS 触发器、D 触发器、JK 触发器、T 触发器等。触发器的逻辑功能可用状态转换特性表、特性方程、状态转换图、时序波形图来表示。

9.1　RS 触发器

9.1.1　基本 RS 触发器

基本 RS 触发器还可称为 RS 锁存器,其在触发器中结构最简单,是各种复杂结构触发器的基本组成部分。

1. 与非门组成的基本 RS 触发器

1)电路结构

基本 RS 触发器的逻辑电路图及逻辑符号如图 9.1.1 所示。它是由两个与非门 G_1 和 G_2 交叉耦合组成,$\overline{R}$ 和 $\overline{S}$ 是两个信号输入端,低电平有效;Q 和 $\overline{Q}$ 是两个输出端。触发器有两个稳定状态,$Q=0$ 和 $\overline{Q}=1$ 称为触发器的 0 状态,$Q=1$ 和 $\overline{Q}=0$ 称为触发器的 1 状态。

2)工作原理

(1)当 $\overline{R}=0$、$\overline{S}=1$ 时,与非门 G_2 有一个输入端为 0,不论原来 Q 是 0 还是 1,输出端 $\overline{Q}$ 都为 1。此时与非门 G_1 的两个输入端为 1,即 $\overline{Q}=1$,$\overline{S}=1$,输出端 $Q=0$,触发器处于 0 状态,这种情况称为触发器复位或置零。$\overline{R}$ 端称为触发器的复位端或置零端。

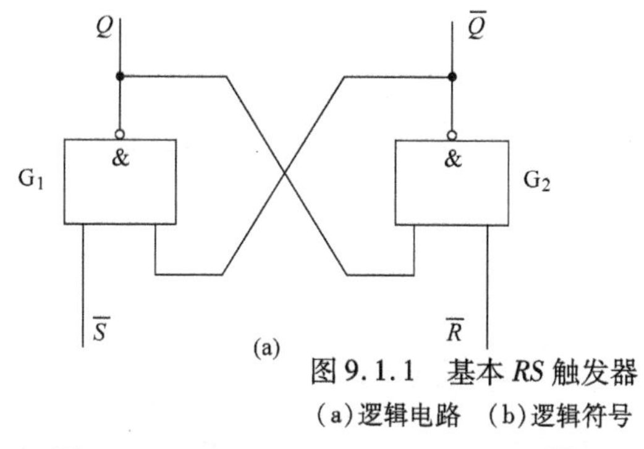

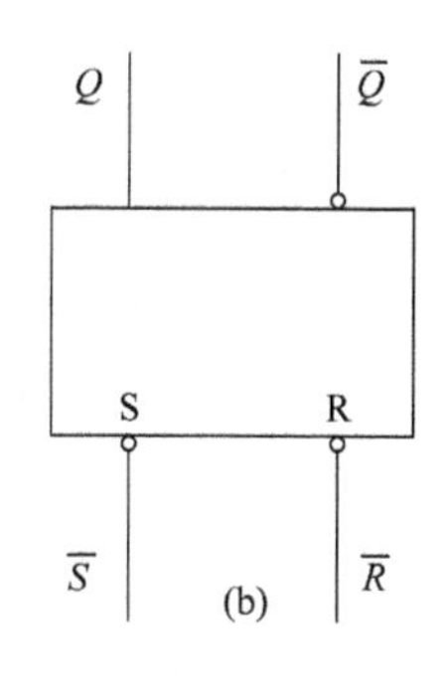

图9.1.1　基本 *RS* 触发器
(a)逻辑电路　(b)逻辑符号

(2)当 $\overline{R}=1$、$\overline{S}=0$ 时,与非门 G_1 有一个输入端 $\overline{S}=0$,不论 Q 原来是0还是1,都有 Q 为1。此时与非门 G_2 的两个输入端 $\overline{R}=1$,$Q=1$,则输出 $\overline{Q}=0$,即触发器变成1状态,这种情况称为触发器的置1或置位。$\overline{S}$ 端称为触发器的置1端或置位端。

(3)当 $\overline{R}=1$、$\overline{S}=1$ 时,两个与非门的工作状态不受影响,各自的输出状态不变,即原来的状态被触发器存储,表明触发器的记忆功能。

(4)当 $\overline{R}=0$、$\overline{S}=0$ 时,两个输出端 $Q=\overline{Q}=1$,这与触发器应有两个相反的逻辑状态矛盾。输入信号一旦消失,不能确定触发器输出是1状态还是0状态,所以触发器不允许出现这种情况。这就是基本 *RS* 触发器的约束条件。

3)特性表和特性方程

通过以上四点分析,将基本 *RS* 触发器的输出与输入的逻辑关系列成真值表,取名特性表,见表9.1.1。其中 Q^n 表示触发器在接收输入信号之前的状态,即稳定状态,Q^{n+1} 表示触发器在接收输入信号之后的状态,即新的稳定状态,简称次态。

表9.1.1　基本RS触发器的状态转换特性表

$\overline{R}$	$\overline{S}$	Q^n	Q^{n+1}	功能
0	0	0	不定	不允许
		1		
0	1	0	0	置0
		1		
1	0	0	1	置1
		1		
1	1	0	0	保持
		1	1	

触发器的逻辑功能还可以用特性方程来表示,特性方程就是触发器次态 Q^{n+1} 与输入及现态 Q^n 之间的逻辑关系式。如果把表9.1.1所表示的逻辑功能用逻辑表达式来表示,就得到了 *RS* 触发器的特性方程:

$$\begin{cases} Q^{n+1}=S+\overline{R}Q^n \\ \overline{R}+\overline{S}=1 \quad (\text{约束条件}) \end{cases}$$

4)状态转换图

状态转换图是描述触发器的状态转换关系及转换条件的图形。基本 *RS* 触发器的状态转换图如图9.1.2所示。

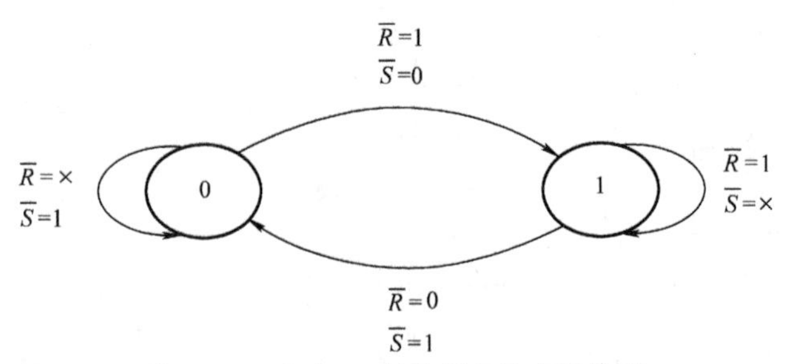

图 9.1.2　基本 *RS* 触发器的状态转换图

当触发器处在 0 状态，即 $Q^n=0$ 时，若输入信号 $\overline{R}\,\overline{S}=01$ 或 11，触发器仍为 0 状态，若 $\overline{R}\,\overline{S}=10$，触发器就会翻转成为 1 状态。

当触发器处在 1 状态，即 $Q^n=1$ 时，若输入信号 $\overline{R}\,\overline{S}=10$ 或 11，触发器仍为 1 状态，若 $\overline{R}\,\overline{S}=01$，触发器就会翻转成为 0 状态。

2. 或非门组成的基本 *RS* 触发器

基本 *RS* 触发器也可以用或非门组成，此时其逻辑电路图及逻辑符号如图 9.1.3 所示，其特性表见表 9.1.2。

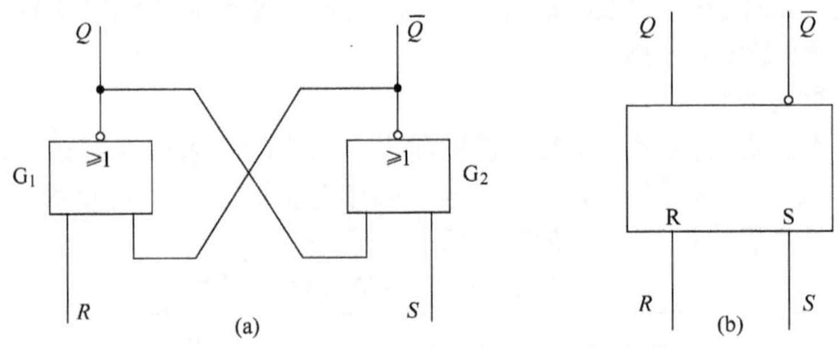

图 9.1.3　由或非门组成的基本 *RS* 触发器

(a)逻辑电路　(b)逻辑符号

表 9.1.2　由或非门组成的基本 *RS* 触发器特性表

R	S	Q^n	Q^{n+1}	功能
1	1	0	不定	不允许
		1		
0	1	0	1	置 1
		1		
1	0	0	0	置 0
		1		
0	0	0	0	保持
		1	1	

不难发现，由或非门组成的基本 *RS* 触发器输入端是高电平有效。

综上，可以总结出基本 *RS* 触发器的特点：

(1)触发器的次态不仅与输入信号状态有关，而且与触发器的现态有关；

(2)电路具有两个稳定状态，在无外来触发信号作用时，电路将保持原状态不变；

(3)在外加触发信号有效时，电路触发翻转，实现置 0 或置 1；

(4)在稳定状态下两个输出端的状态必须是相反的，即有约束条件。

另外，在数字电路中，根据输入信号 R、S 情况不同，具有置0、置1和保持功能的电路，都可称为 RS 触发器。

9.1.2 同步 RS 触发器

1. 电路组成

基本 RS 触发器的触发信号直接控制输出端的状态翻转，而在实际应用中，常常要求触发器在某一时刻按输入状态翻转，这时可由外加时钟脉冲（CP）来决定。这种由时钟脉冲控制的触发器称为同步 RS 触发器。同步 RS 触发器是在基本 RS 触发器电路基础上增加两个控制门 G_3 和 G_4，一个时钟触发信号 CP。其逻辑电路图和逻辑符号如图 9.1.4 所示，G_1 和 G_2 组成一个基本 RS 触发器，G_3 和 G_4 组成输入控制门电路。CP 是时钟脉冲的输入控制信号，Q 和 $\overline{Q}$ 是互补输出端。

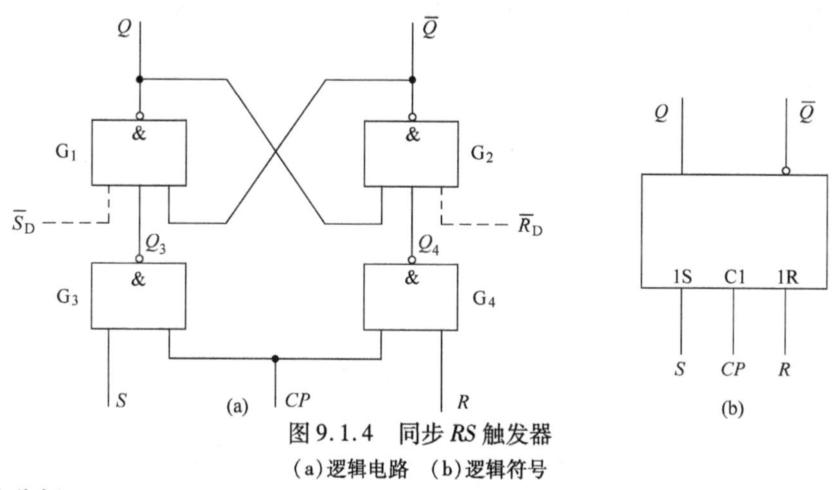

图 9.1.4 同步 RS 触发器

(a)逻辑电路 (b)逻辑符号

2. 功能分析

(1)当 $CP=0$ 时，G_3 和 G_4 门被封锁，$Q_3=Q_4=1$，此时 R、S 端的输入不起作用，所以触发器保持原状态不变。

(2)当 $CP=1$ 时，即同步时钟脉冲上升沿到来时，G_3 和 G_4 门解除封锁状态，$Q_3=\overline{S}$，$Q_4=\overline{R}$，触发器将按基本 RS 触发器的规律发生变化。

3. 初始状态的预置

在实际应用中，有时必须在时钟脉冲 CP 到来之时，预先将触发器置成某一初始状态。在同步 RS 触发器电路中设置了专门的直接置位端 $\overline{S}_D$ 和直接复位端 $\overline{R}_D$（均低电平有效），通过在 $\overline{S}_D$ 或 $\overline{R}_D$ 端加低电平，直接作用于基本 RS 触发器，使其完成置0和置1功能，而不受 CP 脉冲限制，也称 $\overline{S}_D$ 和 $\overline{R}_D$ 分别为异步置位端和异步复位端。初始状态预置完成后，$\overline{S}_D$ 和 $\overline{R}_D$ 应处于高电平，触发器进入正常工作状态，工作过程如图 9.1.5 所示。

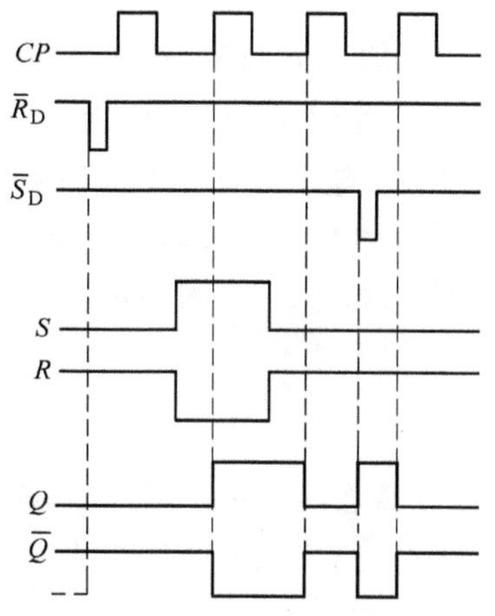

图 9.1.5 RS 触发器的时序波形图

9.2 时钟触发器

主从 RS 触发器虽然解决了空翻的问题,但输入信号仍需要遵守约束条件 $RS=0$。为了使用方便,希望即使出现 $R=S=1$ 的情况,触发器的状态也是确定的。通过改进触发器的电路结构,设计出了主从 JK 触发器。为了提高触发器工作的可靠性,增强抗干扰能力,设计了边沿 JK 触发器。边沿 JK 触发器只在 CP 上升沿(或下降沿)根据输入信号的状态翻转,在 $CP=0$ 或 $CP=1$ 期间,输入信号的变化对触发器的状态没有影响。边沿触发器分为 CP 上升沿触发和 CP 下降沿触发两种,也称正边沿触发和负边沿触发。因此,这里主要介绍边沿 JK 触发器。

边沿 JK 触发器的逻辑电路图及逻辑符号如图 9.2.1 所示。图中 G_3 和 G_4 是两个与或非门交叉耦合组成的基本 RS 触发器,G_3 和 G_4 为输入信号引导门。图中 ∧ 表示边沿触发输入方式。

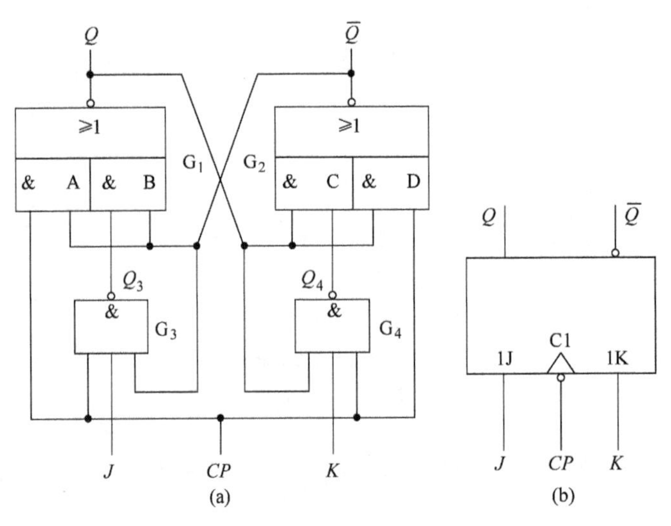

图 9.2.1 边沿 JK 触发器
(a)逻辑电路 (b)逻辑符号

1. 边沿 JK 触发器功能分析

(1)当 $CP=0$ 时,触发器保持原来状态。由于 $CP=0$,G_3 和 G_4 被封锁,不论 J、K 为何种状态,Q_3、Q_4 均为 1,与门 A、D 也被封锁,触发器保持原状态。

(2)当 $CP=1$ 时,触发器还是保持原来状态。由于 $CP=1$,虽然 G_3 和 G_4 以及与门 A 和 D 均为打开状态,但是因为有

$$Q^{n+1}=\overline{\overline{Q^n}+\overline{Q^n}\cdot\overline{J\,\overline{\overline{Q^n}}}}=Q^n$$

$$\overline{Q^{n+1}}=\overline{Q^n\cdot\overline{\overline{KQ^n}}+Q^n}=\overline{Q^n}$$

所以,J、K 没有发挥作用,触发器还是保持原来状态。

(3)当 CP 为上升沿时,触发器仍保持原来状态不变。在 $CP=0$ 时,如果触发器的状态为 $0(Q^n=0,\overline{Q^n}=1)$,当 CP 由 0→1 时,由于与非门 G_3、G_4 的延时作用,首先与门 A 输入全 1,不

论与门 B 输入为何状态，输出 $Q^{n+1}=0$。触发器保持原态不变，如果触发器原态为 1，在 CP 由 0→1 时触发器同样保持 1 不变。

(4)当 CP 为下降沿时，触发器根据 J、K 端的输入信号发生相应变化，JK 触发器的特性见表 9.2.1。

① 当 $J=0,K=0$ 时，在 $CP=1$ 期间，触发器的原状态为 0($Q^n=0,\overline{Q^n}=1$)，由 $J=0,K=0$ 导致 $Q_3=Q_4=1$，与门 A 和 B 的输入为 1，与门 C 和 D 的输入都有 0，因此当 CP 由 1→0 时，输出 $Q^{n+1}=0,\overline{Q}^{n+1}=1$，触发器保持 0 状态不变。如果触发器原状态 $Q^n=1,\overline{Q}^n=0$，当 CP 由 1→0 时，同样能保持 1 状态不变。

② 当 $J=1,K=1$ 时，在 $CP=1$ 期间，触发器的原状态为 0($Q^n=0,\overline{Q^n}=1$)，该状态反馈至输入端 G_3、G_4，导致 $Q_3=0,Q_4=1$，与门 B、C、D 的输入端有 0，与门 A 输入端有 1。当 CP 由 1→0 时，由于 G_3、G_4 延时，其输出 Q_3、Q_4 的状态不会马上改变，与门 A 首先被封锁，使输出 $Q^{n+1}=1$，接着与门 C 输入全为 1，输出 $\overline{Q}^{n+1}=0$，触发器由 0 状态翻转为 1 状态。如果触发器原状态 $Q^n=1,\overline{Q^n}=0$，当 CP 由 1→0 时，同样能使电路由 1 状态翻转为 0 状态，CP 脉冲信号连续时，触发器的状态不断翻转。

③ 当 $J=1,K=0$ 时，在 $CP=1$ 期间，触发器的原状态为 0($Q^n=0,\overline{Q}^n=1$)，则 $Q_3=0,Q_4=1$，与门 B、C、D 的输入为 0，与门 A 输入为 1，因此当 CP 由 1→0 时，首先封锁与门 A，使输出 $Q^{n+1}=1$，因此与门 C 输入变为 1，使输出 $\overline{Q}^{n+1}=0$，触发器由 0 状态翻转为 1 状态。发现在输入端 J、K 信号不同时，触发器翻转到与 J 相同的状态。如果触发器原状态 $Q^n=1,\overline{Q}^n=0$，当 CP 由 1→0 时，触发器保持状态 1 不变。

④ 当 $J=0,K=1$ 时，在 $CP=1$ 期间，触发器仍与 J 输入端状态保持一致，可翻转到 0 状态。

表 9.2.1 JK 触发器的特性表

J	K	Q^n	Q^{n+1}	功能
0	0	0	0	保持
		1	1	
1	1	1	0	翻转
		0	1	
1	0	0	1	置 1
		1		
0	1	0	0	置 0
		1		

JK 触发器的特性方程为

$$Q^{n+1}=J\overline{Q^n}+\overline{K}Q^n$$

图 9.2.2 为 JK 触发器的状态转换图和时序图。

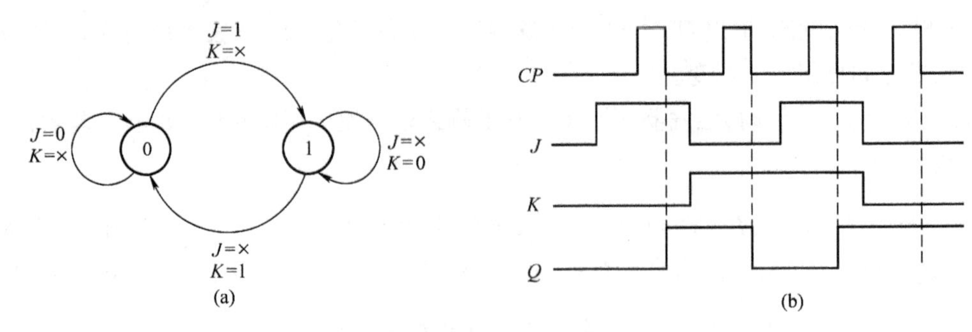

图 9.2.2 *JK* 触发器

(a)状态转换图 (b)时序图

9.3 *D* 触发器

D 触发器也是应用广泛的触发器,国产 *D* 触发器常见的是维持阻塞型 *D* 触发器,也属于一种边沿触发器,其逻辑电路及逻辑符号如图 9.3.1 所示。

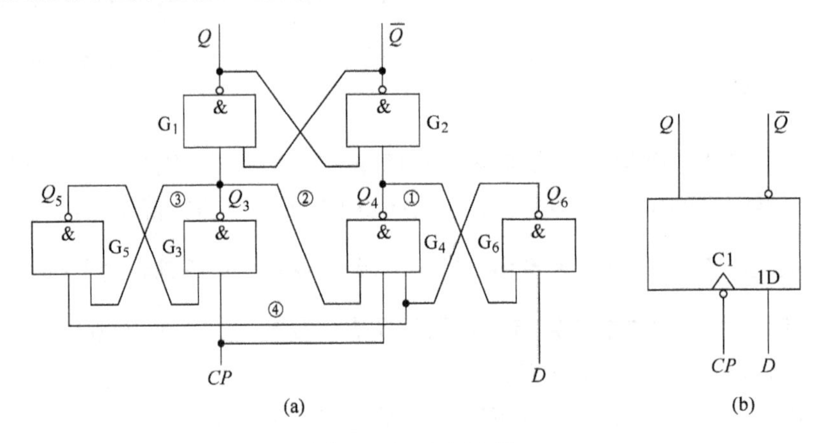

图 9.3.1 *D* 触发器

(a)逻辑电路 (b)逻辑符号

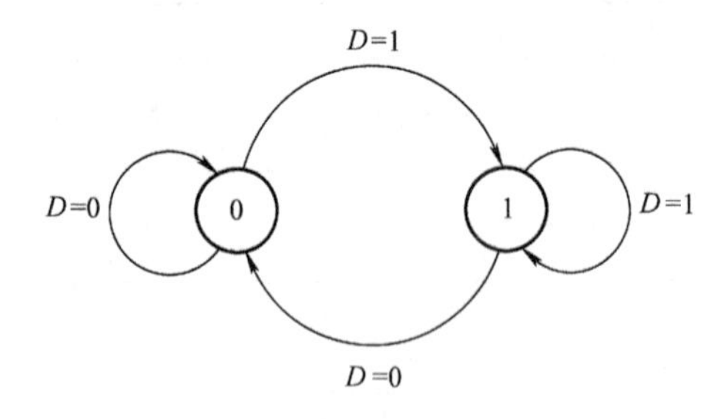

图 9.3.2 *D* 触发器状态转换图

维持阻塞型 *D* 触发器的特性方程为

$$Q^{n+1}=D$$

由此可见,维持阻塞型 *D* 触发器的输出状态取决于时钟脉冲到达的瞬间输入端的 *D* 状态,所以当 *D* 端信号受同一时钟信号操作不停变化时,输出状态的变化总是比输入状态的变化延迟一个时钟脉冲的间隔时间,因此可把这种 *D* 触发器称为延迟触发器。其输出的状态转换图如图 9.3.2 所示。

在数字电路中,常用的触发器除 *JK* 触发器、*D* 触发器外,还有 *T* 触发器,这里做简单介绍。

所谓 *T* 触发器,是一种受控计数型触发器,其特性方程可表示为

$$Q^{n+1}=T\,\overline{Q^n}+\overline{T}Q^n$$

当受控输入信号 $T=1$ 时,时钟脉冲(CP)到来,触发器就发生翻转,当 $T=0$ 时,触发器保持状态不变。T 触发器对比前面所述的 JK 触发器,其实质是将 J、K 输入端相短接作为受控输入端 T,便组成了 T 触发器,常用在构成计数器中,其逻辑电路和时序波形图如图 9.3.3 所示。

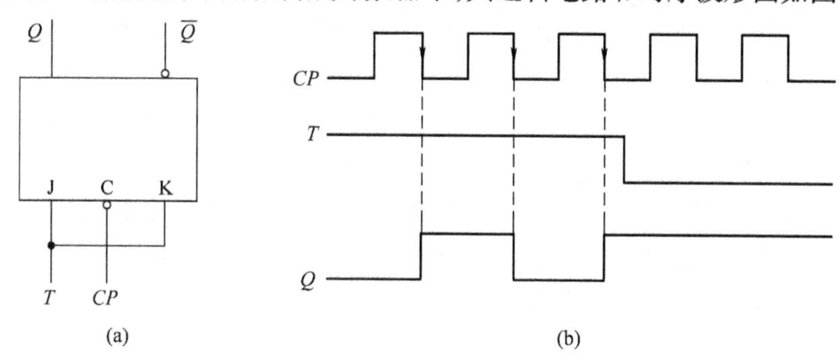

图 9.3.3　T 触发器
(a)逻辑电路　(b)时序波形

9.4　寄存器

寄存器按所具备的功能不同可分为两大类:数码寄存器和移位寄存器,下面分别予以介绍。

9.4.1　数码寄存器

数码寄存器只具有接收数码和清除原有数码的功能,根据需要可以将存放的数码随时取出参加运算或进行处理。

1. 工作原理

如图 9.4.1 所示的数码寄存器是由四个 D 触发器构成的 4 位数码寄存器,存取数码信号由清零和时钟脉冲控制。待存信号由高位到低位依次排列为 $D_3D_2D_1D_0$。在接收数码之前,通常先清零,使各触发器复位。如寄存数码 1010,将其送入各个触发器的触发输入端。当接收脉冲 CP 上升沿到达时,触发器 F_3、F_2、翻转为 1 态,F_2、F_0保持 0 态不变,使 $Q_3Q_2Q_1Q_0=D_3D_2D_1D_0=1010$,这样待存信号就暂存在寄存器中,原存的旧数据被刷新。需要取出暂存在寄存器中的数码时,各位数码在寄存器的输出端 $Q_3Q_2Q_1Q_0$ 同时取出。

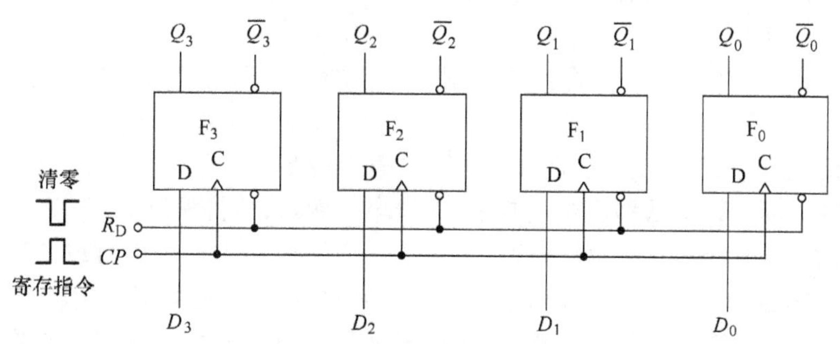

图 9.4.1　D 触发器构成的 4 位数码寄存器

2. 集成数码寄存器

将构成寄存器的各个触发器以及有关控制逻辑门集成在一个芯片上，就可以得到集成数码寄存器。下面以八 D 锁存器 74HC373 为例（图 9.4.2），说明寄存器的应用。八 D 锁存器 74HC373 具有使能端 LE、输出控制端 $\overline{EN}$，当输出控制端 $\overline{EN}$ 为高电平时，74HC373 输出高阻态。当输出控制端 $\overline{EN}$ 为低电平且使能端 LE 为高电平时，输入数据便能传输到数据总线上。当输出控制端 $\overline{EN}$ 为低电平且使能端 LE 为低电平时，74HC373 锁存在这之前已经建立的数据状态。图 9.4.2 电路中，8 位数据总线共连接包含 8 个 74HC373，它们的使能端 LE 并接在一起，输出控制端 $\overline{EN}$ 接到了译码器 74HC138 上。当译码器轮流给各寄存器的控制端 $\overline{EN}$ 一个负脉冲时，寄存器的数据就按顺序传送到 8 位数据总线上，CPU 读取数据。即使用 8 根数据总线可以获得 $8n$（n 表示寄存器的个数）个数据，大大简化了电路，被广泛应用。

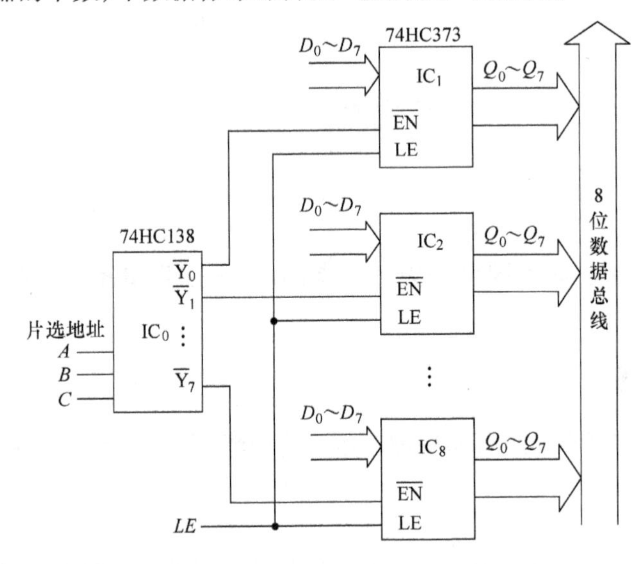

图 9.4.2　八 D 锁存器 74HC373

9.4.2　移位寄存器

移位寄存器除具有存储数码功能外，还具有使数码移位的功能。所谓移位功能，就是寄存器中所存数据，可以在移位脉冲作用下逐次左移或右移。根据数码在寄存器移动情况的不同，可把移位寄存器分为单向移位型和双向移位型。从并行和串行的变换看，又分为串入/并出和并入/串出移位寄存器。

由 D 触发器组成的单向移位寄存器如图 9.4.3 所示。其每个触发器的输出端 Q 依次接到高一位触发器的 D 端，只有第一个触发器 FF_0 的 D 端接收数据。每当移位脉冲上升沿到来时，数据依次传入 FF_0，每个触发器的状态也依次串行传给高一位触发器。假设输入为 1011，经过 4 个脉冲信号后，则全部移位寄存器中，称为串行输入，并行输出。

移位寄存器的输入也可以采用并行输入方式。图 9.4.4 为一个串行或并行输入，串行输出的移位寄存器电路。在并行输入时，采用了两步接收，第一步先用清零负脉冲把所有触发器清零，第二步利用送数正脉冲打开与非门，通过触发器的直接置位端 S 输入数据。然后，再在移位脉冲作用下进行数码移位。设输入数据 $D_3D_2D_1D_0$ 为 1011，其工作过程如图 9.4.5 所示。另外，如果在单向移位寄存器中添加一些控制门，也可构成双向移位寄存器。

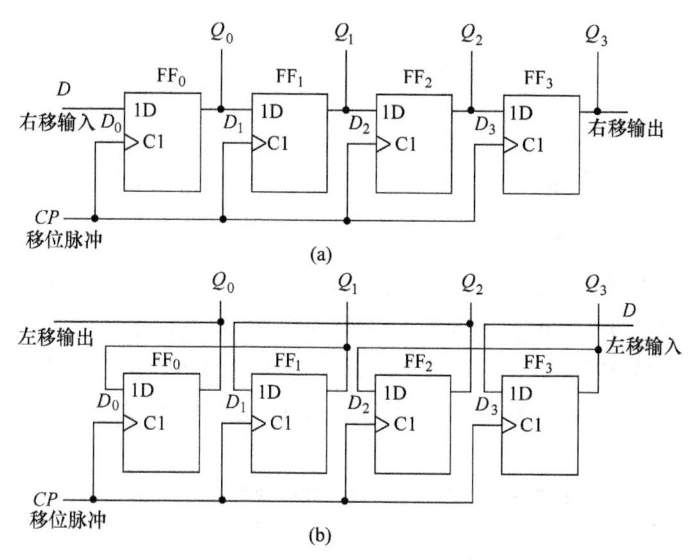

图9.4.3 D 触发器组成的单向移位寄存器

(a)右移寄存器 (b)左移寄存器

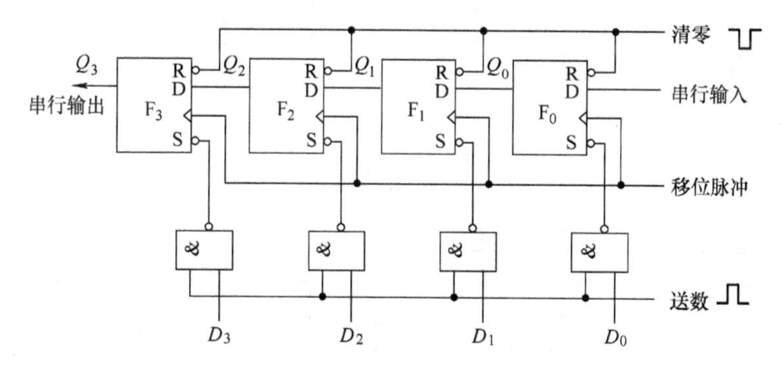

图9.4.4 串/并输入、串行输出的移位寄存器

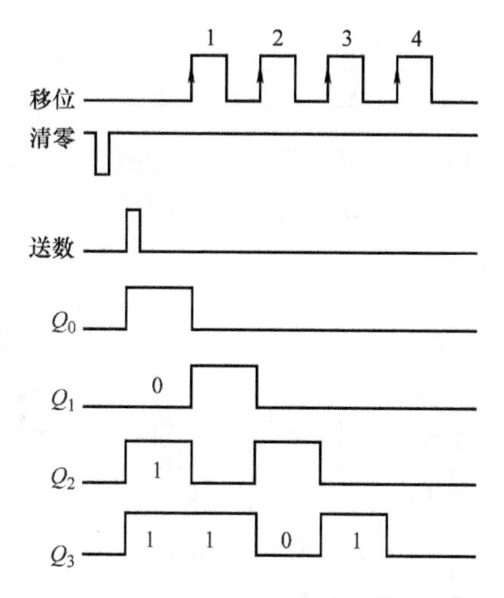

图9.4.5 移位寄存器的工作过程示意图

9.5 计数器

9.5.1 二进制加法计数器

1. 同步二进制加法计数器

二进制只有 0 和 1 两个数码,二进制加法的规律是逢二进一,即 0+1=1,1+1=10,也就是每当本位是 1,再加 1 时,本位就变为 0,而向高位进位,使高位加 1。

由于双稳态触发器有 0 和 1 两个状态,所以一个触发器可以表示一位二进制数。如果要表示 n 位二进制数,就要用 n 个双稳态触发器。因此,可列出四位二进制加法计数器的状态表,见表 9.5.1。

表 9.5.1　四位二进制加法计数器的状态表

计数脉冲数	计数器状态				十进制数
	Q_3	Q_2	Q_1	Q_0	
0	0	0	0	0	0
1	0	0	0	1	1
2	0	0	1	0	2
3	0	0	1	1	3
4	0	1	0	0	4
5	0	1	0	1	5
6	0	1	1	0	6
7	0	1	1	1	7
8	1	0	0	0	8
9	1	0	0	1	9
10	1	0	1	0	10
11	1	0	1	1	11
12	1	1	0	0	12
13	1	1	0	1	13
14	1	1	1	0	14
15	1	1	1	1	15
16	0	0	0	0	16

图 9.5.1 是由 JK 触发器构成的四位二进制加法计数器,可实现表 9.5.1 所列的四位二进制加法计数。可以看出,这里可用四个双稳态触发器构成四位二进制加法计数器。

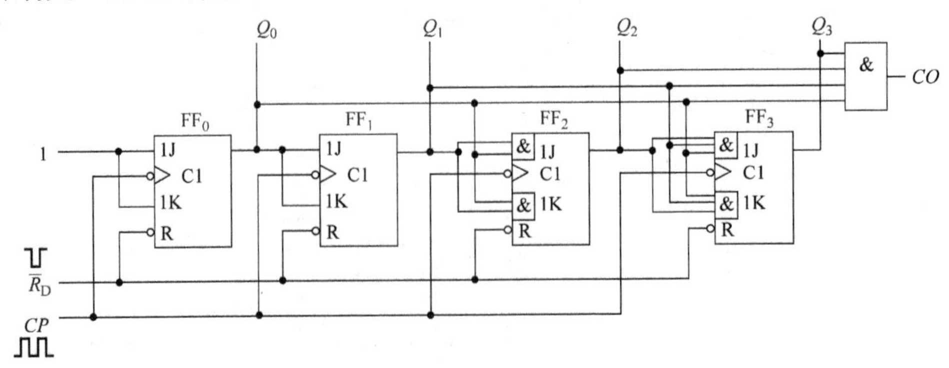

图 9.5.1　由 JK 触发器构成的四位二进制加法计数器

2. 异步二进制加法计数器

异步二进制加法计数器的特点是，每来一个计数脉冲，最低位触发器翻转一次，而高位触发器是在相邻低位触发器从1变为0进位时翻转。由此，可以由四个 *JK* 触发器组成四位二进制加法计数器。图9.5.2所示为四位异步二进制加法计数器，图中触发器的 *J*、*K* 端都悬空，相当于1状态，均处于计数状态。

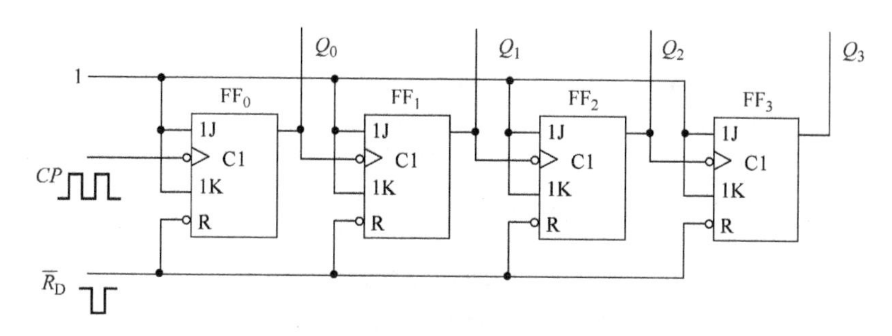

图9.5.2　四位异步二进制加法计数器

工作时，先将各触发器清零，使计数器变为0000状态。第一个计数脉冲到来时，触发器 FF_0 翻转为1，其余各位触发位不变，计数器变成0001状态。第二个计数脉冲输入后，触发器 FF_0 由1变为0，并向 FF_1 发出一个负跳变的进位脉冲，使 FF_1 翻转为1，FF_2 及 FF_3 不变，计数器变成0010状态。计数器的工作波形如图9.5.3所示。由于这个计数器的计数脉冲不是同时加到各个触发器的，因此各个触发器的状态变化时刻不一致，与计数脉冲不同步，所以可称为异步二进制加法计数器。

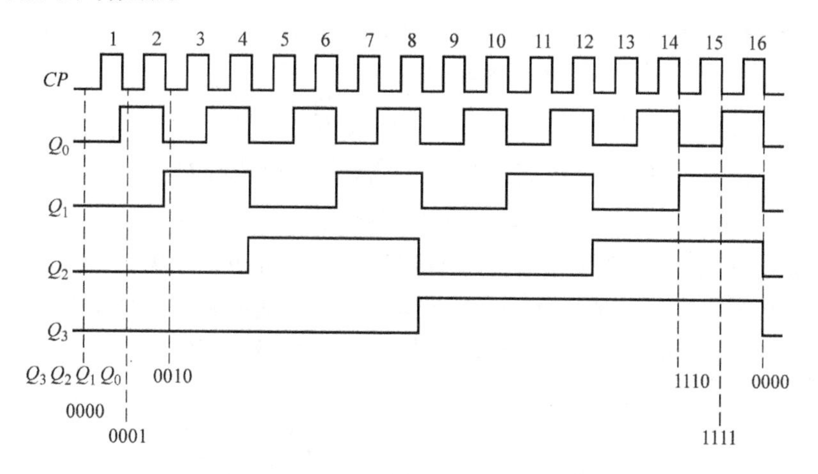

图9.5.3　二进制加法计数器波形图

9.5.2　十进制加法计数器

图9.5.4是由四个 *JK* 触发器和两个进位门组成的同步十进制加法计数器，*CP* 是输入计数脉冲，*CO* 是向高位进位的输出信号。

电路逻辑功能分析如下。

(1)对所给的逻辑电路，写出各触发器的驱动方程和输出方程。

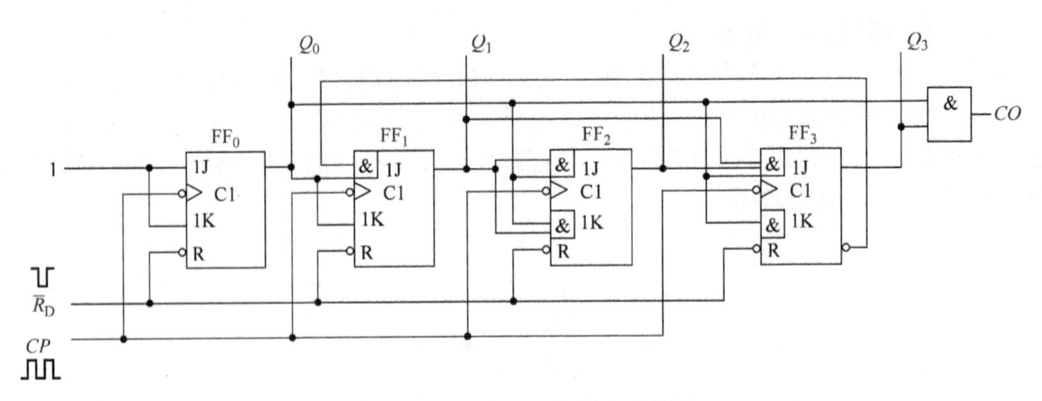

图 9.5.4　同步十进制加法计数器

时钟信号 CP 同时输入四个 JK 触发器，时钟方程为

$$CP_0 = CP_1 = CP_2 = CP_3 = CP$$

输出端 CO 的输出方程为

$$CO = Q_0^n Q_3^n$$

四个 JK 触发器的驱动方程为

$$J_0 = K_0 = 1$$

$$J_1 = \overline{Q_3^n} Q_0^n, K_1 = Q_0^n$$

$$J_2 = K_2 = Q_1^n Q_0^n$$

$$J_3 = Q_2^n Q_1^n Q_0^n, K_3 = Q_0^n$$

(2)求状态方程。由驱动方程和触发器的特征方程，写出各触发器的状态方程。

$$Q_0^{n+1} = J_0 \overline{Q_0^n} + \overline{K_0} Q_0^n = \overline{Q_0^n}$$

$$Q_1^{n+1} = J_1 \overline{Q_1^n} + \overline{K_1} Q_1^n = \overline{Q_3^n}\,\overline{Q_1^n} Q_0^n + \overline{Q_0^n} Q_1^n$$

$$Q_2^{n+1} = J_2 \overline{Q_2^n} + \overline{K_2} Q_2^n = Q_1^n Q_0^n \overline{Q_2^n} + \overline{Q_1^n Q_0^n} Q_2^n$$

$$Q_3^{n+1} = J_3 \overline{Q_3^n} + \overline{K_3} Q_3^n = Q_2^n Q_1^n Q_0^n \overline{Q_3^n} + \overline{Q_0^n} Q_3^n$$

(3)根据状态方程，作出状态转移表和时序图，分析逻辑功能。从 $Q_0^n Q_3^n Q_2^n Q_1^n = 0000$ 时开始，依次代入状态方程和输出方程进行计算，状态转换真值表结果见表 9.5.2。

表 9.5.2　同步十进制加法计数器的状态转换真值表

计数脉冲	现态				次态				输出
序号	Q_3^n	Q_2^n	Q_1^n	Q_0^n	Q_3^{n+1}	Q_2^{n+1}	Q_1^{n+1}	Q_0^{n+1}	CO
0	0	0	0	0	0	0	0	1	0
1	0	0	0	1	0	0	1	0	0
2	0	0	1	0	0	0	1	1	0
3	0	0	1	1	0	1	0	0	0
4	0	1	0	0	0	1	0	1	0
5	0	1	0	1	0	1	1	0	0
6	0	1	1	0	0	1	1	1	0
7	0	1	1	1	1	0	0	0	0
8	1	0	0	0	1	0	0	1	0
9	1	0	0	1	0	0	0	0	1

由表9.5.2看出,每当电路由现态转换到次态后,该次态的状态又变成了新的现态,可见同步十进制加法计数器的全部状态都由此确定。其波形图如图9.5.5所示。

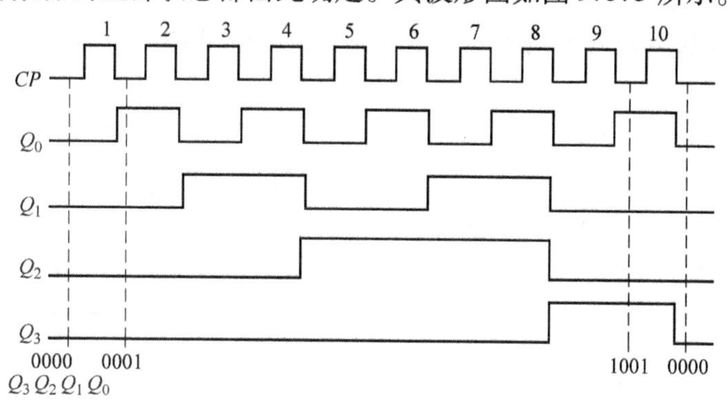

图9.5.5 同步十进制加法计数器波形图

单元小结

(1)时序逻辑电路是数字电路的另一种类型。触发器是时序逻辑电路的一种逻辑单元。双稳态触发器有0和1两个稳定输出状态,在一定外界信号的作用下可以从一个稳定状态翻转为另一个稳定状态。因此,双稳态触发器是具有记忆功能的元件。

(2)触发器的逻辑功能可用逻辑状态表来表示。根据逻辑功能的不同,触发器可分为*RS*、*JK*、*D*、*T*等几种类型。由于内部电路结构不同,因而触发方式和时刻也不同。基本*RS*触发器为低电平触发,可控*RS*触发器为高电平触发,其他触发器一般多采用时钟脉冲的上升或下降沿触发。

(3)时序逻辑电路一般是由组合逻辑电路和具有记忆功能的触发器组成的。它的特点是其输出状态不仅与现时的输入状态有关,而且还与电路原来所处的状态有关。

(4)时序逻辑电路的分析,按照以下三个步骤进行:①写出组成逻辑电路的各触发器的驱动方程和输出方程;②由驱动方程和触发器的特征方程,写出各触发器的状态方程;③根据状态方程,作出状态转移真值表(时序图)。

习 题 9

9.1 有一上升沿触发的*JK*触发器如下图(a)所示,已知*CP*、*J*、*K*信号波形如下图(b)所示,画出*Q*端的波形。(设触发器的初始态为0)

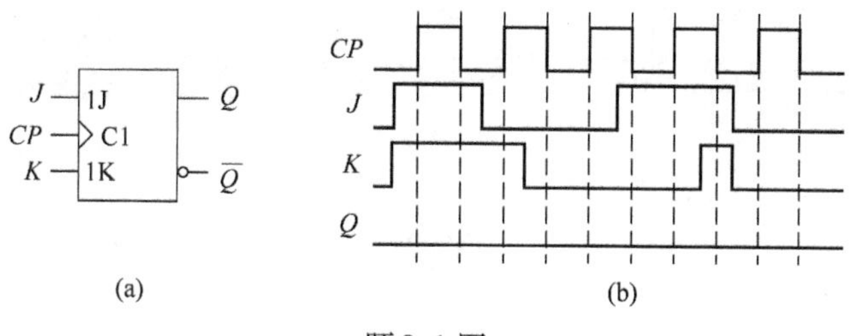

题9.1图

9.2 有一简单时序逻辑电路如下图所示，试写出当 $C=0$ 和 $C=1$ 时，电路的状态方程 Q^{n+1}，并说出各自实现的功能。

9.3 设维持阻塞 D 触发器的初始状态为 0，当 D 端和 CP 端的输入信号波形如下图所示，试画出 Q 端的输出波形。

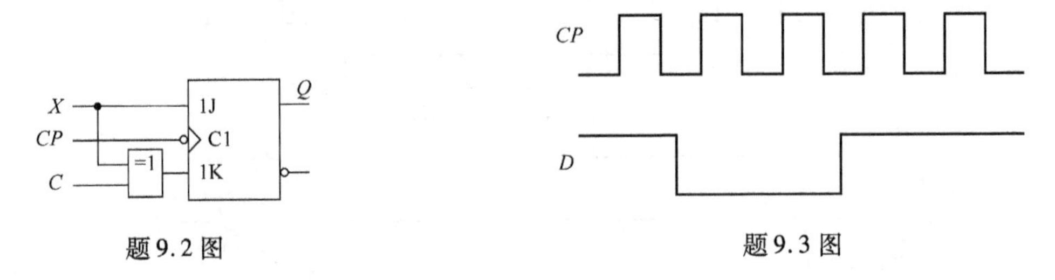

题 9.2 图　　　　题 9.3 图

9.4 用上升沿 D 触发器和门电路设计一个带使能 EN 的上升沿 D 触发器，要求当 $EN=0$ 时，时钟脉冲加入后触发器也不转换；当 $EN=1$ 时，当时钟加入后触发器正常工作，注：触发器只允许在上升沿转换。

9.5 分析图示电路，要求：

(1)写出 JK 触发器的状态方程；

(2)用 X、Y、Q^n 作变量，写出 P 和 Q^{n+1} 的函数表达式；

(3)列出真值表，说明电路完成何种逻辑功能。

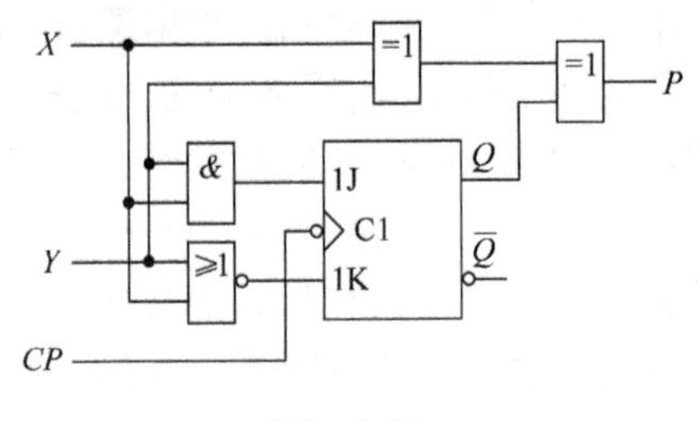

题 9.5 图

9.6 采用下图所示的两片 74LS194 双向移位寄存器、一个 1 位全加器和一个 D 触发器设计两个 4 位二进制数 $A=A_3A_2A_1A_0$、$B=B_3B_2B_1B_0$ 的加法电路。要求画出电路，说明所设计电路的工作过程以及最后输出结果在何处。

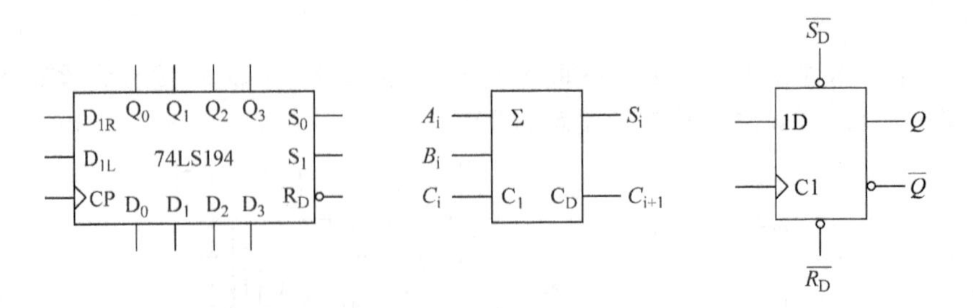

题 9.6 图

本单元实验

实验16 时序逻辑电路应用

1. 实验目的

(1)了解用触发器组成计数器电路的方法。

(2)掌握集成计数器的工作原理和使用方法。

(3)掌握任意进制计数器的分析和设计方法。

2. 实验原理

1)触发器

双稳态触发器具有两个互补的输出端 Q、$\overline{Q}$,触发器正常工作时,Q 与$\overline{Q}$的逻辑电平总是互补,即一个为“0”时另一个一定是“1”。当触发器工作在非正常状态时,Q 和$\overline{Q}$的输出电平有可能相同,使用时必须注意避免出现这种情况。

JK 触发器具有两个激励输入端 J、K,其特性方程为 $Q^{n+1}=J\overline{Q^n}+\overline{K}Q^n$。在时钟脉冲 CP 有效触发时,输出可以实现“置1”“置0”“状态不变”“状态翻转”四种功能。74LS112 是下降沿触发有效的集成 JK 触发器,片上有两个 JK 触发器,引脚标号以“1”“2”区别,如图 9.5.6(a)所示。

D 触发器只有一个输入端 D,当触发脉冲有效时,D 触发器的输出与输入相同。74LS74 是上升沿触发有效的双 D 集成触发器,片上有两个 D 触发器,引脚排列如图 9.5.6(b)所示。

集成触发器一般具有直接置位、复位控制端$\overline{S}_D$、$\overline{R}_D$,如图 9.5.6 中(a)和(b)引脚图所示。当$\overline{R}_D$或$\overline{R}_D$有效时(为低电平0),触发器立即被复位或者置位。所以,$\overline{R}_D$、$\overline{R}_D$又称异步复位、置位端。直接置位、复位功能可以用来预置触发器的初始状态,但在使用时必须注意两者不允许同时有效,而且时钟触发控制必须无效。

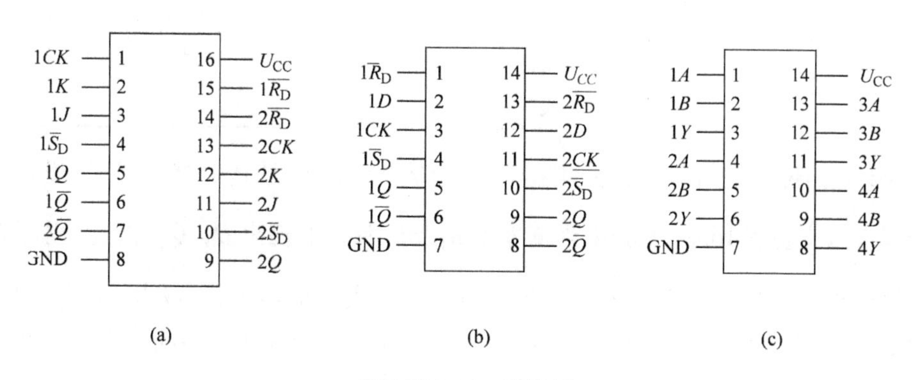

实验图 16.1 引脚图

(a)74LS112 (b)74LS74 (c)74LS00

2）集成计数器

计数器是实现“计数”操作的时序逻辑电路。计数器的应用十分广泛，除了有计数功能外，还具有定时、分频等功能。

74LS290 是二—五—十进制异步集成计数器，片内有两个独立的计数器，一个是二进制计数器，CP_0为时钟脉冲输入端，Q_0为输出端；另一个是异步五进制加法计数器，CP_1为时钟脉冲输入端，Q_3、Q_2、Q_1为输出端。R_{01}、R_{02}称为异步复位端，S_{91}、S_{92}称为异步置 9 端。其引脚排列如实验图 16.2(a)所示。其功能见实验表 16.1。若计数脉冲 CP 从 CP_0输入，二进制计数器的输出 Q_0连五进制计数器的时钟 CP_1，就组成了 8421 BCD 码十进制加法计数器，如实验图 16.2 所示。

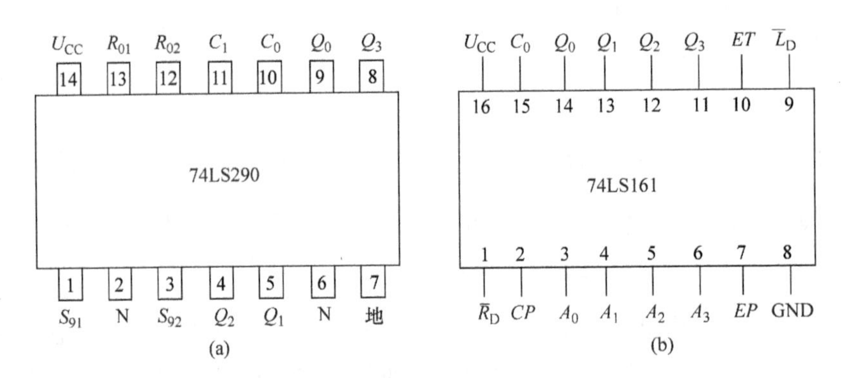

实验图 16.2　集成计数器 74LS290 和 74LS161 器件引脚排列图

(a)74LS290　(b)74LS161

实验表 16.1　74LS290 异步计数器逻辑功能表

输入				输出			
复位端		置 9 端					
R_{01}	R_{02}	S_{91}	S_{92}	Q_3	Q_2	Q_1	Q_0
1	1	0	×	0	0	0	0
1	1	×	0	0	0	0	0
×	×	1	1	1	0	0	1
0	×	0	×	计数			
×	0	×	0				
0	×	×	0				
×	0	0	×				

74LS161 是四位二进制同步加法计数器，实验图 16.2(b)是其引脚排列图，实验表 16.2 是其功能表。从实验表 16.2 中可知，当清零端 $\overline{R}_D=0$，计数器输出 Q_3、Q_2、Q_1、Q_0立即为全 0，具有异步复位功能。当 $\overline{R}_D=1$ 且 $\overline{L}_D=0$ 时，在 CP 脉冲上升沿作用后，74LS161 的输出端 Q_3、Q_2、Q_1、Q_0的状态分别与并行数据输入端 A_3、A_2、A_1、A_0的状态相同，为同步置数功能。而当 $\overline{R}_D=\overline{L}_D=1$，$EP$、$ET$ 中有一个为 0 时，计数器不计数，输出端状态保持不变。只有当 $\overline{R}_D=\overline{L}_D=EP=ET=1$，$CP$ 脉冲上升沿时，计数器加 1。

实验表 16.2　74LS161 功能表

输入									输出			
$\overline{R}_D$	CP	$\overline{L}_D$	EP	ET	A_3	A_2	A_1	A_0	Q_3	Q_2	Q_1	Q_0
0	Φ	Φ	Φ	Φ	Φ	Φ	Φ	Φ	0	0	0	0
1	↑	0	Φ	Φ	d	c	b	a	d	c	b	a
1	↑	1	0	Φ	Φ	Φ	Φ	Φ	Q_3	Q_2	Q_1	Q_0
1	↑	1	Φ	0	Φ	Φ	Φ	Φ	Q_3	Q_2	Q_1	Q_0
1	↑	1	1	1	Φ	Φ	Φ	Φ	状态码加 1			

3. 实验步骤

1)用 JK 触发器构成计数器

(1)根据实验图 16.3(a),用一片 74LS112 连接电路,各触发器的复位端 $\overline{R}_D$ 串接后接在逻辑按钮上,时钟 CP 输入 1 Hz 脉冲信号,输出 Q_1、Q_0 接发光二极管。计数前 $\overline{R}_D$ 端为“0”状态,计数器清零。按下逻辑按钮使 $\overline{R}_D$ 为“1”无效,计数器在 CP 脉冲作用下计数。将各触发器输出 Q_1、Q_0 循环变化一个周期的状态顺序记录于实验表 16.3 中。

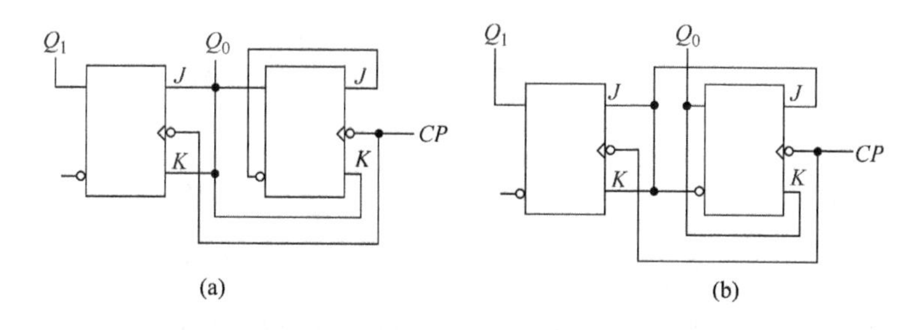

实验图 16.3　JK 触发器组成的计数器

(a)电路 1　(b)电路 2

实验表 16.3　实验图 16.3(a)电路的逻辑状态表

CP	J_1	K_1	J_0	K_0	Q_1	Q_0
0					0	0

电路功能:________________________。

(2)根据实验图 16.3(b)改接 74LS112 电路,实验方法如步骤 1(1)。将各触发器输出 Q_1、Q_0 循环变化一个周期的状态顺序记录于实验表 16.4 中。

实验表 16.4　图 9.5.8(b)电路的逻辑状态表

CP	J_1	K_1	J_0	K_0	Q_1	Q_0
0					0	0

电路功能：______________________。

2)二—五—十进制异步加法集成计数器 74LS290 应用

按实验图 16.2(a)74LS290 的引脚排列图连接实验图 16.4 完成九进制计数器电路。注意引脚 14(U_{CC})接 +5 V,引脚 7(GND)接电源地,时钟 CP 接 1 Hz 脉冲信号,输出 $Q_3 \sim Q_0$接发光二极管。在实验表 16.5 中记录 $Q_3 \sim Q_0$循环一个周期的状态变化规律。

实验表 16.57　$Q_3 \sim Q_0$ 循环状态

CP	0									
$Q_3 \sim Q_0$										

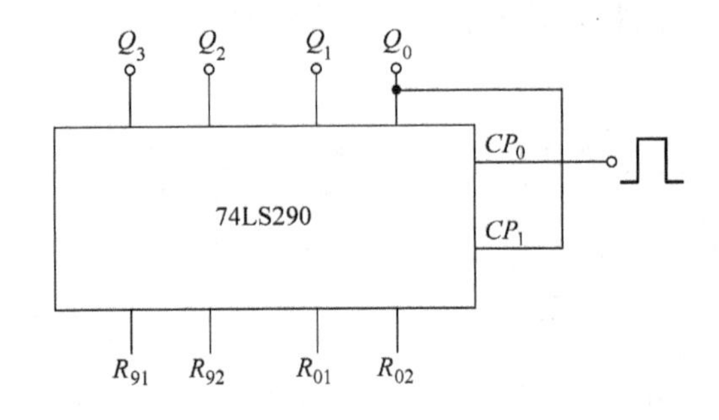

实验图 16.4　74LS290 构成十进制异步加法计数器

3)四位二进制同步加法计数器 741LS61 应用

(1)按实验图 16.5(a)连接 74LS161 电路,输出 $Q_3 \sim Q_0$连接到七段显示器的译码输入,预置数据输入端可悬空,使能 ET、EP 和预置数控制端接电源 +5 V,时钟 CP 接 1 Hz 的脉冲信号,与非门采用 74LS00。观察实验结果,在实验表 16.6 中记录循环一个周期显示的数字值。

实验表 16.6　实验图 16.5(a)电路实验数据

CP	0										
显示值											

电路为__________计数器。

(2)按实验图 16.5(b)在实验步骤 3(1)的电路上改接 74LS161 的外部连线。在实验表 16.7 中记录循环一个周期显示的数字值。

实验表 16.7　实验图 16.5(b)电路实验数据

CP	0										
显示值											

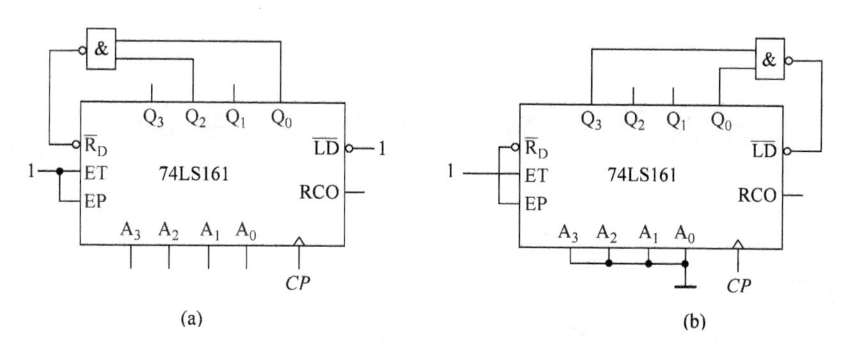

实验图 16.5　74LS161 组成的计数器电路

(a)电路1　(b)电路2

电路为____________计数器。

4. 实验设备和器材

直流稳压电源一台、数字电子技术实验箱1台、万用表1只、74LS00、74LS112、74LS290、74LS161 集成器件各1片。

单元10　脉冲波形的产生与整形

学习目标

(1)了解常见的脉冲产生电路。

(2)掌握单稳态触发器、多谐振荡器、施密特触发器的工作原理。

(3)学习555时基电路的基本知识。

(4)了解由555定时器组成的集成单稳态触发器、多谐振荡器、施密特触发器的应用。

10.1　常见脉冲产生电路

脉冲信号产生电路是数字系统中必不可少的单元电路,如同步信号、时钟信号和时基信号等都由它产生。产生脉冲信号的电路通常称为多谐振荡器。它不需要信号源,只要加上直流电源,就可以自动产生信号。脉冲的整形通常应用单稳态触发器或施密特触发器实现。

脉冲信号的产生与整形可以用基本门电路来实现。现在已经有集成单稳态触发器、集成施密特触发器。另外,用555定时器也可以产生脉冲或实现脉冲整形。

1. 多谐振荡器

1)TTL门电路构成的多谐振荡器

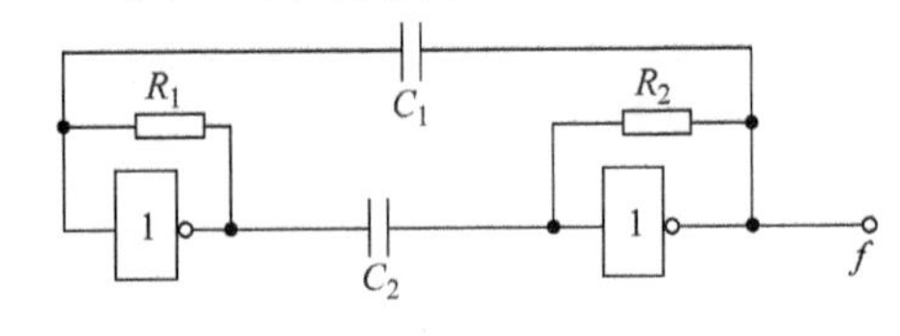

图10.1.1　TTL与非门构成的全对称多谐振荡器

由于TTL门电路速度快,适宜于产生中频段脉冲源,图10.1.1是由TTL反向器构成的全对称多谐振荡器,若取 $C_1 = C_2 = C, R_1 = R_2 = R$,则电路完全对称,电容充放电时间相等,其振荡周期近似为 $T = 1.4RC$。一般 R_1、R_2的取值不超过1 kΩ,若取 $R_1 = R_2 = 500\ \Omega, C_1 = C_2 = 100\ \text{pF} \sim 100\ \mu\text{F}$,则其振荡频率的范围为几十赫兹到几十兆赫兹。

2)环形多谐振荡器

图10.1.2是用TTL与非门构成的环形多谐振荡器,图中取 $R_1 = 100\ \Omega$,R_p 在 2 ~ 50 kΩ变化,可调电容 C 的变化范围是100 pF ~ 50 μF,则振荡频率可从数千赫兹变到数兆赫兹。电路的振荡周期为 $T = 2.2RC$,其中 $R = R_1 + R_p$。

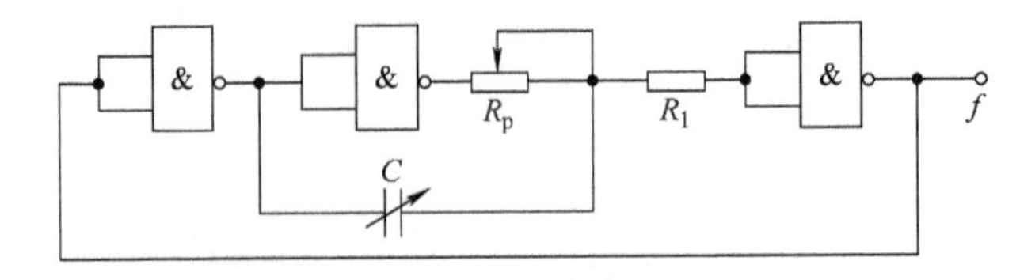

图10.1.2　TTL与非门构成的环形多谐振荡器

3)晶体振荡器

用TTL或CMOS门电路构成的振荡器幅度稳定性较好,但频率稳定性较差,一般只能达

到 $10^{-3} \sim 10^{-2}$ 数量级。在对频率的稳定度、精度要求高的场合，一般选用石英晶体组成的振荡器较为适合，其频率稳定度可达 10^{-5} 以上。

图 10.1.3 是用 CMOS 芯片 CD4069 和晶体构成的多谐振荡器，C_0 一般取 20 pF，C_S 取 10～30 pF，其输出频率取决于晶体的固有振荡频率。

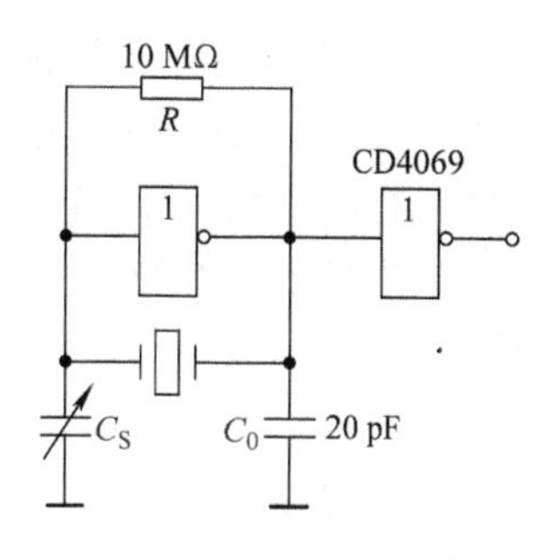

图 10.1.3　晶体振荡器

2. 单稳态触发器

单稳态触发器的特点是它只有一个稳定状态，在外来脉冲的作用下，能够由稳定状态翻转到暂稳态。可将输入的触发脉冲变换为宽度和幅度都符合要求的矩形脉冲，常用于脉冲的定时、整形、展宽（延时）等。

单稳态触发器有一个稳定状态和一个暂稳态。其输出脉冲的宽度只取决于电路本身 R、C 定时元件的数值，与输入信号无关。输入信号只起到触发电路进入暂稳态的作用。改变 R、C 定时元件的数值，可调节输出脉冲的宽度。

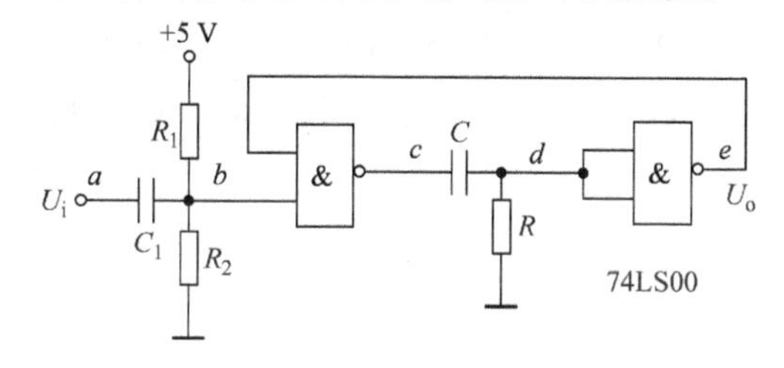

图 10.1.4　微分型单稳态触发器

图 10.1.4 是用与非门构成的微分型单稳态触发器，其输出脉冲宽度为 $T_w = 0.8RC$。

3. 施密特触发器

施密特触发器是一种脉冲整形电路，其特点是电路有两个稳定状态，有两个不同的触发电平，电路状态的翻转依靠外触发电平来维持。一旦外触发电平下降到一定电平后，电路立即恢复到初始稳态。它的两个稳定状态是靠两个不同的电平来维持的，输出脉冲的宽度由输入信号的波形决定。此外，调节回差电压的大小，也可改变输出脉冲的宽度。

施密特触发器虽然不能自动产生矩形脉冲，却可将输入的周期性信号整形成所要求的同周期的矩形脉冲输出，还可用来进行幅度鉴别、构成单稳态触发器和多谐振荡器等。由于性能好、触发电平稳定，得到了广泛应用。例如 CMOS 集成块 CD4093 是 2 输入 -4 与非门施密特触发器。图 10.1.5 是 CD4093 的引脚图。

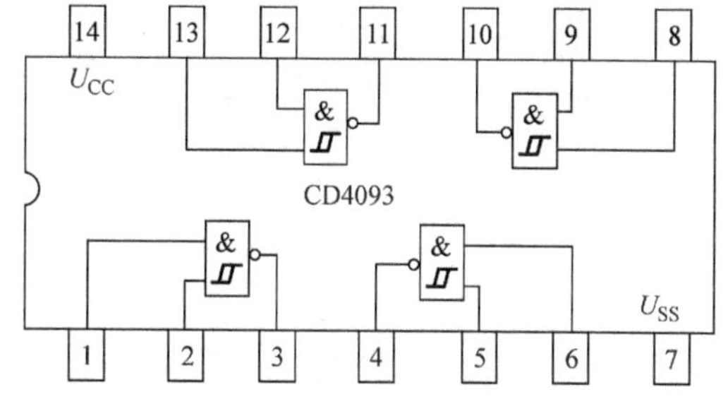

图 10.1.5　CD4093 的引脚排列图

10.2　555 时基电路

1. 555 时基电路结构

555 时基电路是一种将模拟功能和数字逻辑功能巧妙地结合在同一硅片上的新型集成电路，又称集成定时器，是一种多用途的单片中规模集成电路。该电路使用灵活、方便，只需外接少量的阻容元件就可以构成单稳态触发器、多谐振荡器和施密特触发器等。因此，在波形的产生与变换、测量与控制、家用电器、电子玩具等许多领域中都得到了广泛的应用。

目前生产的定时器有双极型和 CMOS 两种类型，其型号分别有 NE555 或 5G555 和 C7555 等多种。通常，双极型产品型号最后的 3 位数码都是 555，CMOS 产品型号的最后 4 位数码都是 7555，它们的结构、工作原理和外部引脚排列基本相同。

555 集成定时器的内部电路框图如图 10.2.1 所示。其内部有两个高精度电压比较器 C_1 和 C_2、一个基本 *RS* 触发器、一个三极管和三个电阻组成的分压器。比较器的参考电压分别是 $2/3U_{CC}$ 和 $1/3U_{CC}$，利用触发器输入端 $\overline{TR}$ 输入一个小于 $1/3U_{CC}$ 的信号，或者阈值输入端 *TH* 输入一个大于 $2/3U_{CC}$ 的信号，可以使触发器状态发生变换。*CT* 是控制输入端，可以外接输入电压，以改变比较器的参考电压值。在不接外加电压时，通常接 0.01 μF 电容到地，*DISC* 是放电输入端。当阈值控制输入端 *TH* 的输入电压大于 $2/3U_{CC}$，且 $\overline{TR}$ 的输入电压大于 $1/3U_{CC}$ 时，比较器 C_1 输出为低电平，C_2 输出为高电平，C_1 输出的低电平将 *RS* 触发器置为 0 状态，即输出 $OUT=0$，放电管导通，*DISC* 对地短路。当输入端 *TH* 的输入电压小于 $1/3U_{CC}$，且 $\overline{TR}$ 的输入电压小于 $1/3U_{CC}$ 时，比较器 C_1 输出为高电平，C_2 输出为低电平，C_2 输出的低电平将 *RS* 触发器置为 1 状态，即输出 $OUT=1$，放电管截止，*DISC* 对地开路。当输入端 *TH* 的输入电压小于 $2/3U_{CC}$，且 $\overline{TR}$ 的输入电压大于 $1/3U_{CC}$ 时，比较器 C_1 输出为高电平，C_2 输出为高电平，*RS* 触发器和放电管的状态均为状态保持不变。$\overline{R}_D$ 是复位输入端，当 $\overline{R}_D=0$ 时，输出端 $OUT=0$，放电管导通。

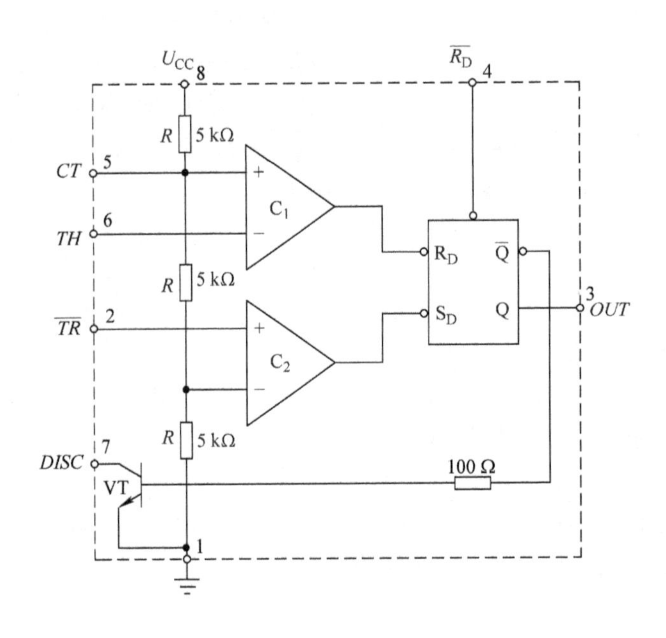

图 10.2.1　555 集成定时器结构

电源电压 U_{CC} 可以是 5～15 V，输出的最大电流可达 200 mA，当电源电压为 5 V 时，电路输出与 TTL 电路兼容。555 时基电路能够输出从微秒级到小时级时间范围很广的信号。

2. 555 时基电路的应用

1）组成单稳态触发器

555 时基电路按图 10.2.2 连接，即构成一个单稳态触发器，其中 *R*、*C* 是外接定时元件。单稳态触发器的输出脉冲宽度 $T_w \approx 1.1RC$。

2)组成自激多谐振荡器

按图10.2.3连接，555时基电路即连成一个自激多谐振荡器电路，此电路的工作过程与单稳态触发器工作过程不同，电路没有稳态，仅存在两个暂稳态。电路不需要外加触发信号，利用电源通过R_1、R_2向C充电以及C通过R_2向放电端$DISC$放电，使电路产生振荡。输出信号的时间参数是：

$$T = T_1 + T_2$$

其中，$T_1 = 0.7(R_1 + R_2)C$（正脉冲宽度），$T_2 = 0.7R_2C$（负脉冲宽度），$T = 0.7(R_1 + 2R_2)C$。

注意，555时基电路要求R_1与R_2均应大于或等于1 kΩ，但$R_1 + R_2$应小于或等于3.3 MΩ。

另外，在图10.2.3中接入部分元件，可构成以下电路。

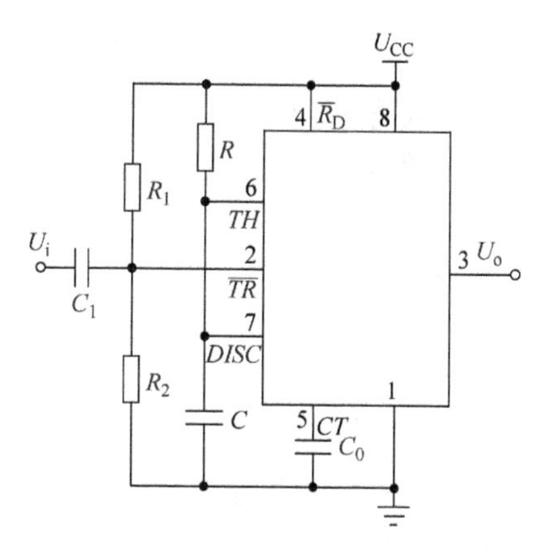

图10.2.2　555时基电路构成的单稳态触发器

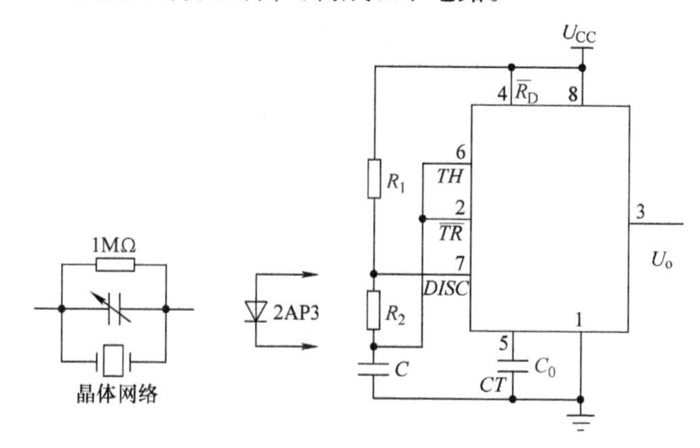

图10.2.3　555时基电路构成的自激多谐振荡器

(1)若在电阻R_2上并接一只二极管(2AP3)，并取$R_1 \approx R_2$，电路可以输出接近方波的信号。

(2)在C与R_2连接点和$\overline{TR}$与TH连接点之间的连接线上，串接入一个图中所示的晶体网络，电路便成为一个晶体振荡器。晶体网络中1 MΩ电阻器作直流通路用，并联电容用来微调振荡器的频率。只要选择R_1、R_2和C，使在晶体网络接入之前，电路振荡在晶体的基频(或谐频)附近，接入网络后，电路就能输出一个频率等于晶体基频(或谐频)的稳定振荡信号。

(3)组成施密特触发器。利用控制输入端CT接入一个稳定的直流电压，可组成施密特触发器。被变换的信号同时从$\overline{TR}$和TH端输入，即可输出整形后的波形。

单元小结

(1)矩形脉冲的产生电路分为两类：一类是脉冲整形电路，它们不能自动产生脉冲信号，但能把其他形状的周期性信号变换为所要求的矩形脉冲信号，即通过整形获得矩形脉冲信号，施密特触发器和单稳态触发器是最常用的两种整形电路；另一类是自激的脉冲振荡器，它们不需要外加输入信号,只要接通供电电源,就自动产生矩形脉冲信号,多谐振荡器就是最典型的矩形脉冲信号的自动产生电路。

(2)555 定时器是一种用途很广的集成电路,可以很方便地构成施密特触发器、单稳态触发器、多谐振荡器。集成施密特触发器具有波形变换、脉冲整形等应用功能,集成单稳态触发器具有脉冲延时、脉冲定时等应用功能。

习　题　10

10.1　在数字电路中,获得脉冲信号的方法主要有哪些?

10.2　试比较多谐振荡器、单稳态触发器、施密特触发器的工作特点,并说明每种电路的主要用途。

10.3　555 定时器的主要功能有哪些?

10.4　由 555 定时器构成的多谐振荡器如下图所示。已知 $U_{CC}=12$ V,$C=0.1$ μF,$C_0=0.01$ μF,$R_1=15$ kΩ,$R_2=22$ kΩ,试求:

(1)多谐振荡器的振荡周期;

(2)画出 u_C和 u_o 的波形。

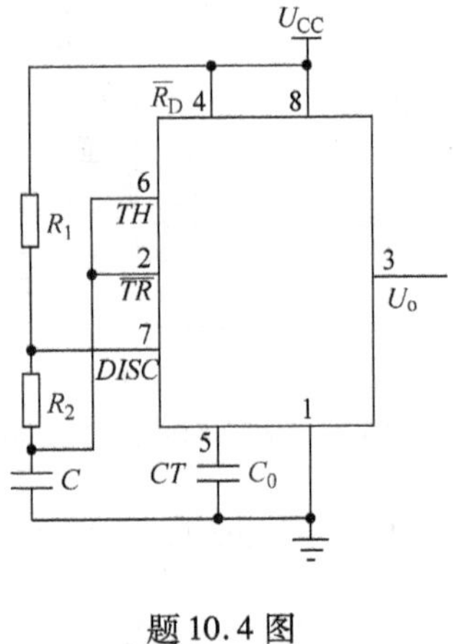

题 10.4 图

本单元实验

实验 17　救护车/消防车声响报警电路

1. 实验目的

(1)熟悉 555 定时器中引脚电压控制端的功能和作用。

(2)了解 555 定时器用电压控制端调制多谐振荡器的频率实现救护车和消防车的报警声响。

2. 实验电路和工作原理

为了实现救护车、消防车的声响,实验采用两组多谐振荡电路,其电路如实验图 17.1 和实验图 17.2 所示。

实验图 17.1 所示为模拟救护车声响报警电路和振荡波形。两片 IC_1 和 IC_2 555 定时器均构成多谐振荡电路，第一级的振荡频率较低，约 680 Hz，其输出多谐振荡波形 u_{o1}，通过 R_5 去控制第二级 555 定时器的 5 号脚控制电压端，当 u_{o1} 为高电平时，使 IC_2 片内比较电平提高，从而 IC_2 的振荡频率降低，当 u_{o1} 为低电平时，使 IC_2 比较电平降低，致使 IC_2 振荡频率提高，结果使扬声器发出“滴嘟、滴嘟……”的类似救护车的声响。

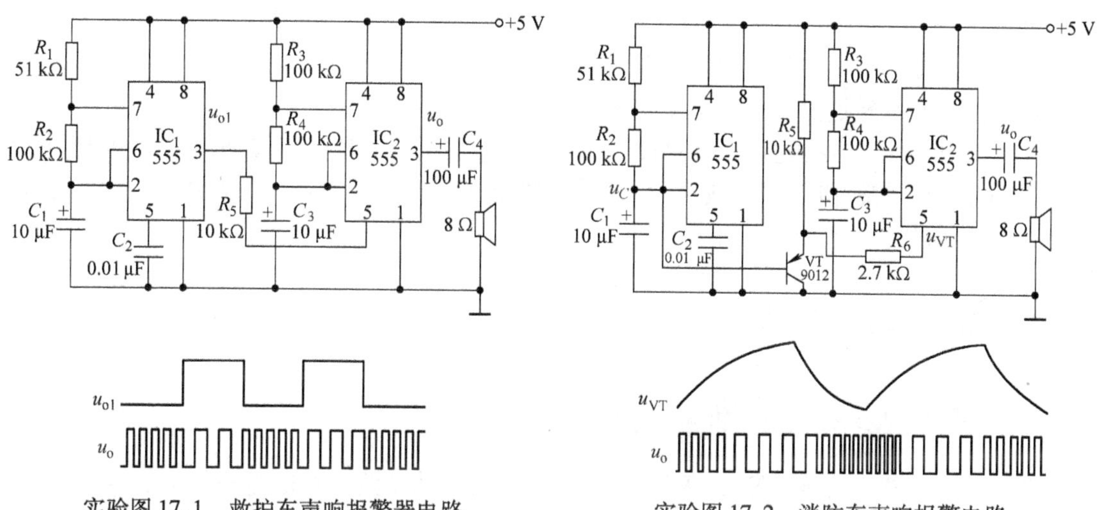

实验图 17.1　救护车声响报警器电路　　实验图 17.2　消防车声响报警电路

实验图 17.2 所示为模拟消防车声响报警电路和工作波形，第一级 IC_1 的多谐振荡器频率约为 900 Hz，在 6、2 号脚的电容 C_1 电压 u_C 为充、放电指数曲线波形。经 R_1、R_2 两个电阻对 C_1 充电周期较长，而 C_1 放电时仅经 R_2 电阻，周期较短，经 VT 放大电路放大后，通过 R_6 去控制 IC_2 的 5 号脚电压控制端 u_{VT} 调制 IC_2 内部比较电压，当 u_{VT} 电压较低时，IC_2 的 u_0 振荡频率随之升高，当 u_{VT} 电压较高时，振荡频率随之下降，结果使扬声器发出“呜、呜……”高、低音调类似于消防车声响。

3. 实验设备

直流稳压电源 ×1、双踪示波器 ×1、IC_1 8 脚插座 ×2、扬声器 ×1、555 定时器 ×2、9012PNP 三极管 ×1、各电阻、电容（参数见实验图 17.1、实验图 17.2 所列）。

4. 实验步骤

1）救护车声响报警电路

按实验图 17.1 所示电路进行连线，将直流稳压电源调节至 +5 V。实验时，先将 R_5 暂不与 IC_2 的 5 号脚连接，将电源与器件电源相连，用示波器分别观察 IC_1 的输出 u_{o1} 和 IC_2 的输出 u_o 的波形，聆听扬声器的声响。然后再将 R_5 与 IC_2 的 5 号脚相连，再用示波器双踪同时观察 IC_2 的 u_{VT} 和 u_o 波形。聆听扬声器的声响有何变化，并大致描绘记录 u_{o1} 和 u_o 的波形。

2）消防车声响报警电路

按实验图 17.2 所示电路进行连线，先暂不将电阻 R_6 与 IC_2 的 5 号脚连接，将直流稳压电源的 +5 V 与器件电源端相连，用示波器分别观察 IC_1 的 u_C 波形和 IC_2 的 u_o 波形，并聆听扬声器的声响，然后再将 R_6 与 IC_2 的 5 号脚相连，用示波器双踪同时测试 IC_2 的 u_{VT} 和输出 u_o 波形，聆听扬声器的声响有何变化，并大致描绘记录 u_{VT} 和 u_o 波形。

单元 11　数/模转换和模/数转换

学习目标

(1)了解 D/A 转换的基本知识及应用。

(2)了解 A/D 转换的基本知识及应用。

D/A 转换器及 A/D 转换器的种类很多,本单元介绍常用的权电阻网络 D/A 转换器、倒 T 型电阻网络 D/A 转换器、逐次逼近型 A/D 转换器、双积分型 A/D 转换器,并介绍 D/A 转换器和 A/D 转换器的技术指标及应用。

11.1　数/模转换电路

11.1.1　数/模转换电路的基本知识

随着计算机技术的迅猛发展,人类从事的许多工作,从工业生产的过程控制、生物工程到企业管理、办公自动化、家用电器等各行各业,几乎都要借助于数字计算机来完成。但是,计算机是一种数字系统,它只能接收、处理和输出数字信号,而数字系统输出的数字量必须还原成相应的模拟量,才能实现对模拟系统的控制。数/模转换是数字电子技术中非常重要的组成部分。

把数字信号转换为模拟信号称为数/模转换,简称 D/A(Digital to Analog)转换,实现 D/A 转换的电路称为 D/A 转换器,或写为 DAC(Digital-Analog Converter)。D/A 转换器是将输入的二进制数字量转换成电压或电流形式的模拟量输出。

图 11.1.1 中,数据锁存器用来暂时存放输入的数字量,这些数字量控制模拟电子开关,将参考电压源按位切换到电阻译码器中获得相应数位权值,然后送入求和运算放大器,输出相应的模拟电压,完成 D/A 转换过程。

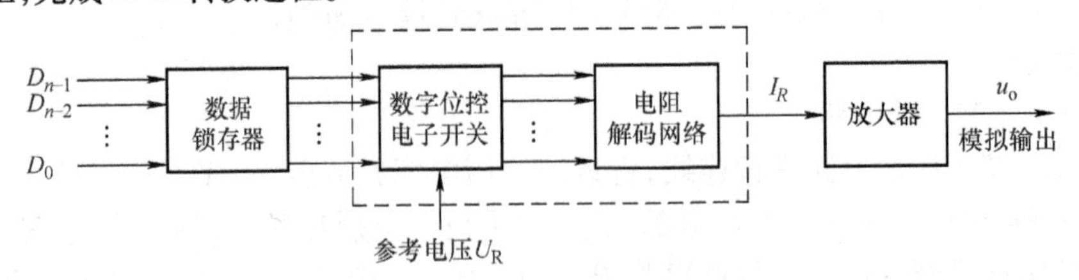

图 11.1.1　D/A 转换器的一般结构

D/A 转换器种类很多,可分为权电阻网络、T 型电阻网络、倒 T 型电阻网络、权电流型等 D/A 转换器,在此介绍应用最广泛的倒 T 型电阻网络 D/A 转换器。

11.1.2　倒 T 型电阻网络 D/A 转换器

倒 T 型电阻网络 D/A 转换器电路组成,如图 11.1.2 所示。

由于 P 点接地、N 点虚地，所以不论数码 D_0、D_1、D_2、D_3 是逻辑 0 还是逻辑 1，电子开关 S_0、S_1、S_2、S_3 都相当于接地，因此图中各支路电流 I_0、I_1、I_2、I_3 和 I_R 的大小不会因二进制数的不同而改变。从任一节点 a、b、c、d 向左上看的等效电阻都等于 R，所以流出 U_R 的总电流为 $I_R = u_R/R$，而流入各 $2R$ 支路的电流依次为

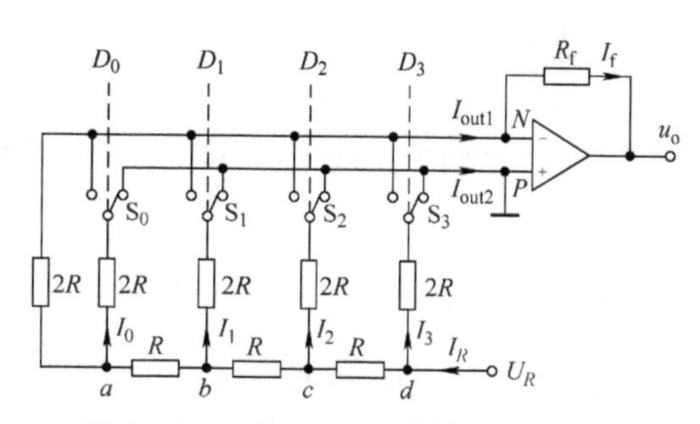

图 11.1.2　倒 T 型电阻网络 D/A 转换器

$$I_3 = I_R/2$$

$$I_2 = I_3/2 = I_R/4$$

$$I_1 = I_2/2 = I_R/8$$

$$I_0 = I_1/2 = I_R/16$$

流入运算放大器反相端的电流为

$$I_{out1} = D_0 \times I_0 + D_1 \times I_1 + D_2 \times I_2 + D_3 \times I_3 = (D_0 \times 2^0 + D_1 \times 2^1 + D_2 \times 2^2 + D_3 \times 2^3) \times I_R/16$$

运算放大器的输出电压为

$$u_o = -I_{out1} R_f = -(D_0 \times 2^0 + D_1 \times 2^1 + D_2 \times 2^2 + D_3 \times 2^3) \times I_R R_f/16$$

若 $R_f = R$，并将 $I_R = U_R/R$ 代入上式，则有

$$u_o = -\frac{U_R}{2^4}(D_0 \times 2^0 + D_1 \times 2^1 + D_2 \times 2^2 + D_3 \times 2^3)$$

故，输出模拟电压正比于数字量的输入。推广到 n 位，则 D/A 转换器的输出为

$$u_o = -\frac{U_R}{2^n}(D_0 \times 2^0 + D_1 \times 2^1 + \cdots + D_{n-1} \times 2^{n-1})$$

倒 T 型电阻网络只用了 R 和 $2R$ 两种阻值的电阻，由于各支路电流始终存在且恒定不变，所以各支路电流到运放的反相输入端不存在传输时间，因此具有较高的转换速度。

11.1.3　D/A 转换器的主要技术指标

1. 分辨率

分辨率是说明 D/A 转换器输出最小电压的能力。它是指 D/A 转换器模拟输出所产生的最小输出电压 U_{LSB}（对应的输入数字量仅最低位为 1）与最大输出电压 U_{FSR}（对应的输入数字量各有效位全为 1）之比，即

$$分辨率 = \frac{U_{LSB}}{U_{FSR}} = \frac{1}{2^n - 1}$$

式中，n 表示输入数字量的位数。分辨率与 D/A 转换器的位数有关，位数 n 越大，能够分辨的最小输出电压变化量就越小，即分辨最小输出电压的能力也就越强。但在实践中应该记住，分辨率是一个设计参数，不是测试参数。

2. 转换精度

转换精度是指 D/A 转换器实际输出的模拟电压值与理论输出模拟电压值之间的最大误差。这个差值越小，电路的转换精度越高。转换精度不仅与 D/A 转换器中的元件参数的精度有关，而且还与环境温度、求和运算放大器的温度漂移以及转换器的位数有关。

3. 线性度

线性度反映了 D/A 转换器实际转换曲线相对于理想转换直线的最大偏差。产生线性偏差的主要原因有两个:一是各位模拟开关的压降不一定相等;二是各个电阻值的偏差不一定相等。

11.1.4 集成数/模转换器的应用

DAC0830 系列是常用的数/模转换器件,包括 DAC0830、DAC0831 和 DAC0832,是 CMOS 工艺实现的 8 位乘法 D/A 转换器,可直接与其他微处理器接口对接。该电路采用双缓冲寄存器,能方便地应用于多个 D/A 转换器同时工作的场合。数据输入能以双缓冲、单缓冲或直接通过三种方式工作。DAC0830 系列各电路的原理、结构及功能都基本相同,参数指标略有不同。现在以使用最多的 DAC0832 为例进行说明。

DAC0832 是用 CMOS 工艺制成的 20 只脚双列直插式 8 位 D/A 转换器。它由 8 位输入寄存器、8 位 DAC 寄存器和 8 位 D/A 转换器组成。它有两个分别控制的数据寄存器,可以实现两次缓冲,使用时有较大的灵活性,可根据需要接成不同的工作方式。

DAC0832 的逻辑功能框图和引脚图如图 11.1.3 所示。

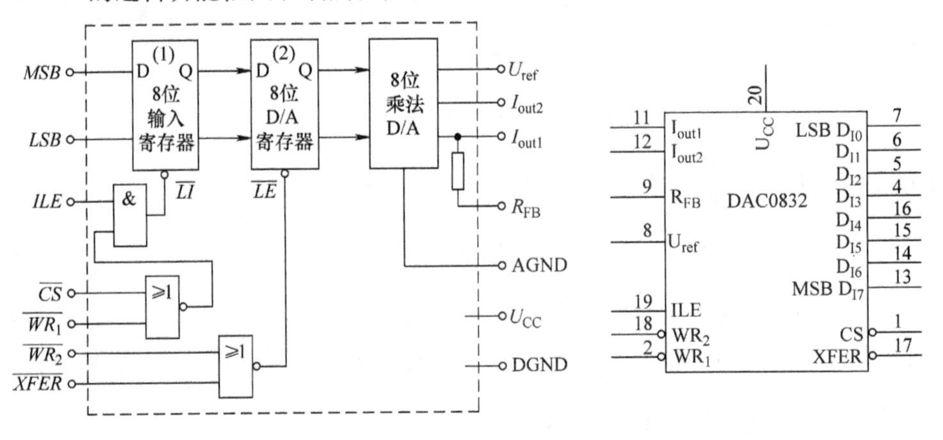

图 11.1.3 DAC0832 的逻辑功能框图和引脚图

其各引脚的功能说明如下。

$\overline{CS}$:片选信号,输入低电平有效。

ILE:输入锁存允许信号,输入高电平有效。

$\overline{WR_1}$:输入数据选通信号,输入低电平有效。

$\overline{WR_2}$:数据传送选通信号,输入低电平有效。

$\overline{XFER}$:数据传送控制信号,输入低电平有效。

$D_{I0} \sim D_{I7}$:8 位数据输入端,D_{I0} 为最低位,D_{I7} 为最高位。

I_{out1}:模拟电流输出 1,此输出信号一般作为运算放大器的一个差分输入信号(通常接反相端)。

I_{out2}:模拟电流输出 2,$I_{out1}+I_{out2}=$ 常数。

R_{FB}:反馈电阻。

U_{ref}:参考电压输入,可在 $-10 \sim +10$ V 选择。

U_{CC}:数字部分的电源输入端,可在 5 ~ 15 V 选取,15 V 时为最佳工作状态。

AGND:模拟电路地。

DGND:数字电路地。

DAC0832 的工作方式主要包括双缓冲方式、单缓冲和直通方式三种。

DAC0832 包含输入寄存器和 DAC 寄存器两个数字寄存器,因此称为双缓冲。即数据在进入倒 T 型电阻网络之前,必须经过两个独立控制的寄存器。在一个系统中,任何一个 DAC 都可以同时保留两组数据,双缓冲允许在系统中使用任何数目的 DAC。

在不需要双缓冲的场合,为了提高数据通过率,可采用单缓冲和直通方式这两种方式。当 $\overline{CS}=\overline{WR_2}=\overline{XRER}=0$,$ILE=1$ 时,DAC 寄存器就处于"透明"状态,即直通工作方式。当 $\overline{WR_1}=1$ 时,数据锁存,模拟输出不变;当 $\overline{WR_1}=0$ 时,模拟输出更新。这被称为单缓冲工作方式。又假如 $\overline{CS}=\overline{WR_2}=\overline{XRER}=\overline{WR_1}=0$,$ILE=1$ 时,两个寄存器都处于直通状态,模拟输出能够快速反映输入数码的变化。

11.2　模/数转换电路

把模拟信号转换为数字信号称为模/数转换,简称 A/D(Analog to Digital)转换。实现 A/D 转换的电路称为 A/D 转换器,或写为 ADC(Analog-Digital Converter)。D/A 及 A/D 转换在自动控制和自动检测等系统中应用非常广泛。

11.2.1　模/数转换电路的基本知识

A/D 转换器是模拟系统和数字系统之间的接口电路,A/D 转换器在进行转换期间,要求输入的模拟电压保持不变,但在 A/D 转换器中,因为输入的模拟信号在时间上是连续的,而输出的数字信号是离散的,所以进行转换时只能在一系列选定的瞬间对输入的模拟信号进行采样,然后再把这些采样值转化为输出的数字量,一般来说,转换过程包括采样、保持、量化和编码四个步骤。

目前,A/D 转换器的种类虽然很多,但从转换过程来看,可以归结成两大类,一类是直接 A/D 转换器,另一类是间接 A/D 转换器。在直接 A/D 转换器中,输入模拟信号不需要中间变量就直接被转换成相应的数字信号输出,如计数型 A/D 转换器、逐次逼近型 A/D 转换器和并联比较型 A/D 转换器等,其特点是工作速度高,转换精度容易保证,调准也比较方便。而在间接 A/D 转换器中,输入模拟信号先被转换成某种中间变量(如时间、频率等),然后再将中间变量转换为最后的数字量,如单次积分型 A/D 转换器、双积分型 A/D 转换器等,其特点是工作速度较低,但转换精度可以做得较高,且抗干扰性能强,一般在测试仪表中用得较多。常见 A/D 转换器的分类归纳如图 11.2.1 所示。

- A/D转换器
  - 直接型
    - 并联比较型
    - 反馈比较型
      - 计数型
      - 逐次逼近型
  - 间接型
    - 电压时间变换(U–T)型——积分型
    - 电压频率变换(U–F)型

图 11.2.1　A/D 转换器分类图

下面以最常用的逐次逼近型 A/D 转换器为例,介绍 A/D 转换器的基本工作原理。逐次逼近型 A/D 转换器又称逐次渐近型 A/D 转换器,是一种反馈比较型 A/D 转换器。

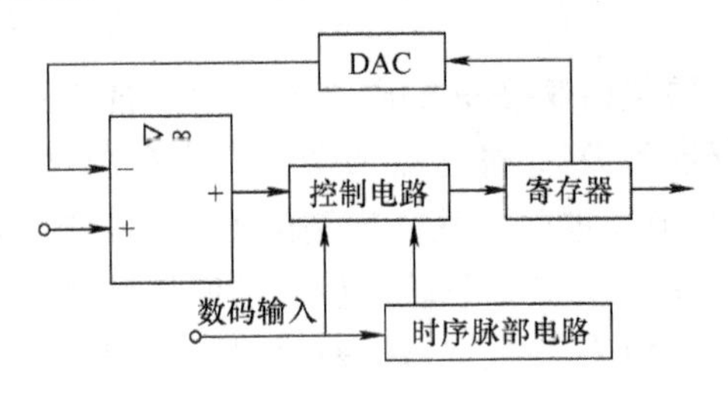

图 11.2.2　逐次逼近型 A/D 转换器

逐次逼近型 A/D 转换器的结构框图如图 11.2.2 所示,包括四个部分:电压比较器、D/A 转换器、逐次逼近寄存器和顺序脉冲发生器及相应的控制逻辑。

逐次逼近型 A/D 转换器是将大小不同的参考电压与输入模拟电压逐步进行比较,比较结果以相应的二进制代码表示。

转换开始前先将寄存器清零,没有输出。转换控制信号有效后(为高电平)开始转换,在时钟脉冲作用下,控制逻辑将寄存器的最高位置为 1,使其输出为 100…00。这组数字量被 D/A 转换器转换成相应的模拟电压 u_o,送到比较器与输入模拟电压 u_i进行比较。若 $u_o > u_i$,说明寄存器输出数码过大,故将最高位的 1 变成 0,同时将次高位置 1;若 $u_o \leqslant u_i$,说明寄存器输出数码还不够大,则应将这一位的 1 保留。数码的取舍通过电压比较器的输出经控制器来完成。依次类推,按上述方法将下一位置 1 进行比较确定该位的 1 是否保留,直到最低位为止。此时寄存器里保留下来的数码即为所求的输出数字量。

11.2.2　模/数转换器的主要技术指标

1. 分辨率

分辨率指 A/D 转换器对输入模拟信号的分辨能力。

2. 转换误差

转换误差是指实际的转换点偏离理想特性的误差,一般用最低有效位来表示。注意,在实际使用中,当使用环境发生变化时,转换误差也将发生变化。

3. 转换时间和转换速度

转换时间是指完成一次 A/D 转换所需的时间,转换时间是从接到转换启动信号开始,到输出端获得稳定的数字信号所经过的时间。转换时间越短,意味着 A/D 转换器的转换速度越快。

11.2.3　常用集成 A/D 器件

ADC0809 是一种逐次比较型 A/D。它是采用 CMOS 工艺制成的 8 位 8 通道 A/D 转换器,采用 28 只引脚的双列直插封装,其原理图和引脚图如图 11.2.3 所示。

ADC0809 有三个主要组成部分:256 个电阻组成的电阻阶梯及树状开关、逐次比较寄存器 SAR 和比较器。电阻阶梯和树状开关是 ADC0809 的一个特点。另一个特点是,它含有一个 8

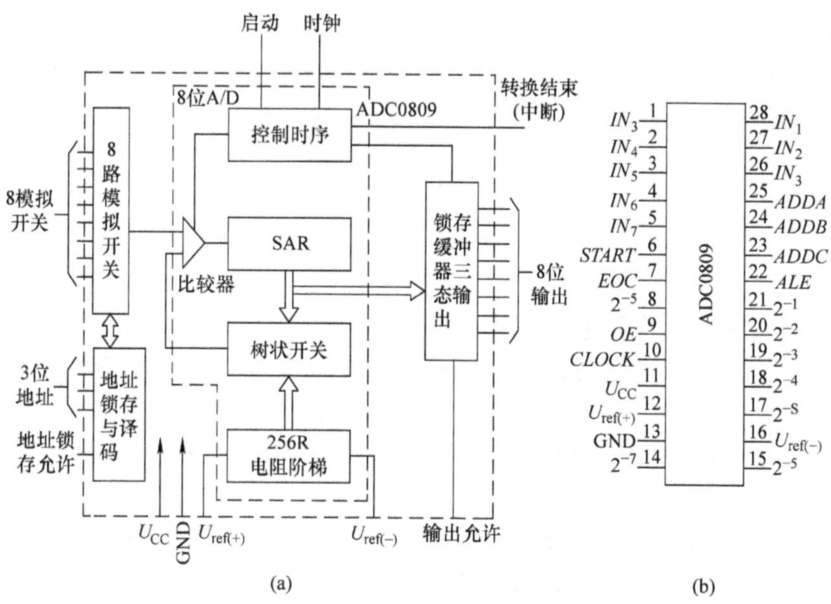

图 11.2.3　ADC0809 原理图和引脚图

(a)功能框图　(b)引脚图

通道单端信号模拟开关和一个地址译码器。地址译码器选择 8 个模拟信号之一送入 ADC 进行 A/D 转换,因此适用于数据采集系统。表 11.2.1 为通道选择表。

表 11.2.1　地址码与 8 路通道选择表

地址输入			选中通道
ADDC	*ADDB*	*ADDA*	
0	0	0	IN_0
0	0	1	IN_1
0	1	0	IN_2
0	1	1	IN_3
1	0	0	IN_4
1	0	1	IN_5
1	1	0	IN_6
1	1	1	IN_7

图 11.2.3(b)为引脚图。各引脚功能如下。

(1)$IN_0 \sim IN_7$是八路模拟输入信号。

(2)*ADDA*、*ADDB*、*ADDC* 为地址选择端。

(3)$2^{-1} \sim 2^{-8}$为变换后的数据输出端。

(4)*START*(6 脚)是启动输入端。

(5)*ALE*(22 脚)是通道地址锁存输入端。当 *ALE* 上升沿到来时,地址锁存器可对 *ADDA*、*ADDB*、*ADDC* 锁定。下一个 *ALE* 上升沿允许通道地址更新。实际使用中,要求 A/D 转换器开始转换之前地址就应锁存,所以通常将 *ALE* 和 *TART* 连在一起,使用同一个脉冲信号,上升沿锁存地址,下降沿则启动转换。

(6)*OE*(9 脚)为输出允许端,它控制 A/D 转换器内部三态输出缓冲器。

(7)EOC(7 脚)是转换结束信号,由 A/D 转换器内部控制逻辑电路产生。当 $EOC=0$ 时表示转换正在进行,当 $EOC=1$ 时表示转换已经结束。因此,EOC 可作为微机的中断请求信号或查询信号。显然只有当 $EOC=1$ 以后,才可以让 OE 为高电平,这时读出的数据才是正确的转换结果。

单元小结

(1)A/D 和 D/A 转换器是现代数字系统中的重要组成部分,应用广泛。

(2)倒 T 型电阻网络 D/A 转换器转换速度快、性能好,且只要求两种阻值的电阻,适合于集成工艺制造,因此在集成 D/A 转换器中得到了广泛的应用。

D/A 转换器的分辨率和转换精度均与转换器的位数有关,位数越多,分辨率和转换精度均越高。

(3)A/D 转换按工作原理主要分为并行 A/D、逐次逼近 A/D 及双积分型 A/D 等。不同的 A/D 转换方式具有各自的特点。在要求速度高的情况下,可以采用并联 A/D 转换器,但受到位数的限制,精度不高。在低速时,可以采用双积分 A/D 转换器,它精度高且抗干扰能力强。逐次逼近 A/D 转换器在一定程度上兼顾了以上两种转换器的优点,速度、精度和价格都比较好接受,应用比较广泛。

(4)常用的集成 A/D 转换器和 D/A 转换器种类很多,其发展趋势是高速度、高分辨率、易与计算机接口,以满足各个领域对信息处理的要求。

习题 11

11.1　什么是 D/A 转换?常见的 D/A 转换器有哪几种?

11.2　影响 D/A 转换器精度的主要因素有哪些?

11.3　A/D 转换器的主要技术指标有哪些?

11.4　12 位的 D/A 转换器的分辨率是多少?当输出模拟电压的满量程值是 10 V 时,能分辨出的最小电压值是多少?

11.5　一个理想的 3 位 A/D 转换器满刻度模拟输入为 7 V,当输入为 5 V 时,求此 A/D 转换器的数字输出量。

附录 1　半导体分立器件的命名方法

1. 我国半导体分立器件的命名法

附表 1.1　国产半导体分立器件型号命名法

第一部分		第二部分		第三部分				第四部分	第五部分
用数字表示器件电极的数目		用汉语拼音字母表示器件的材料和极性		用汉语拼音字母表示器件的类型				用数字表示器件序号	用汉语拼音表示规格的区别代号
符号	意义	符号	意义	符号	意义	符号	意义		
2	二极管	A	N 型,锗材料	P	普通管	D	低频大功率管 (f_α <3 MHz, $P_C \geqslant 1$ W)		
		B	P 型,锗材料	V	微波管				
		C	N 型,硅材料	W	稳压管				
		D	P 型,硅材料	C	参量管	A	高频大功率管 ($f_\alpha \geqslant 3$ MHz $P_C \geqslant 1$ W)		
				Z	整流管				
3	三极管	A	PNP 型,锗材料	L	整流堆				
		B	NPN 型,锗材料	S	隧道管				
		C	PNP 型,硅材料	N	阻尼管	T	半导体闸流管（可控硅整流器）		
		D	NPN 型,硅材料	U	光电器件				
		E	化合物材料	K	开关管	Y	体效应器件		
				X	低频小功率管 (f_α <3 MHz, P_C <1 W)	B	雪崩管		
						J	阶跃恢复管		
						CS	场效应器件		
				G	高频小功率管 ($f_\alpha \geqslant 3$ MHz P_C <1 W)	BT	半导体特殊器件		
						FH	复合管		
						PIN	PIN 型管		
						JG	激光器件		

例：

1）锗材料 PNP 型低频大功率三极管

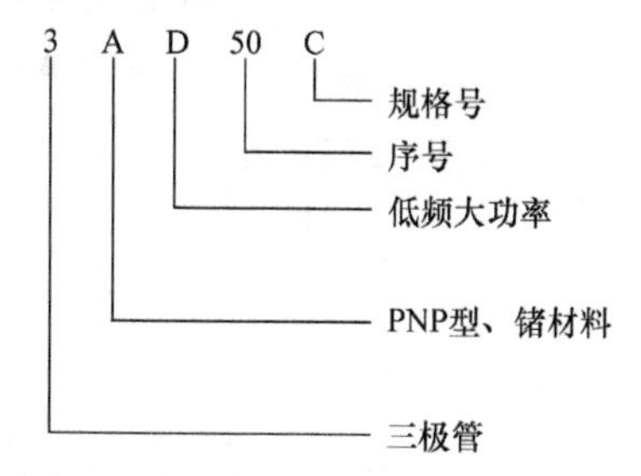

2）硅材料 NPN 型高频小功率三极管

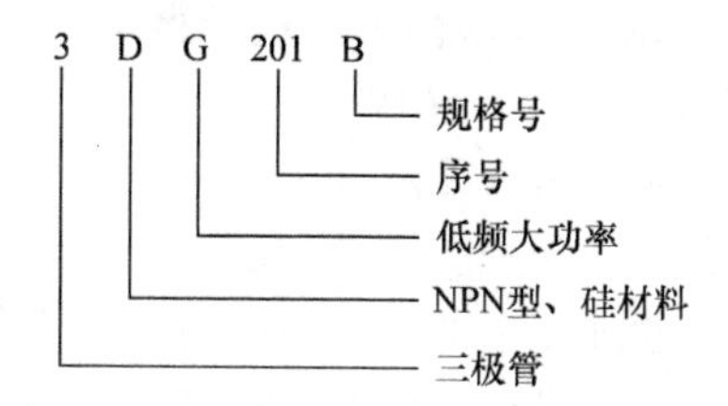

3）N 型硅材料稳压二极管

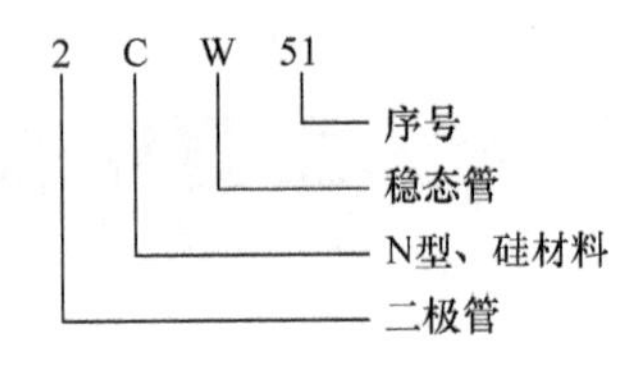

4）单结晶体管

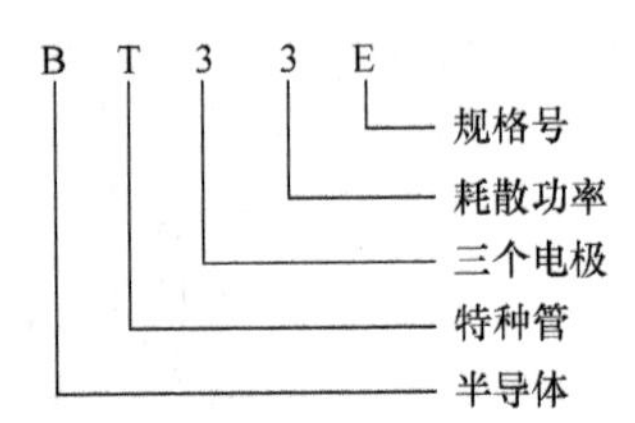

2. 国际电子联合会半导体器件命名法

附表 1.2　国际电子联合会半导体器件型号命名法

第一部分		第二部分				第三部分		第四部分	
用字母表示使用的材料		用字母表示类型及主要特性				用数字或字母加数字表示登记号		用字母对同一型号者分档	
符号	意义	符号	意义	符号	意义	符号	意义	符号	意义
A	锗材料	A	检波、开关和混频二极管	M	封闭磁路中的霍尔元件	三位数字	通用半导体器件的登记序号（同一类型器件使用同一登记号）	A B C D E …	同一型号器件按某一参数进行分档的标志
		B	变容二极管	P	光敏元件				
B	硅材料	C	低频小功率三极管	Q	发光器件				
		D	低频大功率三极管	R	小功率可控硅				
C	砷化镓	E	隧道二极管	S	小功率开关管				
		F	高频小功率三极管	T	大功率可控硅	一个字母加两位数字	专用半导体器件的登记序号（同一类型器件使用同一登记号）		
D	锑化铟	G	复合器件及其他器件	U	大功率开关管				
		H	磁敏二极管	X	倍增二极管				
R	复合材料	K	开放磁路中的霍尔元件	Y	整流二极管				
		L	高频大功率三极管	Z	稳压二极管即齐纳二极管				

示例（命名）：

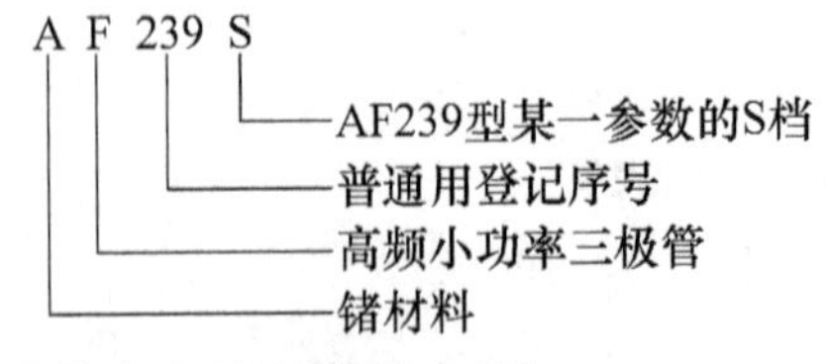

国际电子联合会晶体管型号命名法的特点如下。

（1）这种命名法被欧洲许多国家采用。因此，凡型号以两个字母开头，并且第一个字母是 A，B，C，D 或 R 的晶体管，大都是欧洲制造的产品，或是按欧洲某一厂家专利生产的产品。

（2）第一个字母表示材料（A 表示锗管，B 表示硅管），但不表示极性（NPN 型或 PNP 型）。

(3) 第二个字母表示器件的类别和主要特点。如C表示低频小功率管,D表示低频大功率管,F表示高频小功率管,L表示高频大功率管等。若记住了这些字母的意义,不查手册也可以判断出类别。例如,BL49型,一见便知是硅大功率专用三极管。

(4) 第三部分表示登记顺序号。三位数字者为通用品;一个字母加两位数字者为专用品,顺序号相邻的两个型号的特性可能相差很大。例如,AC184为PNP型,而AC185为NPN型。

(5) 第四部分字母表示同一型号的某一参数(如h_{FE}或N_F)进行分档。

(6) 型号中的符号均不反映器件的极性(指NPN或PNP),极性的确定需查阅手册或测量。

3. 美国半导体器件型号命名法

美国晶体管或其他半导体器件的型号命名法较混乱。这里介绍的是美国晶体管标准型号命名法,即美国电子工业协会(EIA)规定的晶体管分立器件型号的命名法。

附表1.3　美国电子工业协会半导体器件型号命名法

第一部分		第二部分		第三部分		第四部分		第五部分	
用符号表示用途的类型		用数字表示PN结的数目		美国电子工业协会(EIA)注册标志		美国电子工业协会(EIA)登记顺序号		用字母表示器件分档	
符号	意义	符号	意义	符号	意义	符号	意义	符号	意义
JAN 或 J		1	二极管	N	已在美国电子工业协会注册登记	多位数字	该器件在美国电子工业协会登记的顺序号	A B C D Λ	同一型号的不同档别
	军用品	2	三极管						
	非军用品	3	三个PN结器件						
		n	n个PN结器件						

例:

1) JAN2N2904

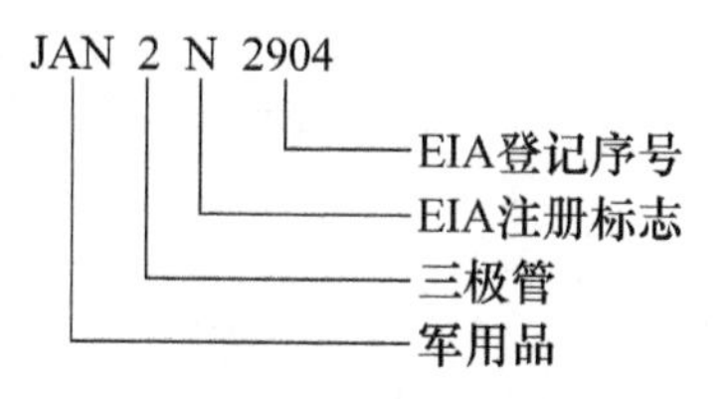

2) 1N4001

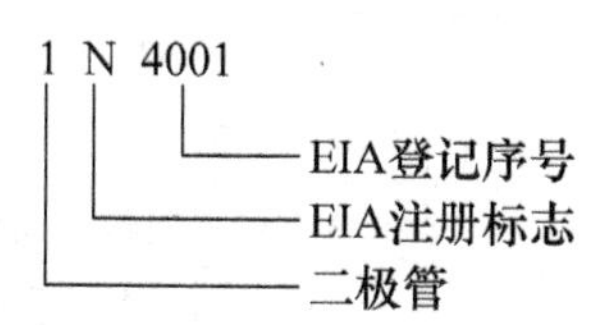

美国晶体管型号命名法的特点如下。

(1) 型号命名法规定较早,又未做过改进,型号内容很不完备。例如,对于材料、极性、主要特性和类型,在型号中不能反映出来。例如,2N开头的既可能是一般晶体管,也可能是场效应管。因此,仍有一些厂家按自己规定的型号命名法命名。

(2) 组成型号的第一部分是前缀,第五部分是后缀,中间的三部分为型号的基本部分。

(3) 除去前缀以外,凡型号以1N、2N或3N……开头的晶体管分立器件,大都是美国制造的,或按美国专利在其他国家制造的产品。

(4) 第四部分数字只表示登记序号，而不含其他意义。因此，序号相邻的两器件可能特性相差很大。例如，2N3464 为硅 NPN，高频大功率管，而 2N3465 为 N 沟道场效应管。

(5) 不同厂家生产的性能基本一致的器件，都使用同一个登记号。同一型号中某些参数的差异常用后缀字母表示。因此，型号相同的器件可以通用。

(6) 登记序号数大的通常是近期产品。

4. 日本半导体器件型号命名法

日本半导体分立器件（包括晶体管）或其他国家按日本专利生产的这类器件，都是按日本工业标准（JIS）规定的命名法（JIS－C－702）命名的。

日本半导体分立器件的型号，由五至七部分组成。通常只用到前五部分。前五部分符号及意义见下表。第六、七部分的符号及意义通常是各公司自行规定的。第六部分的符号表示特殊的用途及特性，其常用的符号如下。

(1) M：松下公司用来表示该器件符合日本防卫厅海上自卫队参谋部有关标准登记的产品。

(2) N：松下公司用来表示该器件符合日本广播协会（NHK）有关标准的登记产品。

(3) Z：松下公司用来表示专用通信用的可靠性高的器件。

(4) H：日立公司用来表示专为通信用的可靠性高的器件。

(5) K：日立公司用来表示专为通信用的塑料外壳的可靠性高的器件。

(6) T：日立公司用来表示收发报机用的推荐产品。

(7) G：东芝公司用来表示专为通信用的设备制造的器件。

(8) S：三洋公司用来表示专为通信设备制造的器件。

第七部分的符号，常被用来作为器件某个参数的分档标志。例如，三菱公司常用 R，G，Y 等字母；日立公司常用 A，B，C，D 等字母，作为直流放大系数 h_{FE} 的分挡标志。

附表 1.4　日本半导体器件型号命名法

第一部分		第二部分		第三部分		第四部分		第五部分	
用数字表示类型或有效电极数		S 表示日本电子工业协会（EIAJ）的注册产品		用字母表示器件的极性及类型		用数字表示在日本电子工业协会登记的顺序号		用字母表示对原来型号的改进产品	
符号	意义	符号	意义	符号	意义	符号	意义	符号	意义
0	光电（即光敏）二极管、晶体管及其组合管	S	表示已在日本电子工业协会（EIAJ）注册登记的半导体分立器件	A	PNP 型高频管	四位以上的数字	从 11 开始，表示在日本电子工业协会注册登记的顺序号，不同公司性能相同的器件可以使用同一顺序号，其数字越大越是近期产品	A	用字母表示对原来型号的改进产品
				B	PNP 型低频管			B	
				C	NPN 型高频管			C	
1	二极管			D	NPN 型低频管			D	
2	三极管、具有两个以上 PN 结的其他晶体管			F	P 控制极晶闸管			E	
				G	N 控制极晶闸管			F	
				H	N 基极单结晶体管			Λ	
3	具有四个有效电极或具有三个 PN 结的晶体管			J	P 沟道场效应管			Λ	
				K	N 沟道场效应管				
$n-1$	具有 n 个有效电极或具有 $n-1$ 个 PN 结的晶体管			M	双向晶闸管				

示例：

1)2SC502A(日本收音机中常用的中频放大管)

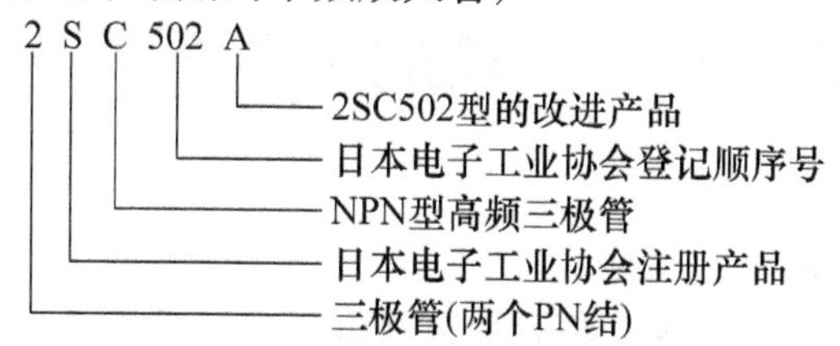

2)2SA495(日本夏普公司 GF－9494 收录机用小功率管)

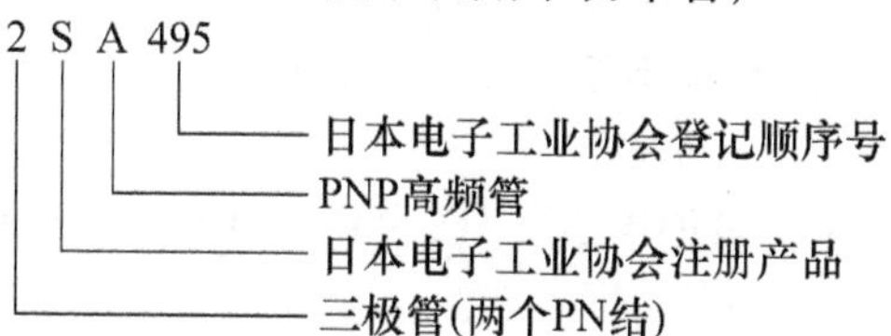

日本半导体器件型号命名法特点如下。

(1) 型号中的第一部分是数字,表示器件的类型和有效电极数。例如,用“1”表示二极管,用“2”表示三极管。而屏蔽用的接地电极不是有效电极。

(2) 第二部分均为字母 S,表示日本电子工业协会注册产品,而不表示材料和极性。

(3) 第三部分表示极性和类型。例如用 A 表示 PNP 型高频管,用 J 表示 P 沟道场效应三极管。但是,第三部分既不表示材料,也不表示功率的大小。

(4) 第四部分只表示在日本工业协会(EIAJ)注册登记的顺序号,并不反映器件的性能,顺序号相邻的两个器件的某一性能可能相差很远。例如,2SC2680 型的最大额定耗散功率为 200 mW,而 2SC2681 的最大额定耗散功率为 100 W。但是,登记顺序号能反映产品时间的先后。登记顺序号的数字越大,越是近期产品。

(5) 第六、七两部分的符号和意义各公司不完全相同。

(6) 日本有些半导体分立器件的外壳上标记的型号,常采用简化标记的方法,即把 2S 省略。例如,2SD764,简化为 D764,2SC502A 简化为 C502A。

(7) 在低频管(2SB 和 2SD 型)中,也有工作频率很高的管子。例如,2SD355 的特征频率 f_T 为 100 MHz,所以,它们也可当高频管用。

(8) 日本通常把 $P_{cm} \geq 1$ W 的管子,称作大功率管。

附录 2　半导体集成电路型号命名法

1. 集成电路的型号命名法

集成电路现行国际规定的命名法如下(摘自《电子工程手册系列丛书》A15,《中外集成电路简明速查手册》TTL、CMOS 电路以及 GB3430)。

器件的型号由五部分组成,各部分符号及意义见表 1。

2. 集成电路的分类

集成电路是现代电子电路的重要组成部分,它具有体积小、耗电少、工作特性好等一系列优点。

概括来说,集成电路按制造工艺,可分为半导体集成电路、薄膜集成电路和由二者组合而成的混合集成电路。

按功能,可分为模拟集成电路和数字集成电路。

按集成度,可分为小规模集成电路(SSI,集成度 <10 个门电路 >)、中规模集成电路(MSI,集成度为 10 ~ 100 个门电路)、大规模集成电路(LSI,集成度为 100 ~ 1 000 个门电路)以及超大规模集成电路(VLSI,集成度 >1 000 个门电路)。

按外形,又可分为圆型(金属外壳晶体管封装型,适用于大功率)、扁平型(稳定性好、体积小)和双列直插型(有利于采用大规模生产技术进行焊接,因此获得广泛的应用)。

目前,已经成熟的集成逻辑技术主要有三种:TTL 逻辑(晶体管 - 晶体管逻辑)、CMOS 逻辑(互补金属 - 氧化物 - 半导体逻辑)和 ECL 逻辑(发射极耦合逻辑)。

TTL 逻辑:TTL 逻辑于 1964 年由美国得克萨斯仪器公司生产,其发展速度快、系列产品多。有速度及功耗折中的标准型;有改进型、高速及低功耗的低功耗肖特基型。所有 TTL 电路的输出、输入电平均是兼容的。该系列有两个常用的系列化产品,

CMOS 逻辑:CMOS 逻辑器件的特点是功耗低、工作电源电压范围较宽、速度快(可达 7 MHz)。

ECL 逻辑:ECL 逻辑的最大特点是工作速度高。因为在 ECL 电路中数字逻辑电路形式采用非饱和型,消除了三极管的存储时间,大大加快了工作速度。MECL Ⅰ系列产品是由美国摩托罗拉公司于 1962 年生产的,后来又生产了改进型的 MECLⅡ、MECLⅢ型及 MECL10000。

3. 集成电路外引线的识别

使用集成电路前,必须认真查对和识别集成电路的引脚,确认电源、地、输入、输出及控制等相应的引脚号,以免因错接而损坏器件。引脚排列的一般规律如下。

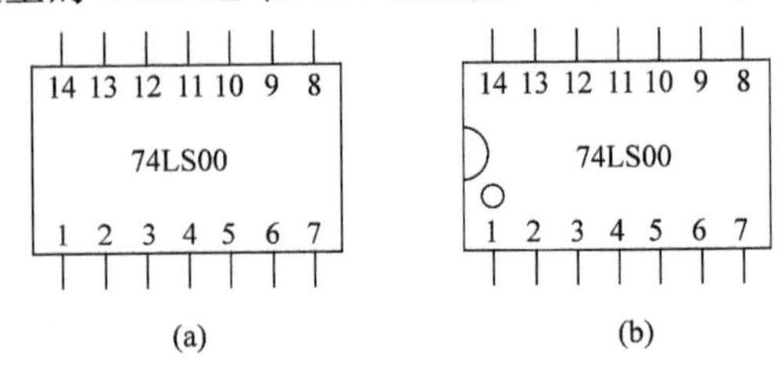

附图 2.1　集成器件俯视图

(a)扁平式结构　(b)双列直插式结构

圆型集成电路:识别时,面向引脚正视,从定位销顺时针方向依次为 1,2,3,4,…圆型多用于模拟集成电路。

扁平和双列直插型集成电路:识别时,将文字符合标记正放(一般集成电路上有一缺口,

将缺口或圆点置于左方)，由顶部俯视，从左下脚起，按逆时针方向数，依次为1,2,3,4……如附图2.1(a)，(b)所示扁平和双列直插两种封装形式。扁平型多用于数字集成电路，双列直插型广泛应用于模拟和数字集成电路。

附表2.1　器件型号的组成

第零部分		第一部分		第二部分	第三部分		第四部分	
用字母表示器件符合国家标准		用字母表示器件的类型		用阿拉伯数字和字母表示器件系列品种	用字母表示器件的工作温度范围		用字母表示器件的封装	
符号	意　义	符号	意　义		符号	意　义	符号	意　义
C	中国制造	T	TTL电路	TTL分为：	C	0～70 ℃⑤	F	多层陶瓷扁平封装
		H	HTL电路	54/74×××①	G	-25～70 ℃	B	塑料扁平封装
		E	ECL电路	54/74 H ×××②	L	-25～85 ℃	H	黑瓷扁平封装
		C	CMOS电路	54/74 L×××③	E	-40～85 ℃	D	多层陶瓷双列直插封装
		M	存储器	54/74 S ×××	R	-55～85 ℃	J	黑瓷双列直插封装
		U	微型机电路	54/74 LS×××④	M	-55～125 ℃	P	塑料双列直插封装
		F	线性放大器	54/74 AS ×××	.		S	塑料单列直插封装
		W	稳压器	54/74 ALS ×××	.		T	金属圆壳封装
		D	音响电视电路	54/74 F ×××	.		K	金属菱形封装
		B	非线性电路	CMOS为：			C	陶瓷芯片载体封装
		J	接口电路	4000系列			E	塑料芯片载体封装
		AD	A/D转换器	54/74HC×××			G	网格针栅陈列封装
		DA	D/A转换器	54/74 HCT ×××			SOIC	小引线封装
		SC	通信专用电路	⋮			PCC	塑料芯片载体封装
		SS	敏感电路				LCC	陶瓷芯片载体封装
		SW	钟表电路					
		SJ	机电仪电路					
		SF	复印机电路					
		⋮						

注：① 74—国际通用74系列(民用)；
　　54—国际通用54系列(军用)；
② H—高速；
③ L—低速；
④ LS—低功耗；
⑤ C—只出现在74系列；
⑥ M—只出现在54系列。

示例：

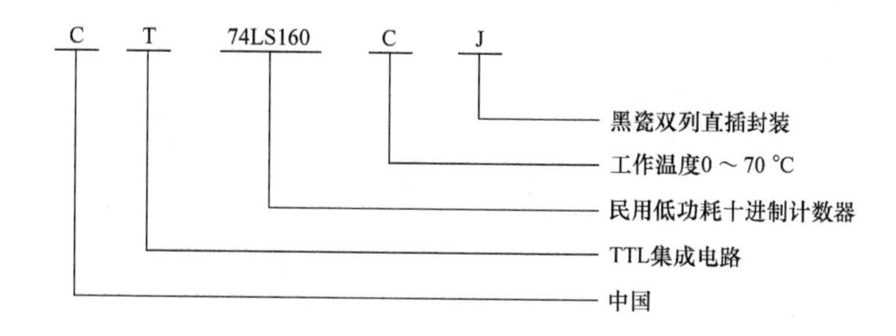

参 考 文 献

[1]林平勇,高嵩.电工电子技术:少学时[M].2版.北京:高等教育出版社,2004.
[2]周元兴.电工与电子技术基础[M].2版.北京:机械工业出版社,2005.
[3]秦雯.电工电子技术[M].北京:机械工业出版社,2013.
[4]庄丽娟.电子技术基础[M].北京:机械工业出版社,2010.
[5]范次猛.电子技术基础与技能训练[M].北京:电子工业出版社,2013.
[6]丁德渝,徐静.电子技术基础[M].北京:中国电力出版社,2010.
[7]陈振源.电子技术基础学习指导与同步训练[M].北京:高等教育出版社,2004.
[8]李少纲,薛毓强.电子技术[M].北京:机械工业出版社,2009.